JN207726

MaRu-WaKaRiサイエンティフィックシリーズ── III

# 弦理論


ディビッド・マクマーホン【著】
David McMahon

富岡 竜太
Tomioka Ryuta
【訳】
クストディオ・D・ヤンカルロス・J
Custodio De La Cruz Yancarlos Josue



プレアデス出版

MaRu-WaKaRi サイエンティフィックシリーズ── III

# 弦理論

String Theory Demystified

by David McMahon

# 著者について

ディビッド・マクマーホンはサンディア国立研究所で物理学者および研究者として働いている[*1]．彼は『*Linear Algebra Demystified*』,『*Quantum Mechanics Demystified*』,『*Relativity Demystified*』,『*MATLAB® Demystified*』および『*Complex Variables Demystified*』その他のヒット作の著者である[*2]．

---

[*1]訳注：本書の原書『*String Theory Demystified*』が出版された当時の情報による．

[*2]訳注：なお，本シリーズの第1巻『MaRu-WakaRi サイエンティフィックシリーズ　I 場の量子論』および第2巻『MaRu-WakaRi サイエンティフィックシリーズ　II 相対性理論』もそれぞれディビッド・マクマーホン氏の『*Quantum Field Theory Demystified*』および『*Relativity Demystified*』の邦訳版である．

# 目次

# まえがき

弦理論はいつでも最大の科学的探究であった．その目標は少なくとも基本的な粒子，相互作用，および恐らく時空それ自体のレベルでの物理的現実の完全な記述にほかならない．原理的にはひとたび根源的な理論が完全に解明されれば，相対論と量子論は弦理論の低エネルギー極限として導き出すことができる．この理論は 20 世紀初め以来他のどんな理論も成しえなかった一般相対論と量子論を単一の統一された枠組みに統合することを目指している．これは数十年もの間数学と物理学における最良の精神を占めてきた野心的な試みである．アインシュタイン自身はこの試みに失敗した．ただし，彼は失敗の原因を取り除くのに必要なカギとなる要因を欠いていた．

弦理論にはそれにまつわる少々の論争がある．本書の読者がだれでもご存知のように，それを実験的に検証するには高いエネルギーが必要となるために，すぐに確かめるための選択肢は存在しない．弦理論は結局，創造の理論そのものなので，弦理論に関連するエネルギーはもちろん，非常に大きい．それでもなお，間接的な検証方法がいくつか存在し，本書の出版の時期[*3]はこの試みの一部と一致するかもしれない．最初の手掛かりは，フェルミオンとボソンが**超対称パートナー**，つまり電子のようなフェルミオンがボソンである姉妹超対称パートナー粒子を持つと提唱する理論である**超対称性**のための継続的な探索である．超対称粒子は発見されていないので，超対称性が存在するなら何らかの形で破れていて超対称パートナー粒子が高い質量を有するようになってなくてはならない．これは今まで超対称粒子が見つかっていない理由を説明することができる．しかしすでに述べた通り，ヨーロッパで建設中の大型ハドロン衝突型加速器 (Large Hadron Collider, 略称 LHC) は，超対称性の証拠を発見することができるかもしれない[*4]．実は点粒子で

---

[*3]訳注：本書の原書『*String Theory Demystified*』が出版されたのは 2008 年である．

[*4]訳注：2018 年 10 月現在，LHC では超対称性の証拠は見つかっていない．

も超対称性をうまく機能させることができるので，これは弦理論を証明するものではない．しかしながら，弦理論が機能するには超対称性が絶対に不可欠である．超対称性が存在しない場合，弦理論は成立しえない．したがって超対称性が見つかった場合，それは弦理論を証明しないが，弦理論が正しいかもしれないという良い兆候である．

近年の理論的研究はまた，大きな余剰次元が存在し，それが実験的に推定されるかもしれないという興味深い可能性を開く．科学者が「バルク(bulk)」と呼ぶ余剰空間は重力だけが伝わることができる．大型ハドロン衝突型加速器のエネルギーでは，これが起こっているという証拠を確認することができる可能性があり，微視的なブラックホールが発生する可能性すらあると主張している人もいる．繰り返しになるが，弦理論抜きで余剰次元を想像することはできるので，これらの発見は弦理論を証明しない．しかしそれらは弦理論の強い間接的証拠になる．本書では弦理論が余剰次元の存在を予言することを学ぶので，弦理論が正しい道のりの上にあるという重大な示唆としてこれらの証拠を解釈すべきであろう．

弦理論には多くの問題があり，現在進行中の研究分野である．現在は原子の存在が仮定されているが証明されておらず，懐疑論者が沢山居た時代に生きることと似ている．そして弦理論はやや狂っているように見える．弦理論はいくつかの種類があり，おのおのが未発見の数々の粒子状態を持つ (しかしながら，異なる弦理論に関連する**双対性**と呼ばれる変換が発見されており，**M 理論**と呼ばれる存在すると信じられている根源的な理論に基づいた研究が進行中である)．目下，弦理論の唯一の真剣な競争相手と考えられるのがループ量子重力である．私が専門家ではないことを強調したうえで聞いていただきたいが，私はかつてそれについてのゼミを取っていたが正直言って信じられないほど不愉快なものであった．それはとても抽象的で，全く物理学のようには思えなかった．それは数学的な哲学として私を打ちのめした．それは余剰次元の存在のような奇妙な予言をするが，一般相対論と量子論については常識にも反する予言をする．結局我々にできるすべてのことは，実験と観測が論争を解決し，ループ量子重力あるいは弦理論が正しい軌道にあるかどうかを判断するのを助けることができることを願うことである．我々の好みがなんであるかに依らず，これは科学であるため，証拠がどこにつながるかを追う必要がある．

本書は読者がすぐに弦理論を始められるように書かれている．本書は独習用に書かれており，本書を読み終えた後，この分野の本格的な教科書がより簡単に読めるようになるためのものである．

しかし誤解しないでほしい．本書は弦理論を学びたい人向けに書かれており，「啓蒙書」ではない．

提示はいくつかの場所で簡素化されている．より進んだ学習で必要となる経路積分，微分形式および分配関数のような話題は重要であるが除外した．それでもなお，弦の物理学の基礎の良い概要を読者に提供する試みがなされている．他の入門書とは異なり，本書には超弦についての議論を含めることにした．超弦はより複雑であるが，私の感じるところでは，ボソン的弦の場合を理解すれば大した飛躍もなくそれを含んだ議論が展開できる．読者がこれを理解するために本当に必要となる予備知識はディラックスピノルへのいくらかの慣れである．もし読者にこの予備知識がないなら，Griffith（グリフィス）の『*Elementary Particles*』または『*Quantum Field Theory Demystified* [*5]』を試すとよいだろう．要するに，弦理論は高度な分野なので，本書を読むには予備知識が必要であるということである．具体的には，数学からは微積分，線形代数および常微分方程式・偏微分方程式を知っている必要がある．また，いくらかの複素変数についての知識も役に立つであろう．そして私の本である『*Complex Variables Demystified*』は本書とほぼ同時に発売され，複素変数を理解するのに役立つであろう．これは長い道のりであるし，読者はまだ始めたばかりであるかもしれない．ただし，何も専門家である必要はない．これらの分野を大まかに把握するだけで本書ではうまくいくだろう．

物理学からは，もし読者の勘がさび付いているなら波動の分野から始めるとよいだろう．これを行うには大学新入生の物理学の本を広げるとよい．弦

[*5] 訳注：邦題：『MaRu-WaKaRi サイエンティフィックシリーズ I 場の量子論』

理論に必要な中核概念は弦の波動，弦の境界条件 (基本的な偏微分方程式から出る)，量子力学からは調和振動子および特殊相対論が含まれる．本書を読む前にこれらを磨こう．紙面の都合上，Zwiebach(ツヴィーバッハ)の緻密な教科書のように予備知識なしで読めるようにはできなかった．本書では可能な限り流れを提示したいと思っているが，読者がすでにある程度の予備知識を習得済みであると仮定している．必要な 3 つの分野は，量子力学，相対論および場の量子論である．幸運にも他のところで学んだことがなければ，これらの分野で利用できる『*Demystified*』シリーズがそれぞれ用意されている[*6]．

『*Demystified*』シリーズに割り当てられた限られた紙面では，弦理論のすべての題材を覆うことはできない．私は基礎的な物理学を構築し，必要な数学的道具を用意し，あまりにも高度であり最もエキサイティングな話題を導入することのバランスをとることを試みた．残念ながら，これは簡単な計画ではない．私は他の題材の中で，ボソン的弦，超弦，D-ブレーン，ブラックホール物理学および宇宙論を含めた．また，ランドール-サンドラム模型の議論と，それがどのように素粒子物理学の階層性問題を解決するのかについても説明した．

私はMichio Kaku(ミチオ カク)[*7]の物理学啓蒙書を推薦して筆をおきたい．実際，私は弦理論の素晴らしい世界を紹介した彼の本の 1 つを読んで，工学から物理学に「転向」した．カクの本の 1 冊を手に取らなければ弦理論の教科書を書く道に導かれることはまず考えられなかっただろう．いずれにしても宇宙を理解するための読者の探求に本書が役立つことを願うばかりである．

David McMahon(ディビッド マクマーホン)

[*6]訳注：このうち相対論と場の量子論については，邦訳版である『MaRu-WaKaRi サイエンティフィックシリーズ II 相対性理論』および『MaRu-WaKaRi サイエンティフィックシリーズ I 場の量子論』がある．

[*7]訳注：ミチオ・カク (加來 道雄) は日系アメリカ人の超弦理論研究者．

1

Chapter

# 1

# 序論

一般相対論と量子力学は 20 世紀の科学の柱として際立っており，亜原子粒子[*1]のスケールから銀河の回転および宇宙それ自体の歴史に至るまでほとんどすべての既知の現象を記述することができる．実験との素晴らしい一致を含むこの大成功にもかかわらず，これら 2 つの理論は危機と論争に悩まされている交差点の物理学を表している．

問題は，一見すると，これら 2 つの理論が完全に互いに相容れないということである．アインシュタインの偉大な成果である一般相対性理論は重力相互作用，すなわち，我々が知っている最も大きなスケールの上で発生する相互作用を記述する．しかしそれはアインシュタインの科学への最大の貢献として際立っているだけでなく，物理学における最後の古典理論とも呼べるものかもしれない．つまり，その革命的性質にもかかわらず，一般相対性理論は量子力学を全く考慮に入れていない．実験は量子力学が物質の挙動に対する正しい記述であることを示しているので，これは一般相対論の深刻な欠陥である．

通常の状況下ではこれについては考える必要はない．何故なら非常に強いか非常に小さいスケールで起こる重力相互作用においてのみ量子効果が重要

[*1] 訳注：亜原子粒子とは，それ以上分割できない最小の粒子である素粒子や，素粒子で構成された複合粒子で原子より小さいものを指す．

となるからである．たとえば太陽の周りを周回する惑星である水星の運動や銀河の運動など，一般相対論を適用する状況では量子効果は全く重要ではない．それらが重要となる 2 つの場所はブラックホール物理学と宇宙の誕生においてである．

一方，量子力学は基本的に相対論の洞察を無視している．それは基本的に重力は全く存在せず，空間と時間が同じ立場にないと決め込んでいる．時空の概念は量子力学には入っておらず，場の量子論では特殊相対論が中心的役割を果たすが，重力相互作用はそこでも存在しない．

## 一般相対論の概要

本書は一般相対論の本ではないが，ここでは理論の非常に簡単な概要を提供する (詳細は『*Relativity Demystified*』を参照)．一般相対論の中心的考え方は幾何学が動的であり，光速が，重力を含むすべての相互作用の速さを制限するという概念である．まず，2 点間の距離を記述する方法である計量(メトリック)という概念から始める．通常の 3 次元空間では計量は

$$ds^2 = dx^2 + dy^2 + dz^2 \tag{1.1}$$

である．

この計量は (2 点間の) 距離を無限に近づけることによってピタゴラスの定理より得られる．この計量が回転の下で不変であることに注意しよう．相対論的思考法にとって重要なことは不変であるこの量に焦点を合わせることである．

相対論的な状況に移行するために，2 点間の距離の尺度という概念を時間と空間の中で起こる 2 つの事象の間の距離の概念に拡張する．つまり，時空内の 2 点間の距離を測定する．これは計量

$$ds^2 = -c^2dt^2 + dx^2 + dy^2 + dz^2 \tag{1.2}$$

によって行われる．この計量は時間も含むために幾何学の考え方を拡張する．しかしそれだけでなく，この計量は回転の下で不変となる 2 点間の距離

尺度の概念をローレンツ変換，すなわち，一方の慣性系と他方の慣性系の間のローレンツ推進(ブースト)の下でも不変である距離尺度の概念に拡張する．

時間の混合を追加することは幾何学の概念を未知の領域に拡張するが，それでも重力場を考慮しない固定された幾何学を扱っている．これを行う方法で計量を拡張するには，**非ユークリッド幾何学**の領域に入る必要がある．これは平坦な空間を必要としない幾何学である．代わりに球面や鞍型のような曲がった空間を含むように一般化する．さて，今考えているのが相対論的な状況なので，我々は曲がった空間だけでなく時間も含める必要がある．したがって**曲がった時空**を扱うことになる．式 (1.2) の形式でこれを行うものを書くための一般的な方法が

$$ds^2 = g_{\mu\nu}(x)dx^\mu dx^\nu \tag{1.3}$$

である．

**計量テンソル**は対象 $g_{\mu\nu}(x)$ であり，時空に依存する成分を持つ．今や場所や時間によって変化する動的な幾何学があり，$g_{\mu\nu}(x)$ は重力場に直接関係することが分かる．それゆえ我々は一般相対論の中心真理に到達する：

$$\text{重力} \rightleftarrows \text{幾何学}$$

重力場は本質的に時空の幾何学である．計量テンソル $g_{\mu\nu}(x)$ の形は物質，つまり与えられた時空の領域に存在するエネルギーから生じる．これが物質が重力場の源である理由である．物質の存在が幾何学を変え，それが自由落下する質点の経路を変え，重力場の出現となる．

物質と幾何学 (つまり重力場) を関係づける方程式は**アインシュタイン方程式**と呼ばれる．それは

$$R_{\mu\nu} - \frac{1}{2}g_{\mu\nu}R = \frac{8\pi G}{c^4}T_{\mu\nu} \tag{1.4}$$

の形をしている．ここで $G = 6.67408 \times 10^{-11}\mathrm{m}^3/(\mathrm{kg}\cdot\mathrm{s}^2)$ は**万有引力定数**であり，$T_{\mu\nu}$ は**エネルギー-運動量テンソル**である．$R_{\mu\nu}$ と $R$ は計量テンソル $g_{\mu\nu}(x)$ の微分に依存する対象であり，それゆえ相対論の幾何学の動的

性質を表す．エネルギー-運動量テンソル $T_{\mu\nu}$ は考えている時空領域にどれだけエネルギーと物質が存在するかを示す．本書での目的において，この方程式の詳細は重要ではない．物質 (およびエネルギー) が時空の幾何学を変えて，自由粒子の従う経路を変化させることによって重力場と呼ばれるものを発生させることを心に留めておこう．

## 量子論の簡単な入門

したがって物質はエネルギー-運動量テンソル $T_{\mu\nu}$ を通して相対性理論に入る．問題は物質が量子論の法則にしたがってふるまうことが分かっていることであり，それは一般相対論とは異なる．詳しい説明は省略するが，本節では量子力学の基本的な考えを復習する (詳細は『*Quantum Mechanics Demystified*』参照)．量子力学では，粒子について求めることができるすべてのものは，波動関数

$$\Psi(\vec{x};t)$$

によって記述される粒子または系の状態に含まれる．波動関数はシュレディンガー方程式

$$i\hbar\frac{\partial\Psi}{\partial t}=-\frac{\hbar^2}{2m}\nabla^2\Psi+V\Psi \tag{1.5}$$

の解である．波動関数それ自体は実際の物理的な波ではなく，その絶対値の自乗 $|\Psi(\vec{x};t)|^2$(波動関数は複素数になりうることに注意) が与えられた状態における粒子または系の見つかる確率振幅となるものである．

位置や運動量などの測定可能な観測量は量子力学では数学的演算子に昇格される．それらは状態 (つまり波動関数) に作用し，特定の交換規則を満たす．たとえば，位置と運動量は

$$[x,p]=i\hbar \tag{1.6}$$

を満たす．さらに，ある量を知ることができる精度に制限を与える，**不確定**

**性原理**が存在する．2 つの重要な例として

$$\begin{aligned}\Delta x \Delta p &\geq \hbar/2 \\ \Delta E \Delta t &\geq \hbar/2\end{aligned} \tag{1.7}$$

がある．したがって，粒子の運動量がより正確に分かれば，その位置についてはより不確かになり，逆も成り立つ．物理的過程を調べる時間間隔が小さいほどエネルギーの変動は大きくなる．

複数の粒子を持つ系を考えるときは波動関数は $\Psi(\vec{x}_1, \vec{x}_2, \ldots, \vec{x}_n; t)$ となる．ここで $n$ 個の粒子の ($i$ 番目の粒子の) 座標が座標 $\vec{x}_i$ である．粒子の交換 $\vec{x}_i \rightleftarrows \vec{x}_j$ の下で波動関数がどのようにふるまうかに依存して，2 種類の基本的な粒子の型があることが分かる．簡単のため，2 つの粒子の場合を考察すると，

$$\Psi(\vec{x}_1, \vec{x}_2; t) = \Psi(\vec{x}_2, \vec{x}_1; t)$$

の下で波動関数の符号が不変なら，それらの粒子は**ボソン**であると呼ばれる．任意の個数のボソンは同じ量子状態で存在できる．一方，2 つの粒子の交換が波動関数においてマイナス符号を伴う場合である

$$\Psi(\vec{x}_1, \vec{x}_2; t) = -\Psi(\vec{x}_2, \vec{x}_1; t)$$

の場合，問題の粒子は**フェルミオン**であると呼ばれる．フェルミオンはパウリの排他原理として知られる制約条件を満たす．それはどんな 2 つのフェルミオンも同じ量子状態を占有することができないと主張する．したがってボソン数は任意の値 $n_b = 0, 1, \ldots, \infty$ をとることができるが，フェルミオンが占有できる量子状態の個数は 0 または 1，すなわち $n_f = 0, 1$ 以外の値をとることはできない．

量子論と相対論を同一の枠組みに統合する最初の動きは，量子力学を特殊相対性理論と一緒に組み合わせることによって行われた (それゆえ重力はその描像の外に追い出された．)．場の量子論と呼ばれるその結果は，すべての既知の実験的検証と一致するという，驚異的な科学的成功をもたらした (詳細については『*Quantum Field Theory Demystified*』参照)．場の量子

論では，時空は演算子として作用する場 $\varphi(\vec{x},t)$ で満たされる[*2]．与えられた場は

$$\varphi(x^0,\vec{x}) = \int \frac{d^3k}{(2\pi)^{3/2}\sqrt{2\omega_k}} \left[\varphi(\vec{k})e^{-i(\omega_k x^0 - \vec{k}\cdot\vec{x})} + \varphi^*(\vec{k})e^{i(\omega_k x^0 - \vec{k}\cdot\vec{x})}\right]$$

としてフーリエ展開できる．次に，置き換え $\varphi(\vec{k}) \to \hat{a}(\vec{k})$ および $\varphi^*(\vec{k}) \to \hat{a}^\dagger(\vec{k})$ によって消滅演算子と生成演算子に関して場を表すと

$$\hat{\varphi}(x^0,\vec{x}) = \int \frac{d^3k}{(2\pi)^{3/2}\sqrt{2\omega_k}} \left[\hat{a}(\vec{k})e^{-i(\omega_k x^0 - \vec{k}\cdot\vec{x})} + \hat{a}^\dagger(\vec{k})e^{i(\omega_k x^0 - \vec{k}\cdot\vec{x})}\right]$$

がもたらされる．するとこの場は与えられた場の**量子**である粒子を生成および消滅する．

すべての量はローレンツ不変であることが要請される．量子論の描像をより深めるために，場とその共役運動量に交換関係

$$\begin{aligned}
[\hat{\varphi}(\vec{x},t), \hat{\pi}(\vec{y},t)] &= i\delta(\vec{x}-\vec{y}) \\
[\hat{\varphi}(\vec{x},t), \hat{\varphi}(\vec{y},t)] &= 0 \\
[\hat{\pi}(\vec{x},t), \hat{\pi}(\vec{y},t)] &= 0
\end{aligned}$$

を課す．ここで $\hat{\pi}(\vec{x},t)$ はラグランジアン力学の標準的な手法を用いて場 $\hat{\varphi}(\vec{x},t)$ から得られる共役運動量である．

交換関係と場の形 (つまり，生成・消滅演算子) から粒子の相互作用が**時空の特定の単一の点**で起こることが分かる．これは粒子の相互作用が距離ゼロに渡って起こることを意味するため重要である．場の量子論における粒子は数学的には単一の点に位置する点粒子として表される．これは図 1.1 に模式的に示した．

[*2] 訳注：$x^0 = ct$ なので，$\varphi(ct,\vec{x}) = \varphi(x^0,\vec{x}) = \varphi(x)$ である．ここで時間座標については同時刻交換関係を課すなどの場合のように，他の空間次元とは異なる扱いのため，$\varphi(ct,\vec{x})$ を $\varphi(\vec{x};t)$ などのようにあらわすこともあるが意味は一緒である．なお，$\vec{x} = (x^1,x^2,x^3)$ であるのに対し，$x = (x^0,x^1,x^2,x^3)$ である．また，ここでは表記を簡単にするため，$c = \hbar = 1$ の自然単位系を採用しているので注意してほしい．

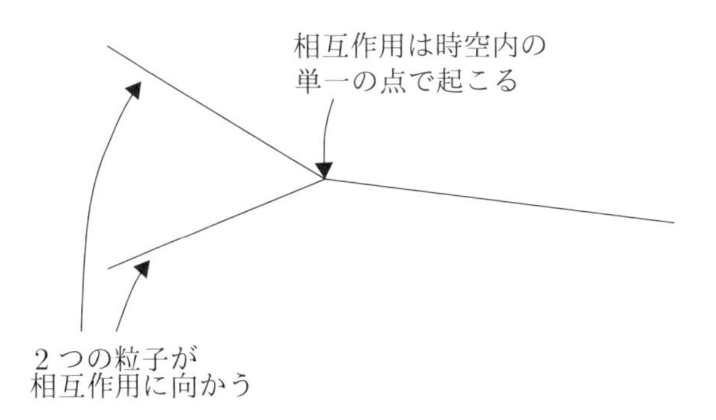


図 1.1: 素粒子物理学では相互作用は単一の点で起こる．

さて，場の量子論における計算は，摂動展開を用いて行うことができる．展開の各項は，可能な粒子相互作用を記述し，それは**ファインマンダイアグラム**を用いて視覚的に表現することができる．たとえば，図 1.2 では，2 つの電子が互いに散乱しているのが確認できる．

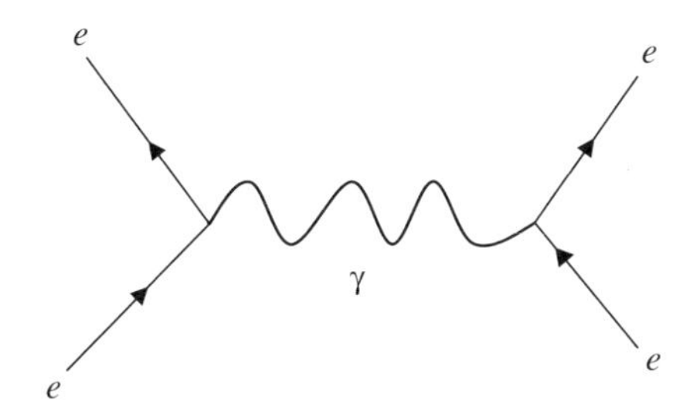


図 1.2: ファインマンダイアグラムは 2 つの電子の散乱を描く．

図 1.2 のファインマンダイアグラムは，発生する過程に対する振幅を記述する級数の最低次数の項を表している．この級数の項をより多くとると，同じ始状態と終状態を持つ，より複雑な内部相互作用を持つダイアグラムが追加される．たとえば，交換された光子は別の光子に崩壊する電子-陽電子対に変わる可能性がある．これは図 1.3 に示した．

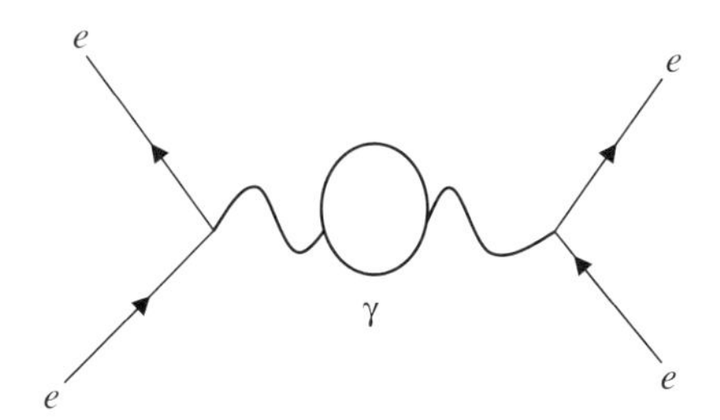


図 1.3: 光子は電子-陽電子対 (円の部分) に変わり，その後消滅して別の光子を生成する．

図 1.3 に示すような内部過程は**仮想**と呼ばれる．これはそれが始状態または終状態として表れないためである．与えられた過程の発生する実際の振幅を求めるには，すべての可能な仮想過程に対するファインマンダイアグラムを描く必要がある．つまり，級数のすべての項をとる必要がある．実際上は，計算に必要な精度を得るために必要な項のみをとることができる．

この種の過程は電磁力，弱い力および強い力の相互作用でうまく機能する．しかしながら，全体の手順にはいくつかの大きな問題があり，それらは重力が関与しているときには対応できない．この問題は相互作用が単一の時空の点で起こるという事実に帰着する．これは計算で無限大の結果につながる (単に**無限大**と呼んだりする)．技術的にいえば，すべての仮想過程を含む与えられた振幅の計算は，すべての可能な運動量の値に渡っての積分を含む．これは

$$I \sim \int p^{4J-8} d^D p \tag{1.8}$$

の形で書くことができる**ループ積分**によって記述できる．ここで $p$ は運動量，$J$ は粒子のスピン，積分の測度に現れる $D$ は時空の次元である．さていま，量

$$\lambda = 4J + D - 8 \tag{1.9}$$

を考える．運動量が $p \to \infty$ でかつ

$$\lambda < 0$$

の場合，式 (1.8) の $I$ は有限であり，計算は理にかなった答えを与える．一方，運動量が $p \to \infty$ であるが

$$\lambda > 0$$

の場合，式 (1.8) の積分は発散する．これは計算に無限大をもたらす．ここでいま $I \to \infty$ であるが，とてもゆっくりと発散する場合，**くりこみ**と呼ばれる数学的手法を用いて計算から有限の結果を得ることができる．これは量子電磁力学のような確立された理論を扱う場合に当てはまる．

## 標準模型

場の量子論の既知の素粒子相互作用を記述する理論的枠組みの完成した形式を**標準模型**と呼ぶ．標準模型では 3 つの基本的な種類の素粒子相互作用がある．それらは

- 電磁力
- 弱い力
- 強い力 (核力)

である．標準模型には 2 種類の基本的な粒子が存在する．それらは

- 粒子相互作用を伝達する (それらは力を “運ぶ”) スピン 1 ゲージボソン．これには，光子 (電磁相互作用)，$W^{\pm}$ および $Z$(弱い相互作用) およびグルーオン (強い相互作用) が含まれる．
- 物質は電子のようなスピン 1/2 フェルミオンから形成される．

さらに，標準模型は**ヒッグスボソン**と呼ばれるスピン 0 粒子の導入が必要となる．粒子は関連するヒッグス場と相互作用し，この相互作用がそれらに質量を与える．

## 重力場を量子化する

一般相対性理論は重力波を含む．それらは角運動量 $J = 2$ を運ぶので，グラビトンとして知られる重力場の量子はスピン 2 粒子であると推測される．弦理論には自然にスピン 2 粒子が含まれることが分かっているので，自然に重力子が含まれる．式 (1.8) に戻ると，$J = 2$ と置き，時空次元を我々が知っているように $D = 4$ と置くと，

$$4J - 8 + D = 4(2) - 8 + 4 = 4$$

となるので，グラビトンの場合，

$$p^{4J-8} \to p^0 = 1$$

および

$$I \sim \int d^4p \to \infty$$

が全運動量に渡る積分で得られる． これは重力が量子電磁力学のような方法ではくりこむことができないことを意味する．何故ならこの積分は $p^4$ のように発散するからである．それとは対照的に，量子電磁力学を考えてみよう．光子のスピンは 1 であるので，

$$4J - 8 + D = 4(1) - 8 + 4 = 0$$

となり，ループ積分は

$$I \sim \int p^{4J-8} d^D p = \int p^{-4} d^4 p \Rightarrow$$

となるので，これは

$$\approx p^0 = 1$$

のようになる．

これは，標準的な場の量子論の枠組みに重力を組み込むことが非常に問題のある試みであることを示している．肝心な点は，非常に長い間誰も本当にどうすればこの問題を解決できるか分からなかったということである．弦理論は，単一の点で発生する粒子相互作用を取り除くことで，この問題を解決する．不確定性原理

$$\Delta x \Delta p \sim \hbar$$

を見てみよう．運動量が発散する場合，すなわち，$\Delta p \to \infty$ の場合，これは $\Delta x \to 0$ を意味する．つまり，大きな (無限の) 運動量は小さい (ゼロの) 距離である．あるいは別の言い方をすると，点状 (ゼロ距離) の相互作用は無限の運動量を意味する．これは発散するループ積分を導き，計算に無限大をもたらす．

それゆえ弦理論では，1 次元の弦によって点粒子を置き換える．これは図 1.4 に図示した．

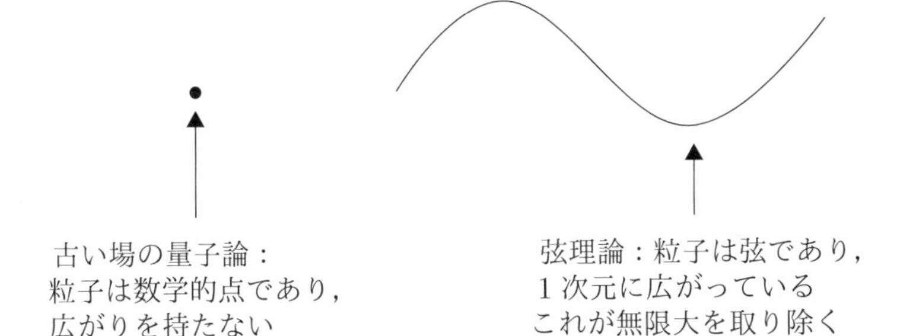


図 1.4: 素粒子物理学では，相互作用は単一の点で起こる．

## 弦理論におけるいくつかの基本的な解析

弦理論では $\Delta x \to 0$ に至るわけではないが，小さいがゼロでない値でカットオフされる．これは運動量に上限があることを意味するので $p \nrightarrow \infty$ で

ある．運動量は大きくなるが有限の値になり，ループ積分の発散は取り除かれる．

弦の長さで定義されるカットオフを持つ場合，不確定性関係を修正する必要がある．弦理論では，位置 $\Delta x$ の不確定性は

$$\Delta x \geq \frac{\hbar}{\Delta p} + (\hbar c)^2 \alpha' \frac{\Delta p}{\hbar} \tag{1.10}$$

によって近似的に与えられることが分かっている[*3]．これを見ると，理論に存在する最小距離を指定するのに役立つ新しい項，$(\hbar c)^2\alpha'(\Delta p/\hbar)$ が不確定性関係に導入されている．パラメーター $\alpha'$ は弦の張力 $T_s$ と

$$\alpha' = \frac{1}{2\pi T_s \hbar c} \tag{1.11}$$

を通して関係する．弦理論において我々が見ることのできる最小の距離は

$$x_{\mathrm{min}} \sim 2\sqrt{\alpha'}\hbar c \tag{1.12}$$

によって与えられる[*4]．したがって，$\alpha' \neq 0$ ならば，点状の相互作用の結果として生じる問題は，それが起こりえないので回避される．相互作用は広がり，無限大は回避される．

## 統一と基本定数

弦理論は物理学の統一理論であると提案する．すなわち，それはすべての粒子相互作用 (既知のものと現在未知のもの)，すべての粒子の種類および重力を記述する最も基本的な理論であると考えられている．我々はこの理論の基本定数からいくつかの量を構成することによってすべての力の単一の枠組みへの統一に関するいくらかの洞察を得ることができる．

---

[*3] 訳注：この式の右辺の第 2 項により，$\Delta x$ は通常の量子力学と異なり，どのように $\Delta p$ を大きくとっても小さくできない最小値が存在する．

[*4] 訳注：これは $\Delta p$ に関する 2 次不等式 (1.10) の判別式 $D = b^2 - 4ac \geq 0$ を解くことによって得られる．

読者が場の量子論を学んでいれば，微細構造定数と呼ばれる無次元の定数をご存じだろう．それは $e$,$\hbar$ および $c$ から構成される．ここで，$e$ は電子の電荷 (の絶対値)，$\hbar$ はディラック定数[*5]，$c$ は光速である．微細構造定数 $\alpha_{EM}$ は (結合定数を介して) 電磁力の強さの尺度を与える．それは

$$\alpha_{\text{EM}} = \frac{e^2}{4\pi\hbar c} \approx \frac{1}{137} < 1 \tag{1.13}$$

によって与えられる．

$\alpha_{\text{EM}} < 1$ という事実は，近似解を得るために $\alpha_{\text{EM}}$ の冪に関して量を展開することができるので，摂動論を可能にする．

同様の手順は重力に適用できる．重力は量子論を基礎とする統一的な枠組みで記述されない唯一の力であるから，ここでは重力を考察しよう．他の知られている力，電磁力，弱い力，強い力は標準模型によって記述されるが，重力は第 2 の弦の古典項に追放されている．

重力相互作用における重要な定数は，万有引力定数 $G$, 光速 $c$ および重力の量子論を扱うならディラック定数 $\hbar$ を含める必要がある．2 つの基本的な量，**長さ**と**質量**がこれらの定数を用いて導くことができる．これから量子重力が重要になる距離とエネルギーのスケールが分かる．

最初に，**プランク長さ**と呼ばれる長さを考えよう．それは

$$l_p = \sqrt{\frac{G\hbar}{c^3}} \sim 10^{-35}\ \text{m} \tag{1.14}$$

によって与えられる．これは非常に小さい距離である．比較のために，典型的な原子核の次元は

$$l_{\text{nucleus}} \sim 10^{-15}\ \text{m}$$

であり，これはプランク長さより $10^{20}$ 倍大きい！　これは量子重力効果が (純粋に少なくとも) 非常に小さい距離のスケールで起こると期待されるこ

[*5] 訳注：ディラック定数 $\hbar$ は，プランク定数 $h$ と

$$\hbar = \frac{h}{2\pi}$$

の関係にある．

とを意味する．そのような小さなスケールを調べるには高いエネルギーが必要である．これはプランク質量を計算することによって確かめられる．そしてそれは

$$M_p = \sqrt{\frac{\hbar c}{G}} \sim 10^{-8}\ \mathrm{kg} \tag{1.15}$$

によって与えられる．

これはあなたの体重と比較すれば小さな値であるが，基本粒子の質量と比較するとかなり大きい値である．これから再び，量子重力の領域を探るためには高いエネルギーが必要であることが分かる．プランク質量も，シュワルツシルト半径がそのコンプトン波長と等しくなるブラックホールの質量であることが分かる．これは量子重力効果が顕著になる長さのスケールであることを示唆している．

次に，**プランク時間**を構成することができる．これは

$$t_p = \frac{l_p}{c} \sim 10^{-44}\ \mathrm{s} \tag{1.16}$$

によって与えられる．これは確かに小さな時間間隔である．それゆえ量子重力を考えるには，小さな距離，小さな時間間隔および大きなエネルギーを考える必要がある．これらの高いエネルギーでは重力は強くなる．これがどのように機能するかを見るには，以下のことを考えよう．新入生の物理学課程では，電磁力が重力相互作用の $10^{40}$ 倍ほどの強さであることを学ぶ．しかし量子重力が重要となる高いエネルギーを記述する場合では，重力相互作用の強さは他の力と比較でき，重力は強くなり，それゆえ粒子相互作用でそれは重要となる．現在存在している粒子加速器 (あるいは夢見ることのできる粒子加速器) ははるかに小さいスケールのエネルギーを調査するため，重力は現在到達可能なエネルギーでは非常に弱いと考えることができる．

## 弦理論の概要

これまで弦理論が有限の重力の量子論を発展させるのに有益になる理由を見てきた．そしてそのような理論が重要となるであろうエネルギースケールも見てきた．ここでは弦理論に含まれるいくつかの基本的な概念を確認して本章を終えよう．まず最初に基本粒子は点ではなく，図 1.5 に示すように弦である．

図 1.5: 基本粒子は弦と呼ばれる 1 次元の物体に拡張される．

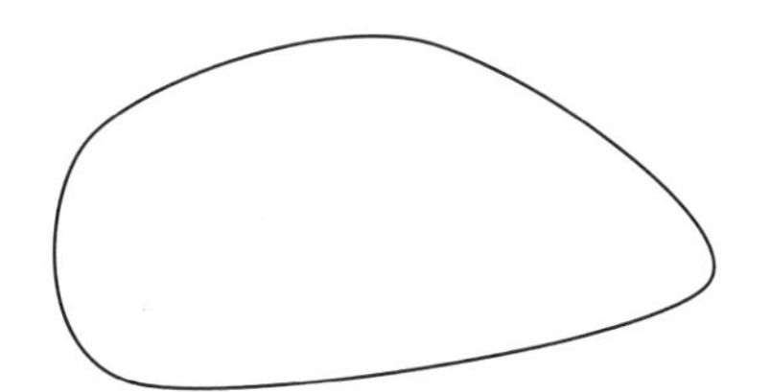

図 1.6: 閉じた弦は終端を持たない．

弦は**開いている** (図 1.5) か**閉じている** (図 1.6) ことができ，後者は端がつながっていることを意味する．

弦の励起は異なる基本粒子を与える．粒子が時空を運動すると，世界線が軌跡になる．弦が時空を運動すると，世界面が軌跡になる (図 1.7 参照)．それは $(\sigma, \tau)$ によってパラメーター化された時空内の面である．写像 $x^{\mu}(\sigma, \tau)$ は世界面座標 $(\sigma, \tau)$ を時空座標 $x$ に写像する．

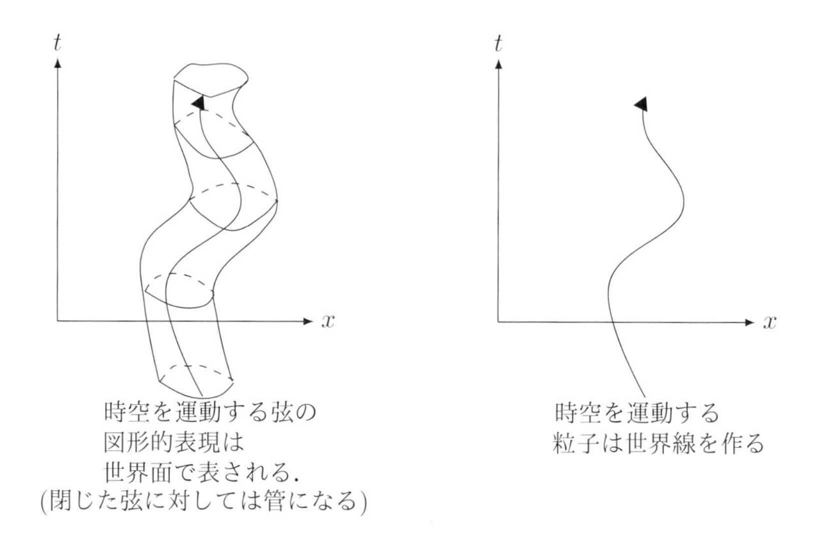


図 1.7: 閉じた弦の世界面と点粒子の世界線の比較．世界線の時空座標は $x^\mu = x^\mu(\tau)$ としてパラメーター化されるが，世界面の時空座標は $x^\mu(\sigma, \tau)$ としてパラメーター化される．ここで $(\sigma, \tau)$ は世界面の (2 次元曲面としての) 座標を与える．

したがって弦理論に従った世界では，基本的な対象はプランクスケールのオーダー ($10^{-33}$ cm) の長さの小さな弦である．普通の弦と同様に，これらの基本的な弦は振動することができ，異なる共振周波数 (弦の励起) は異なる性質を有する粒子を生じる．スピン $J$ および質量 $m_J$ を持つ粒子に対しては，粒子の質量とスピンは

$$J = \alpha' m_J^2 \tag{1.17}$$

に現れる $\alpha'$ を通して弦の張力と関係している．ヴァイオリンの弦が異なる周波数で振動することができるように，振動する弦が異なるモードを持つことを考えてみよう．由来のはっきりしない多すぎる "基本粒子" を仮定する代わりに，たった 1 つの基本的物体である異なるモードで振動する弦を仮定することによって見かけ上，複数の基本的な物体が存在するようになる．各

モードは異なる粒子として現れるので，あるモードは電子であり，別の異なるモードはクォークであり得る．

弦を切り離したり，結合したりすることは可能である．弦が切り離される状況を考えよう．親の弦が，粒子 $A$ に対応するモードで振動しているものと仮定しよう．それは 2 つに分かれ，得られる娘の弦はそれぞれ粒子 $B$ および粒子 $C$ に対応するモードで振動する．この分割の過程は次の粒子崩壊に対応する：

$$A \to B + C$$

逆に，弦は組み合わさって結合し，単一の弦を形成することもできる．これはこれまで粒子の吸収と考えられてきた過程である．したがって，粒子の崩壊のようなより不思議な側面を見せる過程は，単純な概念的枠組みで説明される．

## 弦理論の種類

弦理論には 5 つの異なる種類があるように見えるが，それらは同じ単一の理論を異なる視点で見たものであるということが示されている．それら異なる型は双対性（デュアリティー）によって関連している．それら 5 つの型は

- **ボソン的弦理論**　これはボソンのみを持つ弦理論の定式化である．超対称性はなく，理論にフェルミオンが存在しないため，物質を記述することができない．したがってそれは本当に単なるトイモデル (おもちゃのような理論) である．この理論には開弦と閉弦の両方が含まれ，理論の無矛盾性のためには 26 の時空次元が必要となる．
- **I 型弦理論**　この案の弦理論にはボソンとフェルミオンの両方が含まれる．粒子相互作用には超対称性およびゲージ群 $SO(32)$ が含まれる．この理論および以下の理論はすべて理論の無矛盾性のために 10 の時空次元が必要となる．
- **II-A 型弦理論**　この案の弦理論もまた超対称性を含み，開弦と閉弦の両方を含む．II-A 型の開弦の端点は **D-ブレーン**と呼ばれるより高

次元の物体に接続されている．この理論のフェルミオンはカイラルでない*6.

- **II-B 型弦理論**　II-A 型弦理論と似ているが，カイラルなフェルミオンを持つ.
- **ヘテロティック弦理論**　超対称性を含み，閉弦のみが許される．$E_8 \times E_8$ と呼ばれるゲージ群を持つ．弦上の左進および右進モードは，実際に異なる時空次元 (10 および 26) を必要とする．我々はのちに，実際には 2 つのヘテロティック弦理論が存在することを見るだろう.

## M 理論

これらの弦理論はすべて混乱しているようにみえ，すべての試みがあてずっぽうであるかのような印象に見える．しかし，本書を読み進めていくうちに，異なる型の弦理論を結びつける異なる双対性について学ぶだろう．これらは $S$ **双対性**および $T$ **双対性**という名前で呼ばれている.

これらの双対性が存在するので，根底にある，より基本的な理論が存在すると推測される．それは M 理論という奇妙な名前で呼ばれるが，“M” は実際には何を指すのか何の具体的意味も持っていない (恐らく『すべての理論の母 (Mother)』) *7.

M 理論における 1 つの概念として，時空多様体 (つまり，その構造) が先験的に仮定されるものではなく，むしろ真空から出現するものであるというものがある.

M 理論の具体的な表現の 1 つは，通常の量子力学で慣れ親しんだ行列力学に基づく．この文脈では “M” は実際には何かを意味し，それを行列

*6訳注：スピンの右巻き成分と左巻き成分が対称ということ.

*7訳注：本書を手に取る方ならご存知かもしれないが，M には他に “Membrane(膜)”, “Matrix(行列)” などが考えられるが M 理論の実態がはっきりしないため，どの呼び方が適切かははっきりしていない.

**(Matrix) 理論**と呼ぶ．この理論では，トーラス上で $n$ 個の空間次元を**コンパクト化** (つまり，実際には小さく) する場合，$n+1$ 時空次元における通常の場の量子論である双対行列理論が得られる．

## D-ブレーン

弦理論の型の議論で述べた **D-ブレーン**は 2 次元の膜または 2-ブレーンである膜の一般的な概念を拡張したものである．弦は 1 次元のブレーンまたは 1-ブレーンとして考えることができる．したがって，$p$-**ブレーン**は $p$ 個の空間次元を持つ物体である．

基本的な弦の終端が接続できるので，弦理論において D-ブレーンは重要である．ヤン-ミルズ型理論 (電磁気学など) によって記述される量子場は D-ブレーンによって接続された弦を含むと考えられている．この考えは重力の量子であるグラビトンが D-ブレーンに接続されて**いない**ため大きな説明能力がある．グラビトンは D-ブレーンを伝わったり "漏れ出したり" することができるため，我々にはあまり多くは観測できない．これは今まで大きな謎であった，電磁力 (および他の既知の力) が重力よりはるかに強い理由を説明する．

そのため，宇宙のこの描像は**バルク**と呼ばれるより高次元の時空に埋め込まれた 3 次元ブレーン (D3-ブレーン) を持っている．我々は主に電磁力 (光，化学反応など) という実際にはブレーンに張り付いている弦である粒子を介して物理的世界と相互作用しているので，我々は 3 つの空間次元を持つ世界を経験している．重力は，ブレーンを離れバルクの中に移動することができる弦によって媒介されるので，それははるかに弱い力として観測される．何らかの方法でバルクを調査することができれば，重力の強さが他の力に匹敵することが分かるであろう．

## より高い次元

我々は3つの空間次元を持つ世界に住んでいる．要するにこれは移動が可能な3つの異なる方向があることを意味する．すなわち，上下，左右，前後の3つである．さらに我々は時間の流れも持っている(我々が知る限り前方のみ)．数学的には，これは座標 $(x, y, z, t)$ の相対論的記述を与える．

空間方向または次元の1つ(たとえば上下)が取り除かれた世界を想像することは可能である．そのような2次元世界はエドウィン・アボットの古典的名作である『フラットランド (平面国)』で記述された[*8]．代わりに次元を追加したらどうなるか？　この考えは，異なる物理的理論を統一するための道筋を提供するため，物理学では実際かなり有用である．この種の考え方は元々2人の物理学者，カルツァとクラインによって1920年代に提唱された．彼らのアイデアは，重力と電磁力の2つの理論が，5次元の超理論の4次元的極限であると想像することによって，それら2つを単一の理論的枠組みに持ち込むことであった．この試みはうまくいかなかった．何故なら当時の科学者はまだ場の量子論について知らず，それゆえ粒子相互作用の完全な描像を持たず，量子電磁気学によって提供される電磁相互作用の完全に正しい記述を知らなかったからである．しかし，このアイデアは多くの魅力があり，弦理論で再び現れた．

カルツァとクラインは高次元が見えない理由を説明する必要があり，コンパクト化のアイデアにひらめいた．これは，高次元がとても小さくて，低いエネルギー(日常的なエネルギースケール)では検出できないとするものである．それらが十分に小さい場合，余剰次元は適切な技術の存在なしでは気付かないか科学的に検出できない．それらがプランクスケール上ほども小さい場合，それらは全く見ることができないかもしれない．この概念は図1.8

[*8] 訳注：数多くの訳書が存在するが，その多くが古書でしか入手できない模様である．2018年10月現在，『フラットランド たくさんの次元のものがたり』 竹内薫訳 (講談社選書メチエ) のみ新書で入手可能である．

に示した．

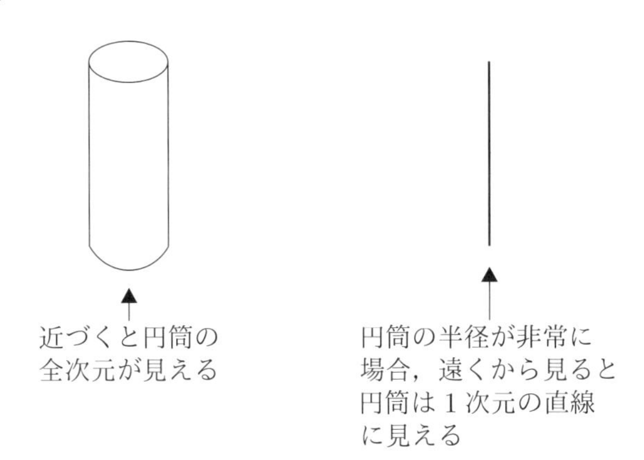


図 1.8: コンパクト化は余剰次元が存在するのに見えない理由を説明する．円筒の半径が非常に小さい場合，遠くから見るとそれは直線にしか見えない．

弦理論はのちの章で論じるように技術的な理由から余分な空間次元 (余剰次元と呼ぶ) の存在を必要とする．これらの余剰次元の興味深い副産物として，素粒子物理学の別の謎が解消されるというものがある．実験物理学者たちは素粒子には 3 つの**世代**が存在することを解明した．たとえばレプトンについて考えると，電子とそれに対応するニュートリノが存在する．しかし，ミュー粒子やタウ粒子という “重い電子” も存在して，それらに対応するニュートリノと一緒にすると，それらは本当に単に電子の場合の複製である．同じ状況がクォークについても存在する．なぜ素粒子には 3 つの世代が存在するのか？　そして観測される粒子相互作用に様々な種類があるのはなぜか？　弦理論とともに高い空間次元を考えると答えが出るかもしれないことが分かる．

余剰次元のコンパクト化に用いられる方法 (**トポロジー**) は宇宙で観測される素粒子の数と種類を決定する．弦理論ではこれは弦がコンパクト化された次元の周りを包む方法からもたらされ，それが弦内でどのような振動モードが可能であるかを決定し，それゆえどのような素粒子の型が可能であるかを決定する．

これから見ていく1つの重要なコンパクト化された多様体として**カラビ-ヤウ**多様体がある．6つの空間次元をコンパクト化し，3つの空間次元を「巨視的」なままに残したカラビ-ヤウ多様体に時間を加えたものは，ほとんどの弦理論で要求される10次元宇宙を与える．カラビ-ヤウ多様体の重要な側面はそれら[*9]が対称性を**破る**ということである．したがって，これより素粒子物理学における別の謎が説明でき，これは自発的対称性の破れと呼ばれる (対称性の破れの説明については『*Quantum Field Theory Demystified*』参照).

# まとめ

量子力学と一般相対論は20世紀の理論物理学における主要な発展であった．それらを単一の理論的枠組みに統一することは，不可能ではないにせよ非常に困難であることが分かっている．これは結果として得られる量子論が相互作用が単一の数学的点 (距離スケールゼロ) で起こるという事実からくる無限大に悩まされるからである．この相互作用を (空間的に) 拡大することによって，弦理論は素粒子物理学の統一理論としてだけでなく，量子重力の有限の理論を発展させることの希望を提供する．

# 章末問題

1. $\lambda = 4J + D - 8 > 0$ かつ $p \to \infty$ の場合，
   (a) ループ積分は収束する．
   (b) ループ積分は発散する．

[*9]訳注：カラビ-ヤウ多様体にはいろいろな種類がある．

(c) ループ積分は計算できるが，得られた結果は無意味である.

2. プランク長とプランク質量から，量子重力は
   (a) 小さい距離と高いエネルギー上で働くことが分かる.
   (b) 不合理であることが分かる.
   (c) 小さい距離と小さいエネルギー上で働くことが分かる.
   (d) 大きい距離と小さいエネルギー上で働くことが分かる.
3. 摂動論は量子電磁力学で
   (a) $\alpha_{\mathrm{EM}} > 1$ が成り立つから有効である.
   (b) $\alpha_{\mathrm{EM}} = 1$ が成り立つから有効である.
   (c) $\alpha_{\mathrm{EM}} < 1$ が成り立つから有効である.
   (d) 機能しない.
4. 弦理論では，量子論的不確定関係は
   (a) $\Delta x \sim \dfrac{\hbar}{\Delta p} + (\hbar c)^2 \dfrac{\Delta p}{\hbar}$ のように修正される.
   (b) $\Delta x \sim \dfrac{\hbar}{\Delta p} + (\hbar c)^2 \alpha' \dfrac{\Delta p}{\hbar}$ のように修正される.
   (c) $\Delta x \sim \dfrac{\hbar}{\Delta p} - (\hbar c)^2 \alpha' \dfrac{\Delta p}{\hbar}$ のように修正される.
   (d) $\Delta x \sim \dfrac{\hbar}{\alpha' \Delta p}$ のように修正される.
5. 弦理論における最小距離スケールは
   (a) $x_{\mathrm{min}} \sim \dfrac{\hbar c}{2\sqrt{\alpha'}}$ である.
   (b) $x_{\mathrm{min}} \sim 2\sqrt{T_S}\hbar c$ である.
   (c) $x_{\mathrm{min}} \sim 0$ である.
   (d) $x_{\mathrm{min}} \sim \sqrt{\dfrac{2\hbar c}{\pi T_S}}$ である.
6. コンパクト化された次元のトポロジーは
   (a) 宇宙で観測される素粒子の型を決定する.
   (b) 素粒子相互作用に何ら影響を与えない.
   (c) 場の量子論の対称性を回復する.
7. ヘテロティック弦理論はゲージ群

(a) $E_6 \times E_6$ を持つ.
(b) $SU(32)$ を持つ.
(c) $E_8 \times E_8$ を持つ.
(d) $SO(16)$ を持つ.

8. 弦理論は電磁力と重力の違いを
   (a) 弦理論が重力と電磁力の統一エネルギーを提供するとして説明する.
   (b) グラビトンはブレーンに接続されないために，バルクに漏れ出すことができるので，電磁力よりはるかに弱い力として観測されるとして説明する.
   (c) 光子がバルクに漏れ出して電磁現象をより顕著にするとして説明する.
9. ボソン的弦理論は現実的ではない．何故なら，
   (a) それは 26 の時空次元を持つからである.
   (b) それはカラビ-ヤウコンパクト化ができないからである.
   (c) それはフェルミオンを含まないので物質を記述できないからである.
   (d) それは $E_8 \times E_8$ ゲージ群を持たないからである.
10. 弦理論では，粒子の崩壊は
   (a) 弦が複数の娘の弦たちに分裂することとして説明される.
   (b) ほとんど理解されずに残されている.
   (c) 弦のポテンシャルに渡る量子トンネル効果として説明される.
   (d) 弦を分離させる強い振動モードとして説明される.

Chapter

# 2

# 古典的弦 I：運動方程式

読者が古典力学と場の量子論を学んだ際に，作用を学び，オイラー-ラグランジュ方程式から運動方程式を導いたことだろう．これは弦理論の場合にも行うことができ，しかも相対論的にできる．物理学の統一理論を検討している場合，これは量子論の導入の前に，どのように相対論と完全に無矛盾な流儀で弦の動力学を記述するかを理解する良い機会である．

弦を量子化する際に，最初に攻略すべき完全に相対論的な量子論は，有益だが非現実的な場合である，**ボソン的弦**である．名前が意味するように，ボソンだけを含む理論，すなわち**整数**スピンを持つ状態を見るつもりである．これは現実的な理論ではない．何故なら実際の宇宙では，力を伝達するすべての粒子は確かにボソンであるが，物質を構成する基本素粒子 (電子など) は**半整数スピン**を持つ素粒子，すなわち**フェルミオン**であるからである．

それにもかかわらず，本書では弦理論にアプローチするより易しい方法であり，心持ち簡単な流れで弦理論の部品を学ぶことができるので，そこから始める．本書では 3 つのステップでボソン的弦に迫る．本章では，作用原理から運動方程式を導くことから始める，古典的だが相対論的な弦の理論を展開する．第 3 章では，ストレス-エネルギーテンソルと保存カレント，特に**保存世界面カレント**について学ぶ．最後に，本章の最後の節では，第 1 量子化の手続きを用いて弦を量子化する．(つまり，点粒子の場合，第 1 量子化は単一の粒子状態を与える．)．最終的に読者は量子化された相対論的理論を得る．

この目的のために，そこで使う技術を説明するのに，時空内を運動する古典的な相対論的点粒子の世界への旅を始める．

## 相対論的点粒子

今回の課題は時空内で運動する自由な (相対論的) 点粒子を記述することである．この問題に迫る1つの方法が，**作用原理**を用いるものである．これを行う前に，粒子が運動する舞台を設定しよう．その運動が時空座標 $X^\mu$ に関して定義されているものとしよう．ここで，$X^0$ は時間的座標 (つまり，$X^0 = ct$) で，$X^i$ $(i \neq 0)$ は空間的座標 (たとえば $x, y, z$) である．読者は多分，座標を表すのに $x^\mu$ のような小文字を使うことに慣れているであろうが，弦理論では大文字が使われるので，本書でもその約束に従おう[*1]．

弦理論が通常の1時間次元と3空間次元ではなくより高次元の舞台をとるという事実を想定して，$D$ 次元時空内での運動を考察しよう．今まで通り，1つの時間次元を仮定するが，今からは $d = D - 1$ の空間次元の可能性を考慮する．本書では0を時間次元の添字に確保するので，(時空全体の) 座標の範囲は $\mu = 0, \ldots, d$ となる．

粒子の運動や軌跡は $\tau$ によってパラメーター化された座標によって記述され，それは粒子の世界線をパラメーター化する．つまり，これは，粒子自体とともに運動するか粒子に沿って運ばれる時計によって与えられる時刻である．固有時の関数として座標を書くことによってこのパラメーター化を強調することができる：

$$X^\mu = X^\mu(\tau) \tag{2.1}$$

距離の測定を記述するために，2点間の距離を定義することを可能にする関

[*1] 訳注：多くの教科書では，$x^\mu$ が時空全体の座標を表し，弦の世界面上の座標を特に $X^\mu = X^\mu(\tau, \sigma)$ あるいは $X^\mu = X^\mu(\sigma, \tau)$ で表す．

数である**計量**が必要となる．ここでは，特殊相対論を土台とし，通常 $\eta_{\mu\nu}$ で表される平坦な時空であるミンコフスキー計量を使う．読者は計量の時間と空間の成分が異なる符号を持つことに注意しよう．使用される符号の組み合わせは**計量符号**と呼ばれる．弦理論では，時間成分に負号を付けるのが便利なので，$d=3$ の空間次元の場合，ミンコフスキー計量は行列

$$\eta_{\mu\nu} = \begin{pmatrix} -1 & 0 & 0 & 0 \\ 0 & 1 & 0 & 0 \\ 0 & 0 & 1 & 0 \\ 0 & 0 & 0 & 1 \end{pmatrix} \tag{2.2}$$

と書くことができる．

より簡単には，$\eta_{\mu\nu} = (-,+,+,+)$ と書かれる．$D$ 次元のミンコフスキー時空に一般化するには，空間座標の並びにプラス符号を追加するだけでよい．したがって (ローレンツ) ベクトル $V$ のローレンツ不変な長さの自乗は

$$(V^\mu)^2 = \eta_{\mu\nu} V^\mu V^\nu = -\left(V^0\right)^2 + \left(V^1\right)^2 + \cdots + \left(V^d\right)^2 \tag{2.3}$$

となる．無限小の長さまたは距離は

$$ds^2 = -\eta_{\mu\nu} dX^\mu dX^\nu = \left(dX^0\right)^2 - \left(dX^1\right)^2 - \cdots - \left(dX^d\right)^2 \tag{2.4}$$

によって記述される．式 (2.4) の計量の前にマイナス符号をつけることにより，$ds = \sqrt{-\eta_{\mu\nu} dX^\mu dX^\nu}$ が時間的な軌道に対して実数になることが保証される．これらの表記法を手にした今，作用原理を用いて自由な相対論的粒子の軌道を記述する準備ができた．

作用原理より，自由粒子の相対論的運動が粒子の軌跡の不変距離に比例することが分かる．すなわち，

$$S = -\alpha \int ds \tag{2.5}$$

である．まず最初に，比例定数が何であるかを確認してみよう．

例 **2.1**

自由な非相対論的粒子の作用が $S_0 = \int dt(1/2)mv^2$ であるとき，式 (2.5) の定数の性質を決定せよ．ただし，$m$ は粒子の質量，$v$ は粒子の速度とする．

解答

簡単のため，ここでは 1 空間次元内の運動を考察する．いま，

$$\begin{aligned} S &= -\alpha \int ds \\ &= -\alpha \int \sqrt{dt^2 - dx^2} \\ &= -\alpha \int dt \sqrt{1 - \frac{dx^2}{dt^2}} \\ &= -\alpha \int dt \sqrt{1 - v^2} \end{aligned}$$

である．さてここで 2 項定理を思い出すと，$x$ が小さいとき，

$$\sqrt{1 \pm x} \approx 1 \pm \frac{1}{2}x$$

が成り立つので，

$$\sqrt{1 - v^2} \approx 1 - \frac{1}{2}v^2$$

が得られる[*2]．したがって，

$$\begin{aligned} S &= -\alpha \int dt \sqrt{1 - v^2} \\ &\approx -\alpha \int dt \left(1 - \frac{1}{2}v^2\right) = -\alpha \int dt + \int dt \frac{1}{2}\alpha v^2 \end{aligned}$$

[*2] 訳注：非相対論的近似をとるので，$v^2 \ll c^2$ としてよく，いま採用している単位系では $c = 1$ であった．

となる．この表式の第 2 項を $S_0 = \int dt(1/2)mv^2$ と比較すると，$\alpha$ が粒子の質量でなければならないことが分かる[*3]．

また，次元解析から $\alpha$ の単位を決定し，それが粒子の質量であると推論することもできる．まず，作用の単位は何であろうか？　量子論の学習から，ディラック定数 $\hbar$ から作用の単位は，$\left(\text{質量} \times \text{長さ}^2 \div \text{時間}\right)$ であったことを思い出そう[*4]：

$$[\hbar] = \frac{ML^2}{T} \tag{2.6}$$

さて，$S = -\alpha \int ds$ を見てみよう．この積分から長さ $L$ が得られる．したがって

$$\frac{ML^2}{T} = [\alpha]L$$

が成り立つ．よってこれより，

$$[\alpha] = \frac{ML}{T}$$

でなければならない．

この結果は粒子の質量と一緒に光速 $c$ を用いて得ることができる．ここで速度はもちろん $(\text{長さ} \div \text{時間})$ である．すなわち，

$$\alpha = mc$$
$$\Rightarrow [\alpha] = \frac{ML}{T}$$

---

*3訳注：作用積分の定数項である初項は変分をとると消えてしまうので，無視してよいことに注意しよう．

*4訳注：$[*]$ は $*$ の単位を表す．これより，

$$[S] = \left[\int L dt\right] = [K - V]T = [E]T = [\hbar\omega]T = [\hbar]T^{-1}T = [\hbar]$$

が成り立つ．

である．素粒子物理学および弦理論で一般的に用いられる自然単位系 $c = \hbar = 1$ では，作用は無次元である．それゆえ質量は長さの逆数であるので，

$$\begin{aligned} \alpha &= m \\ \Rightarrow [\alpha] &= M = \frac{1}{L} \end{aligned} \tag{2.7}$$

が成り立つ．

次に，作用を書き下して，そこから運動方程式を得る方法を見てみよう．まず，式 (2.4) で与えられる無限小の長さの定義から始める．これより作用は

$$S = -m \int \sqrt{-\eta_{\mu\nu} dX^\mu dX^\nu} \tag{2.8}$$

と書かれる．さて，被積分関数の部分を書き換えよう：

$$\begin{aligned} \sqrt{-\eta_{\mu\nu} dX^\mu dX^\nu} =& \sqrt{-\eta_{\mu\nu} \left(\frac{d\tau}{d\tau}\right)^2 dX^\mu dX^\nu} \\ =& d\tau \sqrt{-\eta_{\mu\nu} \frac{dX^\mu}{d\tau} \frac{dX^\nu}{d\tau}} = d\tau \sqrt{-\eta_{\mu\nu} \dot{X}^\mu \dot{X}^\nu} \end{aligned}$$

こうして，作用を次の形で記述することができる．

$$S = -m \int d\tau \sqrt{-\eta_{\mu\nu} \dot{X}^\mu \dot{X}^\nu} \tag{2.9}$$

この作用の形は，運動方程式の導出を可能にする点において明解である．古典力学や場の量子論の学習から思い起こすように，被積分量を**ラグランジアン**という：

$$L = -m \sqrt{-\eta_{\mu\nu} \dot{X}^\mu \dot{X}^\nu}$$

しかし，これまで構築してきた作用の式 (2.9) には 2 つの問題がある．まず，質量ゼロの粒子の場合に何が起こるか考えてみて欲しい．$m = 0$ とおくと $S \to 0$ となるので，運動方程式を得るための変分は無意味と化す．その

ため，質量がない粒子の場合において，この作用の有用性は高いとはいえない．もう 1 つの問題は，作用に平方根が含まれていると量子化が容易ではなくなることにある．これらの理由から，我々は $a(\tau)$ で表される**補助場**を導入し，次のラグランジアンを考えることにする．

$$L = \frac{1}{2a}\dot{X}^2 - \frac{m^2}{2}a$$

そして，このラグランジアンを使って作用の別表現を定義することができる．

$$S' = \frac{1}{2}\int d\tau \left(\frac{1}{a}\dot{X}^2 - m^2 a\right) \tag{2.10}$$

我々は補助場 $a(\tau)$ に関する運動方程式を求めるために，この作用の ($a \to a + \delta a$ に関する) 変分をとることができる．これを求めると，

$$\begin{aligned}
\delta S' &= \frac{1}{2}\delta \int d\tau \left(\frac{1}{a}\dot{X}^2 - m^2 a\right) \\
&= \frac{1}{2}\int d\tau \left(\delta\left(\frac{1}{a}\right)\dot{X}^2 - \delta(m^2 a)\right) \\
&= \frac{1}{2}\int d\tau \left(-\frac{1}{a^2}\dot{X}^2 - m^2\right)\delta a
\end{aligned}$$

となる．このとき $\delta S' = 0$ とおく．すると，被積分関数がゼロでなければいけないことから次の方程式を得る．

$$\begin{aligned}
-\frac{1}{a^2}\dot{X}^2 - m^2 = 0 \\
\Rightarrow \dot{X}^2 + m^2 a^2 = 0
\end{aligned}$$

これは補助場に関する運動方程式を表している．このことから，補助場は

$$a = \sqrt{-\frac{\dot{X}^2}{m^2}} \tag{2.11}$$

で与えられる．次の例で見るように，式 (2.11) を使って，作用の式 (2.10) と式 (2.8) が等しいことを示せる．

例 **2.2**

$a = (-\dot{X}^2/m^2)^{1/2}$ であるとき，作用 $S' = 1/2 \int d\tau[(1/a)\dot{X}^2 - m^2 a]$ を $S = -m \int \sqrt{-\eta_{\mu\nu} dX^\mu dX^\nu}$ の形に書き直せることを示せ.

解答

はじめに，$\dot{X}^2 = \eta_{\mu\nu}\dot{X}^\mu \dot{X}^\nu$ となることを思い出そう．そうすると，以下のように作用 $S'$ を書き直すことができる.

$$\begin{aligned}
S' &= \frac{1}{2}\int d\tau \left(\frac{1}{a}\dot{X}^2 - m^2 a\right) \\
&= \frac{1}{2}\int d\tau \left(\sqrt{\frac{-m^2}{\dot{X}^2}}\dot{X}^2 - m^2\sqrt{-\frac{\dot{X}^2}{m^2}}\right) \\
&= \frac{1}{2}\int d\tau \left(\sqrt{\frac{-m^2}{\dot{X}^2}}\dot{X}^2 - m\sqrt{-\dot{X}^2}\right) \\
&= \frac{1}{2}\int d\tau \left(\sqrt{\frac{-m^2}{\dot{X}^2}}\dot{X}^2 - m\sqrt{-\eta_{\mu\nu}\dot{X}^\mu \dot{X}^\nu}\right)
\end{aligned}$$

ここで，第 1 項を書き直すために単純な代数的な方法を使ってみよう．$-\dot{X}^2 > 0$ より，

$$\begin{aligned}
\sqrt{\frac{-m^2}{\dot{X}^2}}\dot{X}^2 &= (-1)(-1)\sqrt{\frac{-m^2}{\dot{X}^2}}\dot{X}^2 \\
&= -\sqrt{\frac{-m^2}{\dot{X}^2}}(-\dot{X}^2) \\
&= -\sqrt{\frac{-m^2}{\dot{X}^2}}\sqrt{(-\dot{X}^2)^2} \\
&= -\sqrt{\frac{-m^2}{-(-\dot{X}^2)}(-\dot{X}^2)^2}
\end{aligned}$$

$$
\begin{aligned}
&= -\sqrt{\frac{-m^2(-\dot{X}^2)}{-1}} \\
&= -m\sqrt{-\dot{X}^2}
\end{aligned}
$$

のようになる．

したがって，作用は

$$
\begin{aligned}
S' &= \frac{1}{2}\int d\tau \left(\sqrt{\frac{-m^2}{\dot{X}^2}}\dot{X}^2 - m\sqrt{-\eta_{\mu\nu}\dot{X}^\mu \dot{X}^\nu}\right) \\
&= \frac{1}{2}\int d\tau \left(-m\sqrt{-\eta_{\mu\nu}\dot{X}^\mu \dot{X}^\nu} - m\sqrt{-\eta_{\mu\nu}\dot{X}^\mu \dot{X}^\nu}\right) \\
&= -m\int d\tau \left(\sqrt{-\eta_{\mu\nu}\dot{X}^\mu \dot{X}^\nu}\right) = S
\end{aligned}
$$

となり，2 つの作用が同等であることを示している．

## 時空における弦

現時点まで我々は，自由な相対論的点粒子に対する運動方程式の計算に役立つ基本的な手法を吟味してきた．この作業を時空上の弦が動く場合に則って拡張したい．点粒子は一切の大きさも持たないので，0 次元の物体として描かれる．我々は，(0 次元的な) 点粒子が世界線という時空上の道のり又は線 (1 次元) を描いて通るという説明で，その運動が描かれることを見てきた．弦は，点粒子とは異なって 1 次元上にいくらかの広がりを持つので，1 次元的な物体となる．(1 次元的な) 弦が移動すると，科学者達が**世界面**とよぶ時空上の 2 次元曲面を描いて通ることになる．一例として，閉じた輪の弦が時空上を動いていく様を想像して欲しい．図 2.1 に示したように，この場合の世界面は管になるだろう．

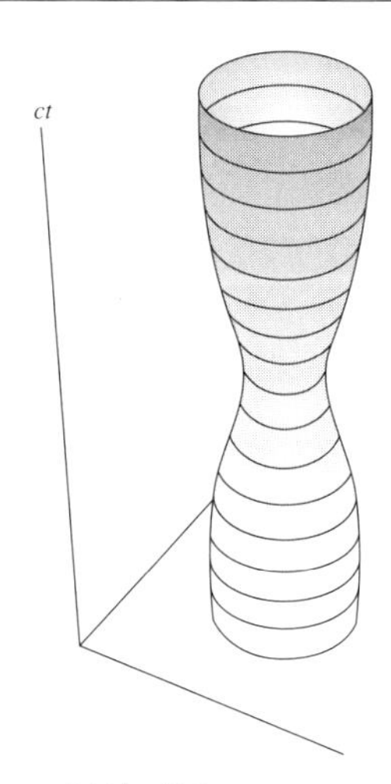


図 2.1: 時空において閉弦が描く世界面は管 (tube) となる.

これらは以下のように要約できる：

- 点粒子が通る道は時空上で線となる．その線は 1 個のパラメーター (固有時) でパラメーター化される.
- 時空を移動する弦は世界面と呼ばれる 2 次元曲面を描いて通る．このため，世界面は 2 次元的となり，$\sigma^0$ と $\sigma^1$ で表される 2 個のパラメーターを必要とする.

局所的に座標 $\sigma^0, \sigma^1$ は世界面上の座標と考えることができる．あるいは，世界面のパラメーター化とするもう 1 つの方法を見ていくためには，弦の固有時および空間的な広がりを構成する必要がある．そのようにして，最初のパラメーターは再び固有時 $\tau$ となり，2 個目のパラメーターは，$\sigma$ で表される，弦の長さに結び付けられる：

$$\sigma^0 = \tau \qquad \sigma^1 = \sigma$$

世界面の座標 $(\tau, \sigma)$ は次の関数 (**弦座標**という) によって時空上に写像される．

$$X^\mu(\tau, \sigma) \tag{2.12}$$

そうすると弦の時間と空間的位置は $(d+1)$ 次元の空間座標

$$\{X^0(\tau, \sigma), X^1(\tau, \sigma), \ldots, X^d(\tau, \sigma)\}$$

として写像される．

ここで，式 (2.8) を新しい高次元世界 (世界面) に一般化し，弦の作用を記述する必要がある．それは次の方法でなされる．点粒子の作用が世界線の長さに比例することを思い出して欲しい [式 (2.5)]．ちょうど，弦が時空の 2 次元世界面を描いて通ることを述べた．このことは，もし点粒子作用の記述を一般化するつもりなら，弦の作用は世界面の表面積に比例する可能性があることを示している．これは実際そうなる．この作用を

$$S = -T \int dA \tag{2.13}$$

として書くことができ，比例定数は弦の張力であることが予想される．ここで，$dA$ は世界面領域の微小要素である．$dA$ の形を求めるために，微小線要素 $ds^2$ を考えることから始め，世界面上の座標を $\sigma^0 = \tau$, $\sigma^1 = \sigma$ として導入する．ちょっとした代数計算を行うことで，

$$\begin{aligned} ds^2 &= -\eta_{\mu\nu} dX^\mu dX^\nu \\ &= -\eta_{\mu\nu} \frac{\partial X^\mu}{\partial \sigma^\alpha} \frac{\partial X^\nu}{\partial \sigma^\beta} d\sigma^\alpha d\sigma^\beta \end{aligned}$$

を得る．これにより我々は世界面上に**誘導計量**を定義できる．これは以下のように与えられる．

$$h_{\alpha\beta} = \eta_{\mu\nu} \frac{\partial X^\mu}{\partial \sigma^\alpha} \frac{\partial X^\nu}{\partial \sigma^\beta} \tag{2.14}$$

この計量は世界面上の距離を決定する．この計量を“誘導”と呼ぶのはその定義式に背景となる時空の計量を含むためである (ここでは時空が平坦であ

るとしているので $\eta_{\mu\nu}$ を使っている)．すなわち，世界面の表面上ではこの計量が新しい距離の尺度となるのであるが，その距離の尺度は背景となる時空の計量を通して決定される (一般には $\eta_{\mu\nu}$ とはならない)．先に進むと，今我々は

$$ds^2 = -h_{\alpha\beta}d\xi^\alpha d\xi^\beta$$

を持っている．そして，記法

$$\dot{X}^\mu = \frac{\partial X^\mu}{\partial \tau} \qquad X^{\mu\prime} = \frac{\partial X^\mu}{\partial \sigma}$$

を用いると（平坦時空の場合に対する）誘導計量の成分を

$$\begin{aligned} h_{\tau\tau} &= \eta_{\mu\nu}\frac{\partial X^\mu}{\partial \tau}\frac{\partial X^\nu}{\partial \tau} = \dot{X}^2 \\ h_{\sigma\tau} &= \eta_{\mu\nu}\frac{\partial X^\mu}{\partial \sigma}\frac{\partial X^\mu}{\partial \tau} = X' \cdot \dot{X} = \dot{X} \cdot X' = h_{\tau\sigma} = \eta_{\mu\nu}\frac{\partial X^\mu}{\partial \tau}\frac{\partial X^\nu}{\partial \sigma} \\ h_{\sigma\sigma} &= \eta_{\mu\nu}\frac{\partial X^\mu}{\partial \sigma}\frac{\partial X^\nu}{\partial \sigma} = X'^2 \end{aligned} \tag{2.15}$$

と書ける．

式 (2.15) を使うことで，空間 $(\tau, \sigma)$ における誘導計量を行列として書くことができる．

$$h_{\alpha\beta} = \begin{pmatrix} \dot{X}^2 & \dot{X} \cdot X' \\ \dot{X} \cdot X' & X'^2 \end{pmatrix} \tag{2.16}$$

ここで，この行列の行列式が

$$h = \det h_{\alpha\beta} = \dot{X}^2 X'^2 - (\dot{X} \cdot X')^2 \tag{2.17}$$

のように与えられることに注意して欲しい．最初に立ち返り，作用の式を探し求めてみよう．

$$S = -T\int dA$$

我々は，初等的な微積分法から，計量 $G_{\alpha\beta}$ によって記述される特定の空間において，表面積の要素が

$$dA = \sqrt{-\det G_{\alpha\beta}}\, d^2\xi$$

で与えられることを知っている[*5]．今回の場合，必要としている計量は誘導計量であるから [式 (2.15)]，$dA = \sqrt{-\gamma}\, d\tau d\sigma$ とする．もし，ある初期固有時 $\tau_i$ から終端固有時 $\tau_f$ にかけて積分し，さらに弦の長さにわたる積分も実行したとき ($\ell$ と表すことにする)，弦の作用は，

$$S = -T \int_{\tau_i}^{\tau_f} d\tau \int_0^{\ell} d\sigma \sqrt{-\gamma} \tag{2.18}$$

または，式 (2.17) を使って，

$$S = -T \int_{\tau_i}^{\tau_f} d\tau \int_0^{\ell} d\sigma \sqrt{(\dot{X}\cdot X')^2 - \dot{X}^2 X'^2} \tag{2.19}$$

と明示的に書ける．式 (2.18) および式 (2.19) の作用は**南部-後藤作用**と呼ばれ，相対論的 (古典) 弦の力学を記述している．時空における点粒子の運動が世界線の長さを最小化する[*6] 働きを持つように，古典弦も世界面の表面

---

[*5]訳注：通常のユークリッド空間 $\mathbb{R}^d$ 内に存在する無限に細長い膜の座標を $(\tau, \sigma)$ とする場合，膜上の面積要素は，ベクトル $du^i = \dot{X}^i d\tau$ と $dv^i = X^{i\prime} d\sigma$ の張る平行四辺形の面積でそれは

$$\begin{aligned} |du||dv||\sin\theta| =& |d\boldsymbol{u}||d\boldsymbol{v}|\sqrt{1-\cos^2\theta} = \sqrt{|(d\boldsymbol{u})^2(d\boldsymbol{v})^2 - (d\boldsymbol{u}\cdot d\boldsymbol{v})^2|} \\ =& \sqrt{\dot{X}^2 X'^2 - (\dot{X}\cdot X')^2}\, d\tau d\sigma = \sqrt{\begin{vmatrix} \dot{X}^2 & \dot{X}\cdot X' \\ X'\cdot\dot{X} & X'^2 \end{vmatrix}}\, d\tau d\sigma \end{aligned}$$

となる．ここでルートの中身の符号はコーシー-シュワルツの不等式 $(\dot{X}\cdot X')^2 \leq \dot{X}^2 X'^2$ によって得られるが，今考えている世界面座標では (時間的な接ベクトルと空間的な接ベクトルが存在すると指定すると) 符号が反転する．また内積 (自乗も含む) もミンコフスキー時空のものにしなければならない．詳しくはツヴィーバッハ [著] 樺沢宇紀 [訳]『初級講座弦理論　基礎編』P109 参照.

[*6]訳注：ここでの世界線の長さはユークリッド空間で測った世界線の長さの方であり，$\int ds = \int \sqrt{d\tau^2 - \sum_{i=1}^d dx^2} = \int_{\tau_i}^{\tau_f} \sqrt{1 - \sum_{i=1}^d \left(\frac{dx^i}{d\tau}\right)^2} d\tau$ ではない．このため，経路長が最短になるとき，固有時は最大化する．

積を最小化する働きを持つことになる．

弦の量子論に進む前に，のちに量子化される，弦の運動方程式を求めよう．

## 弦に対する運動方程式

今では適切な作用を (またラグランジアンも) 持っているのだから，弦の運動方程式を得られる状況下にある．我々は，作用の変分をとりその結果をゼロとするような作用原理を利用して運動方程式を得るとしよう．

$$\delta S = 0$$

作用の変分を計算すると，偏微分方程式となる運動方程式が導出される．つまり，それを解くために境界条件を指定する必要が生じる．そこで我々は，境界条件の判断に際して，2つの異なる弦の種類—開弦と閉弦—を考慮しなければならない．

**開弦**という場合，それが意味するところは非常に明解で，その弦は端点が固定されていない時空上を移動する自由な弦である．この場合の世界面は細長い帯状になり，また慣習的に弦の終端点を $\sigma = \pi$ と書く．開弦に課すことが可能な境界条件は2種類存在する． 1つは**ノイマン境界 (自由端境界) 条件**である．この境界条件はラグランジアンまたは共役運動量を用いて次のように書ける：

$$\left.\frac{\partial L}{\partial X^{\mu'}}\right|_{\sigma=0,\pi} = 0 \quad \text{または} \quad P^{\sigma}_{\mu}\big|_{\sigma=0,\pi} = 0 \quad (\text{ノイマン境界条件}) \tag{2.20}$$

開弦におけるノイマン境界条件は次のようにも書ける：

$$\frac{\partial X^{\mu}}{\partial \sigma} = 0 \qquad (\sigma = 0, \pi\text{のとき}) \tag{2.21}$$

この条件の下では，弦の端点での運動量の流出はない．これは弦の端点が時空内を自由に動くことができることを示している．一方，今度は弦の端が固定されていることを仮定してみよう．この仮定は**ディリクレ (固定端) 境界条件**であり，次式で与えられる．

$$\left.\frac{\partial L}{\partial \dot{X}^{\mu}}\right|_{\sigma=0,\pi}=0 \quad \text{または} \quad \left.\frac{\partial X^{\mu}}{\partial \tau}\right|_{\sigma=0,\pi}=0 \tag{2.22}$$

**閉**弦は時空上を動く小さな輪である．この場合の世界面は円筒・管になる．この境界条件は周期的であり，

$$X^{\mu}(\tau,\sigma)=X^{\mu}(\tau,\sigma+2\pi) \tag{2.23}$$

と記述される．ここで，弦の共役運動量を書き下す．まず，弦のラグランジアンを思い出そう．

$$L=-T\sqrt{(\dot{X}\cdot X')^2-(\dot{X})^2(X')^2}$$

座標 $\sigma$ に関する共役運動量は，

$$\begin{aligned}P^{\sigma}_{\mu}&=\frac{\partial L}{\partial X^{\mu\prime}}=\frac{\partial}{\partial X^{\mu\prime}}\left(-T\sqrt{(\dot{X}\cdot X')^2-(\dot{X})^2(X')^2}\right)\\&=-\frac{T}{2}\left[(\dot{X}\cdot X')^2-(\dot{X})^2(X')^2\right]^{-\frac{1}{2}}\left[2(\dot{X}\cdot X')\dot{X}_{\mu}-2\dot{X}^2X'_{\mu}\right]\\&=-T\frac{(\dot{X}\cdot X')\dot{X}_{\mu}-\dot{X}^2X'_{\mu}}{\sqrt{(\dot{X}\cdot X')^2-(\dot{X})^2(X')^2}}\end{aligned} \tag{2.24}$$

であり，また，座標 $\tau$ に関する共役運動量も次のようにして得られる：

$$\begin{aligned}P^{\tau}_{\mu}&=\frac{\partial L}{\partial \dot{X}^{\mu}}=\frac{\partial}{\partial \dot{X}^{\mu}}\left(-T\sqrt{(\dot{X}\cdot X')^2-(\dot{X})^2(X')^2}\right)\\&=-\frac{T}{2}\left[(\dot{X}\cdot X')^2-(\dot{X})^2(X')^2\right]^{-\frac{1}{2}}\left[2(\dot{X}\cdot X')X'_{\mu}-2X'^2\dot{X}_{\mu}\right]\\&=-T\frac{(\dot{X}\cdot X')X'_{\mu}-X'^2\dot{X}_{\mu}}{\sqrt{(\dot{X}\cdot X')^2-(\dot{X})^2(X')^2}}\end{aligned} \tag{2.25}$$

さて，弦の運動方程式の得るために作用の変分をとってみよう．まず，場の理論を学んでしばらく日が経っていても，

$$\delta\dot{X}^{\mu}=\delta\left(\frac{\partial X^{\mu}}{\partial\tau}\right)=\frac{\partial}{\partial\tau}(\delta X^{\mu})$$

$$\delta X^{\mu\prime}=\delta\left(\frac{\partial X^{\mu}}{\partial\sigma}\right)=\frac{\partial}{\partial\sigma}(\delta X^{\mu})$$

が成り立つことを自らに納得してほしい．そうすることで作用の変分をとることができ，共役運動量を用いることで次式を得る．

$$\begin{aligned}\delta S&=\int_{\tau_i}^{\tau_f}d\tau\int_0^{\ell}d\sigma\left[\frac{\partial L}{\partial\dot{X}^{\mu}}\frac{\partial}{\partial\tau}(\delta X^{\mu})+\frac{\partial L}{\partial X^{\mu\prime}}\frac{\partial}{\partial\sigma}(\delta X^{\mu})\right]\\&=\int_{\tau_i}^{\tau_f}d\tau\int_0^{\ell}d\sigma\left[P_{\mu}^{\tau}\frac{\partial}{\partial\tau}(\delta X^{\mu})+P_{\mu}^{\sigma}\frac{\partial}{\partial\sigma}(\delta X^{\mu})\right]\end{aligned}$$

この式は，微積分で学んだ積の微分法則を使って，各項が $\delta X^{\mu}$ との積となるように書き直すことができる．たとえば，

$$\frac{\partial}{\partial\tau}\left(P_{\mu}^{\tau}\delta X^{\mu}\right)=P_{\mu}^{\tau}\frac{\partial}{\partial\tau}\delta X^{\mu}+\delta X^{\mu}\frac{\partial P_{\mu}^{\tau}}{\partial\tau}$$

$$\Rightarrow P_{\mu}^{\tau}\frac{\partial}{\partial\tau}\delta X^{\mu}=\frac{\partial}{\partial\tau}\left(P_{\mu}^{\tau}\delta X^{\mu}\right)-\delta X^{\mu}\frac{\partial P_{\mu}^{\tau}}{\partial\tau}$$

同様に，

$$P_{\mu}^{\sigma}\frac{\partial}{\partial\sigma}\delta X^{\mu}=\frac{\partial}{\partial\sigma}\left(P_{\mu}^{\sigma}\delta X^{\mu}\right)-\delta X^{\mu}\frac{\partial P_{\mu}^{\sigma}}{\partial\sigma}$$

となる．こうして作用の変分は，

$$\begin{aligned}\delta S=&\int_{\tau_i}^{\tau_f}d\tau\int_0^{\ell}d\sigma\left[\frac{\partial}{\partial\tau}\left(P_{\mu}^{\tau}\delta X^{\mu}\right)-\delta X^{\mu}\frac{\partial P_{\mu}^{\tau}}{\partial\tau}\right]\\&+\int_{\tau_i}^{\tau_f}d\tau\int_0^{\ell}d\sigma\left[\frac{\partial}{\partial\sigma}\left(P_{\mu}^{\sigma}\delta X^{\mu}\right)-\delta X^{\mu}\frac{\partial P_{\mu}^{\sigma}}{\partial\sigma}\right]\end{aligned}$$

として書ける．古典力学から，変分はその終点での変分がゼロとなる (つまり，初期・終期時間において $\delta X^{\mu}=0$ となる) ように定義されていることを思い出して欲しい．弦の端点では，ノイマンまたはディリクレ境界条件を適用できるので，各々の場合について別々に扱わなければならないことになる (詳細はのちに見ていく)．ここでは簡単のために，$\delta X^{\mu}=0$ としよう．これは上式において，全微分の積分となっている項を消去できることを意味する：

$$\int_{\tau_i}^{\tau_f} d\tau \frac{\partial}{\partial \tau}\left(P_{\mu}^{\tau}\delta X^{\mu}\right)=0 \qquad \int_0^{\ell} d\sigma \frac{\partial}{\partial \sigma}\left(P_{\mu}^{\sigma}\delta X^{\mu}\right)=0$$

これにより，

$$\begin{aligned}0=\delta S&=\int_{\tau_i}^{\tau_f} d\tau \int_0^{\ell} d\sigma\left(\delta X^{\mu}\frac{\partial P_{\mu}^{\tau}}{\partial \tau}\right)+\int_{\tau_i}^{\tau_f} d\tau \int_0^{\ell} d\sigma\left(\delta X^{\mu}\frac{\partial P_{\mu}^{\sigma}}{\partial \sigma}\right)\\&=\int_{\tau_i}^{\tau_f} d\tau \int_0^{\ell} d\sigma\delta X^{\mu}\left(\frac{\partial P_{\mu}^{\tau}}{\partial \tau}+\frac{\partial P_{\mu}^{\sigma}}{\partial \sigma}\right)\end{aligned}$$

となる．これは，南部-後藤作用から導出した弦の運動方程式を与える：

$$\frac{\partial P_{\mu}^{\tau}}{\partial \tau}+\frac{\partial P_{\mu}^{\sigma}}{\partial \sigma}=0 \tag{2.26}$$

# Polyakov(ポリヤコフ)作用

南部-後藤作用を用いた量子化はラグランジアンに平方根が存在するために便利とはいえない．だが，同じ運動方程式を導くという意味で同等な (やっかいな平方根を含まない) 作用を書き下すことは可能である．この作用は**ポリヤコフ作用**，またはより現代的に**弦のシグマモデル作用**とよばれる．点粒子を考えた本章の始めを振り返って欲しい．そこでも作用が平方根を持つ状況に遭遇し，我々は補助場 $a(\tau)$ を導入することでそれに対処した．ここでも同じ手順を利用して，弦の作用をより便利な形で書き直すことができる．それは補助場のように働く内在的計量 (intrinsic metric)$h_{\alpha\beta}(\tau,\sigma)$ の導入によって行われる．その計量は行列として書かれるという理由から，$h_{\alpha\beta}$ の表記を使う．この行列では行と列を示すために添字を使う．そのとき表記 $h = \det h_{\alpha\beta}$ を使うことで，ポリヤコフ作用は，

$$S_P = -\frac{T}{2}\int d^2\sigma\sqrt{-h}h^{\alpha\beta}\partial_\alpha X^\mu\partial_\beta X^\nu\eta_{\mu\nu} \tag{2.27}$$

として書かれる．

歴史的な話：ポリヤコフはこの作用に関して重要な研究をしたが，実際にポリヤコフ作用は Brink と Di Vecchia，Howe，また独立して Desser と Zumino（ズミノ）によって提案された．ポリヤコフが弦の経路積分量子化において本作用を用いたことで，彼の名が冠されたのである．この作用はまた**弦のシグマ作用**とも呼ばれる．

## 数学的な話：オイラー標数

オイラー標数 $\chi$ は位相空間の形を特徴づける数である．多面体を考え，$V$ を頂点の数，$E$ を辺の数，$F$ を面の数としよう．そのときオイラー標数は，

$$\chi = V - E + F \tag{2.28}$$

となる．弦理論では，2 つの幾何学的図形またはトポロジーが互いに似ているのか，明確な方法で知りたくなることが度々ある．特に，我々は 1 つの図形を別の図形に連続的に変形できるかが知りたい (粘土を使って，引きちぎって壊したりまたは穴を空けたり取り除いたりせずに，1 つの形を別の形に変形することを想像して欲しい)．形式的に，**位相同型**は，幾何学的対象物を裂いたり壊すことなく，引き伸ばしたり縮めることによる新しい形状への変形である．たとえば，典型的な例はドーナツとコーヒーカップである (警察官にお手軽なように 1 組セットであるものとする[*7] )．あなたは一方から

[*7]訳注：アメリカの警察官はコーヒーカップを片手にお手軽なドーナツばかり食べているというステレオタイプがあり，また位相幾何学 (トポロジー) がコーヒーカップとドーナツでもで

もう一方に，またはその反対に変えるために連続変形を使うことができるので，コーヒーカップとドーナツは位相同型であると言える．他方で，穴を持たない球と穴を持つドーナツは位相同型ではない．要するに，ドーナツから球へ変形する手立てが全くないのである．幾何学的形状が球に対して位相同型であるとき，オイラー標数は

$$\chi = V - E + F = 2 \tag{2.29}$$

となる．多くの形状は 0 になるオイラー標数を持つ．例としてトーラスやメビウスの帯，クラインの壺がある．もう 1 つの例としては円筒も $\chi = 0$ となる (図 2.2 参照).

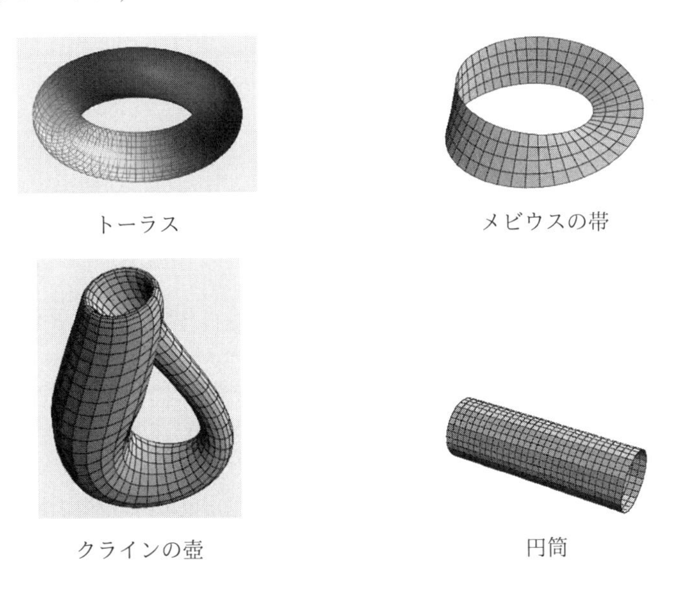


図 2.2: いくつかの曲面ではオイラー標数が 0 となる．オイラー標数が 0 となるとき，平坦空間であるミンコフスキー計量の表現を有するような補助場が定義できる．

きるという冗談があるので，それに掛けていると思われる．アメリカンジョークである．

なぜこれが我々にとって興味深いのだろうか？　もし弦の世界面が 0 となるオイラー標数を持つとき，平坦な 2 次元の空間計量として補助場 $h_{\alpha\beta}$ を記述することが可能になる．つまり，

$$h_{\alpha\beta} = \eta_{\alpha\beta} = \begin{pmatrix} -1 & 0 \\ 0 & 1 \end{pmatrix} \tag{2.30}$$

と取れる [世界面に対する座標の選択は $(\tau, \sigma)$ を用いている]．ここでこの選択では $h = \det h_{\alpha\beta} = \det \eta_{\alpha\beta} = -1$ であることが分かり，また，

$$\eta^{\alpha\beta}\partial_\alpha X \cdot \partial_\beta X = -\partial_\tau X \cdot \partial_\tau X + \partial_\sigma X \cdot \partial_\sigma X = -\dot{X}^2 + X'^2$$

を得る．このとき，ポリヤコフ作用は非常に単純な形

$$S_P = \frac{T}{2}\int d^2\sigma(\dot{X}^2 - X'^2) \tag{2.31}$$

で記述することができる．

### 例 2.3

補助場が平坦な空間計量の形を取るとき，式 (2.27) で記述されるポリヤコフ作用を用いて運動方程式を求めよ．

### 解答

この場合には，

$$\begin{aligned} S_P &= -\frac{T}{2}\int d^2\sigma\sqrt{-\eta}\eta^{\alpha\beta}\partial_\alpha X^\mu \partial_\beta X^\nu \eta_{\mu\nu} \\ &= -\frac{T}{2}\int d^2\sigma(-\partial_\tau X \cdot \partial_\tau X + \partial_\sigma X \cdot \partial_\sigma X) \\ &= -\frac{T}{2}\int d^2\sigma(-\eta_{\mu\nu}\partial_\tau X^\mu \partial_\tau X^\nu + \eta_{\mu\nu}\partial_\sigma X^\mu \partial_\sigma X^\nu) \end{aligned}$$

を得る．よって，ラグランジアンは

$$\begin{aligned} L &= -\frac{T}{2}(-\eta_{\mu\nu}\partial_\tau X^\mu \partial_\tau X^\nu + \eta_{\mu\nu}\partial_\sigma X^\mu \partial_\sigma X^\nu) \\ &= \frac{T}{2}\left(\eta_{\mu\nu}\dot{X}^\mu \dot{X}^\nu - \eta_{\mu\nu}X^{\mu\prime}X^{\nu\prime}\right) \end{aligned}$$

として書くことができる．したがって，

$$\frac{\partial L}{\partial \dot{X}^{\mu}} = \frac{T}{2}\frac{\partial}{\partial \dot{X}^{\mu}}\left(\eta_{\rho\sigma}\dot{X}^{\rho}\dot{X}^{\sigma} - \eta_{\rho\sigma}X^{\rho\prime}X^{\sigma\prime}\right) = T(\eta_{\mu\sigma}\dot{X}^{\sigma}) = T(\dot{X}_{\mu})$$

$$\frac{\partial L}{\partial X^{\mu\prime}} = \frac{T}{2}\frac{\partial}{\partial X^{\mu\prime}}\left(\eta_{\rho\sigma}\dot{X}^{\rho}\dot{X}^{\sigma} - \eta_{\rho\sigma}X^{\rho\prime}X^{\sigma\prime}\right) = -T(\eta_{\mu\sigma}X^{\sigma\prime}) = -T(X'_{\mu})$$

となる*8．オイラー-ラグランジュ方程式は

$$\partial_{\tau}\left(\frac{\partial L}{\partial \dot{X}^{\mu}}\right) + \partial_{\sigma}\left(\frac{\partial L}{\partial X^{\mu\prime}}\right) = 0 \tag{2.32}$$

であるので，それゆえ，相対的な弦の運動方程式は，

$$\frac{\partial^2 X_{\mu}}{\partial \tau^2} - \frac{\partial^2 X_{\mu}}{\partial \sigma^2} = 0 \tag{2.33}$$

であることが分かる．

# 光錐座標

弦理論において，**光錐座標**を使用すると便利である．まず，ミンコフスキー時空においてどのように光錐座標が一般的に定義されるかを見る．その後，世界面および弦の運動方程式における光錐座標を考えてみよう．これから見ていくが，光錐座標によって，作用とその結果として得られる運動方程式の表記が簡素化する．簡単のため，通常の $(3+1)$ 次元時空を取ることにする．その反変座標は

$$x^{\mu} = (x^0, x^1, x^2, x^3)$$

*8訳注：アインシュタインの記法の下では各項が縮約を含め 3 つ以上の同じ添字があると計算結果に狂いが出てくることに注意しよう．この場合ダミー添字を $\mu, \nu \to \rho, \sigma$ とし，$\dfrac{\partial X^{\rho}}{\partial X^{\mu}} = \delta^{\rho}_{\mu}$ に注意すると，この結果が得られる．

である．ここで，$x^0 = ct$ や $x^1 = x$，$x^2 = y$，$x^3 = z$ を表している．1つの空間方向を選んで光錐座標を形成していき (ここでは $x^1$ とする)，その線形結合を $x^0$ を用いて次のように作る：

$$x^+ = \frac{x^0 + x^1}{\sqrt{2}} \qquad x^- = \frac{x^0 - x^1}{\sqrt{2}} \tag{2.34}$$

これらは2つの**ヌル**または光的な座標であるが，$x^+$ を時間的な座標，$x^-$ を空間的な座標として考えることができる．ゆえに添字と総和を使うとき，$+$ を添字 "0" として，そして $-$ を添字 "1" として扱うことになる．そのほかの座標 $x^2$ や $x^3$ はそのままとする．式 (2.34) を使うことで逆関係を容易に導出でき，

$$x^0 = \frac{x^+ + x^-}{\sqrt{2}} \qquad x^1 = \frac{x^+ - x^-}{\sqrt{2}}$$

を得る．ミンコフスキー計量を用いることで，時空における微小距離が

$$ds^2 = -\eta_{\mu\nu} dx^\mu dx^\nu = (dx^0)^2 - (dx^1)^2 - (dx^2)^2 - (dx^3)^2$$

と定義付けられることはすでに述べた．また，

$$dx^0 = \frac{dx^+ + dx^-}{\sqrt{2}} \qquad dx^1 = \frac{dx^+ - dx^-}{\sqrt{2}} \tag{2.35}$$

より，光錐座標によって $ds^2$ を，

$$ds^2 = 2dx^+ dx^- - (dx^2)^2 - (dx^3)^2 \tag{2.36}$$

と再記述できる．よって，距離は光錐ミンコフスキー計量

$$\hat{\eta}_{\mu\nu} = \begin{pmatrix} 0 & -1 & 0 & 0 \\ -1 & 0 & 0 & 0 \\ 0 & 0 & 1 & 0 \\ 0 & 0 & 0 & 1 \end{pmatrix} \tag{2.37}$$

で定義できることが分かる．式 (2.37) を使うことで，距離は

$$ds^2 = -\hat{\eta}_{\mu\nu} dx^\mu dx^\nu \tag{2.38}$$

として簡潔に書かれる．

ベクトルを使うことは，我々が座標のために書いてきたことの単純な拡張となる．つまり，ベクトル $v^\mu$ の光錐成分は，

$$v^+ = \frac{v^0 + v^d}{\sqrt{2}} \qquad v^- = \frac{v^0 - v^d}{\sqrt{2}} \tag{2.39}$$

として定義される[*9]．2つのベクトル間の内積は式 (2.37) の計量を用いて，

$$v \cdot w = v^\mu w_\mu = \hat{\eta}_{\mu\nu} v^\mu w^\nu = -v^+ w^- - v^- w^+ + \sum_i v^i w^i \tag{2.40}$$

と計算される．ここで一般に，$i = 1, \ldots, d-1$ である．符号の変化を用いてベクトルの光錐成分に添字の上げ下げを適用できる．

$$v^+ = -v_- \qquad v^- = -v_+$$

そのほかのベクトルの成分は変換せずそのままであり，$v^i = v_i$ となる．

ここで，時空の光錐座標の定義方法を見てきたので，世界面，そして弦でどのようにそれらを定義するか見ていくとしよう．この場合，

$$\sigma^+ = \tau + \sigma \qquad \sigma^- = \tau - \sigma \tag{2.41}$$

と定義する．なお，$d\sigma^+ = d\tau + d\sigma$ と $d\sigma^- = d\tau - d\sigma$ から，

$$ds^2 = d\sigma^+ d\sigma^- \tag{2.42}$$

となることは明白である[*10]．このことから，式 (2.30) における誘導計量が添字 $(++, +-, -+, --)$ で与えられる行列

$$h_{\alpha\beta} = \begin{pmatrix} 0 & -1/2 \\ -1/2 & 0 \end{pmatrix} \tag{2.43}$$

[*9] 訳注：最初のケースとは異なり，今回は $v^0$ 成分と $v^1$ 成分ではなく成分 $v^0$ と $v^d$ を混ぜ合わせる．空間座標のどれを混ぜ合わせるかは自由であるのでどちらでもよいのであるが，このようにすると光錐成分でない通常の成分が，$i = 1, \ldots, d-1$ の範囲を走ることになり，のちに分かるように $+, -$ 以外の成分がちょうど $i = 1$ から横方向の独立成分の個数 $d-1 = D-2$ までで添字が終わるので見通しが良い．

[*10] 訳注：平坦な世界面のとき，$ds^2 = d\tau^2 - d\sigma^2 = -\eta_{\alpha\beta} d\sigma^\alpha d\sigma^\beta$ である．

で書けることが分かる．その行列式は $h = \det h_{\alpha\beta} = -1/4$ であり，また式 (2.43) の逆元が

$$h^{\alpha\beta} = \begin{pmatrix} 0 & -2 \\ -2 & 0 \end{pmatrix}$$

となることは即座に確かめることができる．そして座標 $\tau, \sigma$ と光錐座標に関する微分の間にある関係もまた記述されうる．記法の利便性より，微分に関する相対論的に簡便な表記法

$$\partial_i = \frac{\partial}{\partial x^i}$$

を用いて，

$$\partial_+ = \frac{1}{2}(\partial_\tau + \partial_\sigma) \qquad \partial_- = \frac{1}{2}(\partial_\tau - \partial_\sigma) \tag{2.44}$$

と書く．光錐座標を用いてどのように弦の作用が書かれるか見ていこう．ポリヤコフ作用は，便宜のためにここに書き写すと，

$$S_P = -\frac{T}{2}\int d^2\sigma\sqrt{-h}h^{\alpha\beta}\partial_\alpha X^\mu\partial_\beta X^\nu\eta_{\mu\nu}$$

である．式 (2.43) および式 (2.44) を使うことで，

$$\begin{aligned}\sqrt{-h}h^{\alpha\beta}\partial_\alpha X^\mu\partial_\beta X^\nu\eta_{\mu\nu} &= -\sqrt{1/4}h^{+-}\partial_+ X^\mu\partial_- X^\nu\eta_{\mu\nu} \\ &\quad -\sqrt{1/4}h^{-+}\partial_- X^\mu\partial_+ X^\nu\eta_{\mu\nu} \\ &= -2\partial_+ X^\mu\partial_- X^\nu\eta_{\mu\nu}\end{aligned}$$

であることが分かる．ゆえに，光錐座標を用いることでポリヤコフ作用は，

$$S_P = T\int d^2\sigma\partial_+ X^\mu\partial_- X^\nu\eta_{\mu\nu} \tag{2.45}$$

として記述されることが分かる．

そして $S_P$ の変分を取ることによって運動方程式を求めることができ，

$$\delta S_P = \delta T\int d^2\sigma\partial_+ X^\mu\partial_- X^\nu\eta_{\mu\nu}$$

$$= T\int d^2\sigma\delta(\partial_+ X^\mu \partial_- X^\nu)\eta_{\mu\nu}$$

$$= T\int d^2\sigma\delta(\partial_+ X^\mu)\partial_- X^\nu \eta_{\mu\nu} + T\int d^2\sigma\partial_+ X^\mu \delta(\partial_- X^\nu)\eta_{\mu\nu}$$

を得る．以下の事実を使って先に進む：

$$\delta\frac{\partial X^\mu}{\partial\sigma^\pm} = \frac{\partial(\delta X^\mu)}{\partial\sigma^\pm}$$

そうすると，

$$\delta S_P = T\int d^2\sigma\partial_+(\delta X^\mu)\partial_- X^\nu \eta_{\mu\nu} + T\int d^2\sigma\partial_+ X^\mu \partial_-(\delta X^\nu)\eta_{\mu\nu}$$

となる．ここで微分を $\delta X^\mu$ 項の外に出すために部分積分を行う．部分積分が，

$$\int udv = uv - \int vdu$$

であることを思い出すと，今回の場合，

$$\delta S_P = -T\int d^2\sigma(\delta X^\mu)\partial_+\partial_- X^\nu \eta_{\mu\nu} - T\int d^2\sigma\partial_-\partial_+ X^\mu(\delta X^\nu)\eta_{\mu\nu}$$

を得る．ここで，開弦の場合のノイマン境界条件または閉弦における周期性の要求でゼロとなる境界項はすでに消去している．$\delta X^\mu$ は任意で $\delta S_P = 0$ であることから，

$$\partial_+\partial_- X^\mu = 0 \tag{2.46}$$

でなければならない．これは光錐座標を用いた相対論的な弦の波動方程式である．

## 波動方程式の解

次章では，ハミルトニアンとエネルギー-運動量テンソルを考えたり，弦において保存されたチャージとカレントを書き下すことになる．ここで，式 (2.46) にあげた波動方程式の解を求めることに注力しよう．

初等力学から，波動方程式の解は，弦の上で左右に進む波の重ね合わせで書かれることはよく知られている．もしこの運動が1次元的であるならば ($x$ とする)，そのとき解の形は

$$f(t,x) = f_L(x+vt) + f_R(x-vt)$$

と書き下すことができる．

我々は相対論的な弦の運動方程式を同じ方法で記述する．そして左に進行する成分 $X^\mu_L(\tau+\sigma)$ と右に進行する成分 $X^\mu_R(\tau-\sigma)$ の重ね合わせとなる次の解を得る：

$$X^\mu(\tau,\sigma) = X^\mu_L(\tau+\sigma) + X^\mu_R(\tau-\sigma) \tag{2.47}$$

最も一般的な解は，偏微分方程式論から，フーリエモード展開[*11]という形で書かれることを思い出して欲しい．ここでは，これらのモードを $\alpha^\mu_k$ で示し，左右に進行する成分を

$$X^\mu_L(\tau,\sigma) = \frac{x^\mu}{2} + \frac{\ell_s^2}{2}p^\mu(\tau+\sigma) + i\frac{\ell_s}{\sqrt{2}}\sum_{k\neq 0}\frac{\alpha^\mu_k}{k}e^{-ik(\tau+\sigma)} \tag{2.48}$$

$$X^\mu_R(\tau,\sigma) = \frac{x^\mu}{2} + \frac{\ell_s^2}{2}\tilde{p}^\mu(\tau-\sigma) + i\frac{\ell_s}{\sqrt{2}}\sum_{k\neq 0}\frac{\tilde{\alpha}^\mu_k}{k}e^{-ik(\tau-\sigma)} \tag{2.49}$$

として記述する[*12]．ここで新しい表現をいくつか導入した．まず，弦の特徴的な長さを含めており，それは

$$T = \frac{1}{2\pi\alpha'} \qquad \ell_s^2 = \alpha' \tag{2.50}$$

を通して，レッジェ勾配パラメーター (Regge slope parameter) $\alpha'$，ひいては弦の張力と関係している．次に，座標 $x^\mu$ と運動量 $p^\mu$ に着目する．これら

[*11] 訳注：フーリエモードとはある1つの振動数をもつ指数関数を指す．

[*12] 訳注：『K.Beckar,M.Beckar and J.H.Schwarz』，『M.B.Green,J.H.Schwarz and E.Witten』，『B.Zwiebach』(すべて Cambridge) などの多くの代表的教科書が本書とは逆に，左進にバーやチルダを付け右進を無印としているので注意が必要である．右進にチルダやバーを採用する代表的な教科書として『J.Polchinski』(Cambridge) などがある．

はそれぞれ弦の重心座標および全運動量である．“0” 次のフーリエモードは

$$\alpha_0^\mu = \frac{\ell_s}{\sqrt{2}} p^\mu \quad \tilde{\alpha}_0^\mu = \frac{\ell_s}{\sqrt{2}} \tilde{p}^\mu \tag{2.51}$$

で定義される．これは物理的に何を表しているだろうか？　それは時空上の位置と運動量を持つ弦が単体で移動できることを意味している．加えて，モード $\alpha_k^\mu$ として記述される振動も持つ．もしこのようなモードをあったときは，量子化を考えられるはずである (場の量子論における調和振動子や調和振動場の観点で考えて欲しい).

たとえ相対論的古典物理学であっても，未だ古典物理学の領域にいるので注意しよう．このため波動方程式の解 $X^\mu$ や $X_L^\mu$，$X_R^\mu$ は実関数でなければならない．このことは，$x^\mu$ や $p^\mu$ が実数であり，正と負のモードの関連付けが可能であることを意味する（$^*$ は複素共役を表す).

$$\alpha_{-k}^\mu = (\alpha_k^\mu)^* \qquad \tilde{\alpha}_{-k}^\mu = (\tilde{\alpha}_k^\mu)^* \tag{2.52}$$

それでは，異なる境界条件を持った波動方程式の解を見てみよう．

## 自由端を持つ開弦

自由端を持つ開弦は，再度示した次のノイマン境界条件を満たしている：

$$\frac{\partial X^\mu}{\partial \sigma} = 0 \qquad (\sigma = 0, \pi のとき)$$

ここで，式 (2.48) と (2.49) に目を向けると，

$$\begin{aligned} \frac{\partial X_L^\mu}{\partial \sigma} =& \frac{\ell_s^2}{2} p^\mu + \frac{\ell_s}{\sqrt{2}} \sum_{k \neq 0} \alpha_k^\mu e^{-ik(\tau+\sigma)} \\ \frac{\partial X_R^\mu}{\partial \sigma} =& -\frac{\ell_s^2}{2} \tilde{p}^\mu - \frac{\ell_s}{\sqrt{2}} \sum_{k \neq 0} \tilde{\alpha}_k^\mu e^{-ik(\tau-\sigma)} \end{aligned}$$

であることが分かる．式 (2.47) のようにこれらを足し合わせ，$\sigma=0$ と置くと，

$$\frac{\partial X^\mu}{\partial \sigma}=0$$

$$\Rightarrow 0=\frac{\ell_s^2}{2}(p^\mu-\tilde{p}^\mu)+\frac{\ell_s}{\sqrt{2}}\sum(\alpha_k^\mu-\tilde{\alpha}_k^\mu)e^{-ik\tau}$$

となる．これは，自由な端点を持つ開弦の場合，

$$p^\mu=\tilde{p}^\mu \quad (\text{弦はそれ自体に巻きつくことはできない})$$

$$\alpha_k^\mu=\tilde{\alpha}_k^\mu \quad (\text{左右に進行する波は同じモードを持つ})$$

であることを示している．また物理的には，自由端を持つ開弦の場合，モードが組み合わさって**弦における定常波**を形成していることを含意している．次の事例に進む前にもう一方の，弦の端点 $\sigma=\pi$ に課する境界条件も考えてみよう．

$$\begin{aligned}
0 &= \left.\frac{\partial X_L^\mu}{\partial \sigma}\right|_{\sigma=\pi}+\left.\frac{\partial X_R^\mu}{\partial \sigma}\right|_{\sigma=\pi} \\
&= \frac{\ell_s^2}{2}p^\mu+\frac{\ell_s}{\sqrt{2}}\sum_{k\neq 0}\alpha_k^\mu e^{-ik(\tau+\pi)}-\frac{\ell_s^2}{2}p^\mu-\frac{\ell_s}{\sqrt{2}}\sum_{k\neq 0}\alpha_k^\mu e^{-ik(\tau-\pi)} \\
&= \frac{\ell_s}{\sqrt{2}}\sum_{k\neq 0}\alpha_k^\mu e^{-ik\tau}\left(\frac{e^{-ik\pi}-e^{ik\pi}}{2i}\right)(2i) \\
&= -i\sqrt{2}\ell_s\sum_{k\neq 0}\alpha_k^\mu e^{-ik\tau}\sin(k\pi)
\end{aligned}$$

これは $\sin k\pi=0$ のときのみ真となり，$k$ は整数でなければならないことを意味する．これを $n$ で表すことで，簡単な作業で式 (2.47) は

$$X^\mu=x^\mu+\ell_s^2 p^\mu\tau+i\sqrt{2}\ell_s\sum_{n\neq 0}\frac{\alpha_n^\mu}{n}e^{-in\tau}\cos(n\sigma) \tag{2.53}$$

と書くことができる．

# 閉弦

閉弦の場合では，境界条件は 1 つの周期性，すなわち

$$X^\mu(\tau,\sigma) = X^\mu(\tau,\sigma+2\pi) \tag{2.54}$$

に変わる．この条件はそれらの波数 $k$ が整数値をとるように解を制限する．ゆえに，$n$ を整数として，

$$X_L^\mu(\tau,\sigma) = \frac{x^\mu}{2} + \frac{\ell_s^2}{2}p^\mu(\tau+\sigma) + i\frac{\ell_s}{\sqrt{2}}\sum_{n\neq 0}\frac{\alpha_n^\mu}{n}e^{-in(\tau+\sigma)} \tag{2.55}$$

$$X_R^\mu(\tau,\sigma) = \frac{x^\mu}{2} + \frac{\ell_s^2}{2}\tilde{p}^\mu(\tau-\sigma) + i\frac{\ell_s}{\sqrt{2}}\sum_{n\neq 0}\frac{\tilde{\alpha}_n^\mu}{n}e^{-in(\tau-\sigma)} \tag{2.56}$$

となる．さらに，周期性は閉弦に，

$$\tilde{p}^\mu = p^\mu \tag{2.57}$$

という条件を強いている．我々は開弦において，もしこの条件が満たされたならば，弦の巻き付きが許されないということを見た．しかしながら，閉弦の場合では，周囲の時空にコンパクトな余剰次元の可能性を認めたととき，状況はもう少し複雑になる（そのとき，$p^\mu = \tilde{p}^\mu$ は保たれない）．したがって，たとえば，閉弦が半径 $R$ の円でコンパクト化されたという状況について我々は考察できる．

完全解を得るために，式 (2.57) を用いて，運動量項に注目して周期性の条件式 (2.54) を課しながら式 (2.55) と (2.56) を足し合わせる．これは，

$$X^\mu(\tau,\sigma+2\pi) = X^\mu(\tau,\sigma) + 2\pi RW \tag{2.58}$$

として記述され[*13]，すべての解を与える．$W$ を**巻き数**といい，文字通り

---

[*13]訳注：ここでの $X^\mu$ は単なる座標ではなく，被覆空間での座標である．$X^\mu(\tau,\sigma+2\pi)$ はたとえ被覆空間上では一般に $X^\mu(\tau,\sigma) \neq X^\mu(\tau,\sigma+2\pi) = X^\mu(\tau,\sigma) + 2\pi RW$ であっても，実際の時空座標では同一視 $x^\mu \sim x^\mu + 2\pi R$ により同じ点を表していることに注意しなければならない．

「コンパクトな次元に弦が何回巻きついていたか」を表している (このため，$W$ は整数でなければならない)．$\sigma \to \sigma + 2\pi$ とすると，運動量項は，

$$\begin{aligned}&\frac{\ell_s^2}{2}p^\mu(\tau+\sigma+2\pi)+\frac{\ell_s^2}{2}\tilde{p}^\mu(\tau-\sigma-2\pi)\\=&\frac{\ell_s^2}{2}p^\mu(\tau+\sigma)+\frac{\ell_s^2}{2}\tilde{p}^\mu(\tau-\sigma)+\pi\ell_s^2(p^\mu-\tilde{p}^\mu)\end{aligned}$$

として変化することに注意して欲しい．つまり，すべての解は

$$X^\mu(\tau,\sigma+2\pi)=X^\mu(\tau,\sigma)+\pi\ell_s^2(p^\mu-\tilde{p}^\mu) \tag{2.59}$$

として変化する．したがって，$(p^\mu-\tilde{p}^\mu)$ を巻き数の寄与という．

## 固定端を持つ開弦

最後に，固定端を持つ開弦を考える．境界条件は

$$\dot{X}^\mu|_{\sigma=0}=0 \tag{2.60}$$

である (ディリクレ境界条件)．式 (2.48) と (2.49) を用いて，

$$\dot{X}_L^\mu(\tau,\sigma=0)=\frac{\ell_s^2}{2}p^\mu+\frac{\ell_2}{\sqrt{2}}\sum_{k\neq0}\alpha_k^\mu e^{-ik\tau} \tag{2.61}$$

$$\dot{X}_R^\mu(\tau,\sigma=0)=\frac{\ell_s^2}{2}\tilde{p}^\mu+\frac{\ell_s}{\sqrt{2}}\sum_{k\neq0}\tilde{\alpha}_k^\mu e^{-ik\tau} \tag{2.62}$$

を得る．このため，式 (2.60) は，

$$\begin{aligned}&p^\mu+\tilde{p}^\mu=0\\&\Rightarrow\tilde{p}^\mu=-p^\mu\end{aligned} \tag{2.63}$$

および

$$\alpha_k^\mu+\tilde{\alpha}_k^\mu=0 \tag{2.64}$$

を含意している．ここで開弦に対して次元がコンパクトでないときは $\tilde{p}^\mu = p^\mu$ となる．式 (2.63) と同時に満足するためには，弦の全運動量がゼロにならなければならない．次の例では，両端が固定されている場合を考える

例 **2.4**

両端が固定された弦はどれくらいの長さであるか？

解答

両端が固定されているとき，境界条件

$$\dot{X}^\mu_L(\tau, \sigma = \pi) + \dot{X}^\mu_R(\tau, \sigma = \pi) = 0$$

もまた満足しなければならない．今回の場合，

$$\begin{aligned}\dot{X}^\mu_L(\tau, \sigma = \pi) =& \frac{\ell_s^2}{2} p^\mu + \frac{\ell_s}{\sqrt{2}} \sum_{k \neq 0} \alpha^\mu_k e^{-ik(\tau+\pi)} \\ \dot{X}^\mu_R(\tau, \sigma = \pi) =& \frac{\ell_s^2}{2} \tilde{p}^\mu + \frac{\ell_s}{\sqrt{2}} \sum_{k \neq 0} \tilde{\alpha}^\mu_k e^{-ik(\tau-\pi)}\end{aligned}$$

を得る．境界条件は，$k$ が整数である場合にのみ満たされる．この場合の全体の解は

$$X^\mu = x^\mu + \ell_s^2 p^\mu \sigma + \sqrt{2}\ell_s \sum_{n \neq 0} \frac{\alpha^\mu_n}{n} e^{-in\tau} \sin(n\sigma) \tag{2.65}$$

と書くことができる．式 (2.63) と (2.64) の条件をここで適用している．上式は巻き付き項を含んでいる．

$$w = \ell_s^2 p^\mu \tag{2.66}$$

ここで端点での弦座標を計算しよう．

$$\begin{aligned}X^\mu(\tau, 0) =& x^\mu \\ X^\mu(\tau, \pi) =& x^\mu + w\pi\end{aligned}$$

であるので，ゆえに，弦の長さは

$$X^\mu(\tau,\pi)-X^\mu(\tau,0)=w\pi$$

となる．

## ポアソン括弧

通常の古典力学から量子論に進むにあたり，我々はディラックに倣って，ポアソン括弧と交換子の間の対応関係を用いる．弦理論では，弦のモードの量子化に際して，$\tau$ が等しいポアソン括弧を出発点と考える．のちに，弦理論において重要な概念であるハミルトニアンおよびヴィラソロ代数について議論することになる．しかしここでは，弦の量子化を可能とする重要なポアソン括弧を単に導入する．まず弦座標と弦座標の $\tau$ による微分のポアソン括弧は

$$[X^\mu(\tau,\sigma),\dot{X}^\nu(\tau,\sigma')]_{\mathrm{P.B}}=\frac{1}{T}\delta(\sigma-\sigma')\eta^{\mu\nu} \tag{2.67}$$

と計算されることに注意しよう[*14]．これを共役運動量に関して表せば，

$$[X^\mu(\tau,\sigma),P^\nu(\tau,\sigma')]_{\mathrm{P.B}}=\delta(\sigma-\sigma')\eta^{\mu\nu} \tag{2.68}$$

となる．これを用いると，フーリエ展開を利用してモードに対するポアソン括弧を導くことができる．これらは，

$$[\alpha^\mu_m,\alpha^\nu_n]_{\mathrm{P.B}}=-im\delta_{m+n,0}\eta^{\mu\nu} \tag{2.69}$$

---

[*14] 訳注：ポアソン括弧の計算にはどんな正準共役な変数を計算に使用しても値が変わらないから，特に $X^\mu(\tau,\sigma), P^\mu(\tau,\sigma)=T\dot{X}^\mu(\tau,\sigma)$ にとろう．すると

$$\begin{aligned}\Big[X^\mu(\tau,\sigma),\dot{X}(\tau,\sigma')\Big]_{\mathrm{P.B}} &=\eta^{\rho\lambda}\left\{\frac{\partial X^\mu(\tau,\sigma)}{\partial X^\rho(\tau,\sigma)}\frac{\partial\dot{X}^\nu(\tau,\sigma')}{\partial P^\lambda(\tau,\sigma)}-\frac{\partial X^\mu(\tau,\sigma)}{\partial P^\lambda(\tau,\sigma)}\frac{\partial\dot{X}^\nu(\tau,\sigma')}{\partial X^\rho(\tau,\sigma)}\right\}\\ &=\eta^{\rho\lambda}\left\{\delta^\mu_\rho\frac{\partial\dot{X}^\nu(\tau,\sigma')}{T\partial\dot{X}^\lambda(\tau,\sigma)}-0\right\}=\frac{1}{T}\eta^{\mu\lambda}\frac{\partial\dot{X}^\nu(\tau,\sigma')}{\partial\dot{X}^\lambda(\tau,\sigma)}\\ &=\frac{1}{T}\eta^{\mu\lambda}\delta^\nu_\lambda\delta(\sigma-\sigma')=\frac{1}{T}\delta(\sigma-\sigma')\eta^{\mu\nu}\end{aligned}$$

より，式 (2.67) が示せた．

となる[*15]．ポアソン括弧は理論を量子化する出発点となっていくだろう．

## 章末問題

1. 式 (2.10) で与えられる，補助場を含んだラグランジアンを考える．オイラー-ラグランジュ方程式を使ってその運動方程式を導け．
2. 南部-後藤のラグランジアン $L = -T\sqrt{(\dot{X}\cdot X')^2 - \dot{X}^2 X'^2}$ を皮切りに，また，平坦な計量 $h_{\alpha\beta}$ を与えるゲージ選択を考える．条件 $\dot{X}^2 + X'^2 = 0$，$\dot{X}\cdot X' = 0$ を使って，その運動方程式を求めよ．
3. ポリヤコフ作用を考える．ワイル変換は $h_{\alpha\beta} \to e^{\phi(\tau,\sigma)}h_{\alpha\beta}$ かつ $\delta X^\mu = 0$ という形の変換の 1 つである．ワイル変換を施したポリヤコフ作用の形を決定せよ [ヒント：$h^{\alpha\beta} \to e^{-\phi(\tau,\sigma)}h^{\alpha\beta}$]．
4. 内在的計量に関してポリヤコフ作用の変分をとることによって，世界面上のエネルギー-運動量テンソルを定義する．

$$T_{\alpha\beta} = -\frac{2}{T}\frac{1}{\sqrt{-h}}\frac{\delta S_P}{\delta h^{\alpha\beta}}$$

   $\delta\sqrt{-h} = -\frac{1}{2}\sqrt{-h}h_{\alpha\beta}\delta h^{\alpha\beta}$ という事実を使って，ポリヤコフ作用から置き換えることができるように誘導計量についての式を求めよ．これにより，南部-後藤作用を復元できる．
5. 自由端を持つ開弦を考える．

$$\frac{1}{\pi}\int_0^\pi d\sigma X^\mu(\tau,\sigma)$$

   を計算することによって，$\tau$ を用いた弦の重心の変化を求めよ．
6.

$$P^\mu = T\int_0^\pi d\sigma \dot{X}^\mu(\tau,\sigma)$$

---

[*15] 訳注：量子化は交換関係を前提として課す (仮定する) ことによって行われるが，ポアソン括弧は共役な量に対して計算で導くものである．また，モードのポアソン括弧 (2.69) は式 (2.67) の左辺をモード展開したとき，右辺が必ず $\sigma - \sigma'$ を含むことを利用して導ける．

を計算することで，自由端を持つ開弦の保存された運動量を求めよ（ドットは $\tau$ に関する微分を表している）．

Chapter

3

# 古典的弦 II：対称性と世界面カレント

前章で我々は，運動方程式や境界条件など，古典的な弦理論におけるいくつかの基礎的な記法を導入した．本章では，古典弦に関する議論を展開し，対称性を論じ，エネルギー-運動量テンソル，保存カレントを導入する．これにより，古典弦で必要な基礎が完成するので，次章で弦の量子化をして行こう．

## エネルギー-運動量テンソル

始める前に手早くいくつかのポイントを概観していこう．世界面における内在的距離は誘導計量 $h_{\alpha\beta}$ を用いることで決定される．これは

$$ds^2 = -h_{\alpha\beta}d\sigma^\alpha d\sigma^\beta \tag{3.1}$$

で与えられる．ここで，$\sigma^0 = \tau$，$\sigma^1 = \sigma$ は世界面上の点をパラメーター化する座標である．関数 $X^\mu(\sigma, \tau)$ の集合は，世界面の形状および（$D$ 次元の時空について $\mu = 0, 1, \ldots, D-1$ となる）背景時空に関する弦の運動を説明している．弦の力学を求めるには，我々はポリヤコフ作用を最小化できる

[式 (2.27)]：

$$S_{\mathrm{P}} = -\frac{T}{2}\int d^2\sigma\sqrt{-\det(h)}h^{\alpha\beta}\partial_\alpha X^\mu \partial_\beta X^\nu \eta_{\mu\nu} \tag{3.2}$$

(世界面の面積を最小化することによって) 最小化した $S_{\mathrm{P}}$ は $X^\mu(\sigma,\tau)$ に対する運動方程式，ひいては弦の力学を与えてくれる[*1]．第 2 章の章末問題の問 4 において，あなたは，

$$T_{\alpha\beta} = -\frac{2}{T}\frac{1}{\sqrt{-h}}\frac{\delta S_P}{\delta h^{\alpha\beta}} \tag{3.3}$$

で与えられる**エネルギー-運動量テンソル**または**ストレス-エネルギーテンソル** $T_{\alpha\beta}$ の考慮によって，「ポリヤコフ作用と南部-後藤作用が等価である」ことを示すよう促された．本書では主にエネルギー-運動量テンソルという名前で進めていく．簡潔にいえば，エネルギー-運動量テンソルは時空上の「エネルギーと運動量」の「密度と流束」を記述する．読者は場の量子論に対するいくらかの慣れまたは学習から，$T_{\alpha\beta}$ が何であるかを知っているだろうから，ここでは先に進み，それが弦理論においてどのように機能するかを述べよう．第 2 章の章末問題の問 4 を解くと，

$$T_{\alpha\beta} = \partial_\alpha X^\mu \partial_\beta X^\nu \eta_{\mu\nu} - \frac{1}{2}h_{\alpha\beta}(h^{\rho\sigma}\partial_\rho X^\mu \partial_\sigma X^\nu \eta_{\mu\nu}) \tag{3.4}$$

であることがわかる．エネルギー-運動量テンソルにおいて確立する第 1 の性質は，そのトレースがゼロになることである．トレースは誘導計量を用いて算出できる：

$$\mathrm{Tr}(T_{\alpha\beta}) = T_\alpha{}^\alpha = h^{\alpha\beta}T_{\alpha\beta}$$

そしてトレースは次のように簡単に計算できる：

$$h^{\alpha\beta}T_{\alpha\beta} = h^{\alpha\beta}\partial_\alpha X^\mu \partial_\beta X^\nu \eta_{\mu\nu} - \frac{1}{2}h^{\alpha\beta}h_{\alpha\beta}(h^{\rho\sigma}\partial_\rho X^\mu \partial_\sigma X^\nu \eta_{\mu\nu})$$

[*1] 訳注：本書では行列 (正確には 2 階の共変テンソル)$h_{\alpha\beta}$ の行列式を，$\det h_{\alpha\beta} = \det h = h$ などとその場に応じて異なる表記で表すので注意が必要である．

$$= h^{\alpha\beta}\partial_\alpha X^\mu \partial_\beta X^\nu \eta_{\mu\nu} - h^{\rho\sigma}\partial_\rho X^\mu \partial_\sigma X^\nu \eta_{\mu\nu}$$

$(h^{\alpha\beta}h_{\alpha\beta} = \delta^\alpha_\alpha = 2$ より$)$

$$= h^{\alpha\beta}\partial_\alpha X^\mu \partial_\beta X^\nu \eta_{\mu\nu} - h^{\alpha\beta}\partial_\alpha X^\mu \partial_\beta X^\nu \eta_{\mu\nu}$$

(ダミーの添字を置き換え，$\rho \to \alpha$，$\sigma \to \beta$ とした)

$$= 0$$

したがって，弦のエネルギー-運動量テンソルについての最初の事実を確立できた．つまり，弦のエネルギー-運動量テンソルはトレースゼロである：

$$T_\alpha{}^\alpha = 0 \tag{3.5}$$

しばらくの間，エネルギー-運動量テンソルがトレースゼロである物理的理由を学ぼう．

## ポリヤコフ作用の対称性

本節ではポリヤコフ作用のいくつかの対称性を列挙する (そして，それゆえミンコフスキー時空内のボソン的弦理論について学ぶ)．ポリヤコフ作用には3つの対称群が存在する．これらは

- ポアンカレ変換
- 世界面座標のパラメーター付け替え
- ワイル変換

を含む．

対称性の概念は大変重要なので，ポリヤコフ作用の対称性を述べる前にこの話題についてしばらく脱線して議論しよう．物理学における対称性は**大域対称性**または**局所対称性**としてとることができる．これらは次のように定義される：

- 大域対称性は時空のすべての点で成り立つものである．変換のパラメーターは時空に依存しない．

- 局所対称性は異なる時空内の点で異なる挙動を示すものである．この場合，変換のパラメーターは時空座標の関数になる．

読者は，古典力学と場の量子論の学習から，物理学における対称性が保存則を導くことを思い出すべきだろう．この事実は正確には**Noether（ネーター）の定理**と呼ばれる．保存量の最も有名な例である電荷の保存を簡単に見てみよう．

電磁場テンソル $F_{\mu\nu}$ は

$$F_{\mu\nu} = \partial_\mu A_\nu - \partial_\nu A_\mu$$

によって 4 次元ベクトルポテンシャルに関して定義される．このとき，源のあるマクスウェル方程式は

$$\partial_\mu F^{\mu\nu} = J^\nu$$

として書かれる．さて，すると $F_{\mu\nu}$ の定義により，$\partial_\nu J^\nu = 0$ が成り立つ．というのも，

$$\begin{aligned}
\partial_\nu J^\nu =& \partial_\nu \partial_\mu F^{\mu\nu} \\
=& \partial_\nu \partial_\mu \partial^\mu A^\nu - \partial_\nu \partial_\mu \partial^\nu A^\mu \\
=& \partial_\nu \partial_\mu \partial^\mu A^\nu - \partial_\mu \partial_\nu \partial^\nu A^\mu \qquad (\because \text{偏微分は可換}) \\
=& \partial_\nu \partial_\mu \partial^\mu A^\nu - \partial_\nu \partial_\mu \partial^\mu A^\nu \qquad (\because \text{ダミー添字の貼替}) \\
=& 0
\end{aligned}$$

だからである．したがってこれより，$J^\mu$ は保存量である．これは有名な連続の式の形で表される事実であり，

$$\frac{\partial \rho}{\partial t} + \nabla \cdot \vec{J} = 0$$

となることが分かる．ここで $\rho$ は電荷密度であり，$\vec{J}$ は電流密度である．すると電荷は保存する．電荷 $Q$ はもちろん，

$$Q = \int d^3 x \rho$$

を用いて定義される．連続の式を用い，無限遠での表面積分 $S$ をとると

$$\frac{dQ}{dt} = \int d^3x \frac{\partial \rho}{\partial t} = -\int d^3x \vec{\nabla} \cdot \vec{J} = -\oint_S \vec{J} \cdot d\vec{A} = 0$$

が得られる．これより，電荷は保存する．

ここでは電磁場に対する運動方程式から始めて，電荷が保存することを示した．より形式的には，何が保存量であるかを決定することができ，それらを作用 $S$ を確認するか，より詳しくはラグランジアンを確認することにより，対称性に関連づける．これがラグランジアンの対称性が保存量を導くことを示すネーターの定理が役割を演ずるところである．

ネーターの定理は単純な 1 次元的例によって理解することができる．ラグランジアン $L(q, \dot{q})$ によって記述される運動をする粒子を考えよう．ここで，

$$\dot{q} = \frac{dq}{dt}$$

である．粒子の共役運動量は

$$p = \frac{\partial L}{\partial \dot{q}}$$

によって与えられる．オイラー-ラグランジュ方程式はこの系の運動方程式である：

$$\frac{d}{dt}\frac{\partial L}{\partial \dot{q}} - \frac{\partial L}{\partial q} = 0$$

さて，対称性の下でこのラグランジアンが不変であると仮定しよう．すなわち，ラグランジアンの形が 1 パラメーター座標変換 $t \to s(t)$ の下で変化しないとする[*2]：

$$q(t) \to q(s)$$

[*2] 訳注：$s = s(t)$

この対称性の下でラグランジアンが不変であると主張するということは

$$\frac{d}{ds}L[q(s),\dot{q}(s)]=0$$

を意味する[*3]．このラグランジアンの対称性は連鎖律を用いて明示的に書くことができる：

$$\frac{d}{ds}L[q(s),\dot{q}(s)]=\frac{\partial L}{\partial q}\frac{dq}{ds}+\frac{\partial L}{\partial \dot{q}}\frac{d\dot{q}}{ds}=0$$

さていまから中心概念を得よう．ネーターの定理から

$$Q=p\frac{dq}{ds}$$

が不変量である，つまり，

$$\frac{dQ}{dt}=0$$

となることが分かる．これは今考えている 1 次元的例においては非常に易しく証明できる．計算は次の通りである：

$$\begin{aligned}\frac{dQ}{dt}=&\frac{d}{dt}\left(p\frac{dq}{ds}\right)\\=&\frac{dp}{dt}\frac{dq}{ds}+p\frac{d}{dt}\frac{dq}{ds}\\=&\frac{dp}{dt}\frac{dq}{ds}+p\frac{d}{ds}\frac{dq}{dt}\qquad(\because \text{偏微分の可換性})\\=&\frac{d}{dt}\left(\frac{\partial L}{\partial \dot{q}}\right)\frac{dq}{ds}+\frac{\partial L}{\partial \dot{q}}\frac{d\dot{q}}{ds}(\because p\rightarrow\frac{\partial L}{\partial \dot{q}},\frac{dq}{dt}\rightarrow\dot{q}\text{という記法で置き換えた})\\=&\frac{\partial L}{\partial q}\frac{dq}{ds}+\frac{\partial L}{\partial \dot{q}}\frac{d\dot{q}}{ds}=\frac{dL}{ds}=0\quad(\because \text{オイラーラグランジュ方程式})\end{aligned}$$

場 $\varphi^\mu$ に対しては

$$j^\alpha_\mu=\frac{\partial L}{\partial(\partial_\alpha\varphi^\mu)} \tag{3.6}$$

[*3] 訳注：無限小 (だがゼロでない) 変分 $\delta s$ に対して $0=\delta L=\frac{dL}{ds}\delta s$ より，$\frac{dL}{ds}=0$ が成り立つ．

として保存量である**ネーターカレント**が定義される．ここでは対称性と保存量に関する簡単だが泥臭い復習を行った．ここからは，平坦な時空次元 $D$ 内のボソン的弦理論に対して，どのような対称性と保存量が記述できるのかを確かめよう．

## ポアンカレ変換

ポアンカレ群は次の変換から構成される：

- 時空内の並進
- ローレンツ変換

平坦な $D$ 次元時空では，ポリヤコフ作用はポアンカレ変換の下で不変である．時空並進は

$$X^\mu \to X^\mu + b^\mu \tag{3.7}$$

の形の変換である．ここで $\delta X^\mu = b^\mu$ である．無限小ローレンツ変換は

$$X^\mu \to X^\mu + \omega^\mu{}_\nu X^\nu \tag{3.8}$$

の形をしたものである．この場合，$\delta X^\mu = \omega^\mu{}_\nu X^\nu$ である．これら並進および無限小ローレンツ変換は

$$\delta X^\mu = \omega^\mu{}_\nu X^\nu + b^\mu \tag{3.9}$$

のように組み合わせることができる．ポアンカレ変換の下で，世界面計量は

$$\delta h^{\alpha\beta} = 0 \tag{3.10}$$

のように変換する[*4]．

[*4] 訳注：$\omega_{\mu\nu}$ の反対称性 $\omega_{\mu\nu} = -\omega_{\nu\mu}$ を $ds^2 = -\eta_{\mu\nu}dX^\mu dX^\nu = -h_{\alpha\beta}d\sigma^\alpha d\sigma^\beta$ から得られる $h_{\alpha\beta} = \eta_{\mu\nu}\dfrac{\partial X^\mu}{\partial\sigma^\alpha}\dfrac{\partial X^\nu}{\partial\sigma^\beta}$ の変分結果に用いて証明される．

式 (3.2) のポリヤコフ作用は式 (3.9) および (3.10) で与えられた変換の下で不変である．式 (3.7) の不変性はエネルギーと運動量の保存を導く (時間並進の不変性よりエネルギーの保存が得られ，空間並進の不変性より運動量の保存が得られる)．式 (3.8) の下でのポリヤコフ作用の不変性は角運動量の保存を導く．

大域対称性の定義を思い出し，式 (3.7) および (3.8) の変換が埋め込まれた時空の座標 (場 $X^\mu$) に依存することに注意すると，それらは世界面座標 $(\tau, \sigma)$ に依存しないことが分かる．これは世界面上では，これらの対称性が大域的であることを意味する．この対称性が世界面上では大域的であるが，時空全体では大域的でないことより，これは**大域的内部対称性**と呼ばれる．別の言い方をすると，弦理論においては大域対称性は場 $X^\mu$ 上に作用するが，世界面上の 2 次元時空上には作用しない．つまり，大域的内部対称群は世界面座標 $(\tau, \sigma)$ と独立である．

## パラメーター付け替え

$(\tau, \sigma) \to (\tau', \sigma')$ という形をとる座標変換を考えよう．これは世界面の**パラメーター付け替え** (微分同相写像とも呼ばれる) である．計量 $h_{\alpha\beta}$ は

$$h_{\alpha\beta}(\tau, \sigma) = \frac{\partial \sigma'^\gamma}{\partial \sigma^\alpha} \frac{\partial \sigma'^\delta}{\partial \sigma^\beta} h'_{\gamma\delta}(\tau', \sigma') \tag{3.11}$$

と変換する (この文脈でプライム「$'$」は微分を表すものではなく，新しい座標系の (たとえば計量のような) 量を示すために用いられる)．$\partial/\partial\sigma'^\gamma = (\partial\sigma^\alpha/\partial\sigma'^\gamma)(\partial/\partial\sigma^\alpha)$ および $X^\mu(\tau, \sigma) \to X'^\mu(\tau', \sigma')$ より，

$$h^{\alpha\beta}(\tau, \sigma) \frac{\partial X^\mu}{\partial \sigma^\alpha} \frac{\partial X_\mu}{\partial \sigma^\beta} = h'^{\gamma\delta}(\tau', \sigma') \frac{\partial X'^\mu}{\partial \sigma'^\gamma} \frac{\partial X'_\mu}{\partial \sigma'^\delta}$$

が成り立つ[*5]．

[*5] 訳注：反変テンソル $h^{\alpha\beta}$ は共変テンソル $h_{\alpha\beta}$ と“反対”の変化をする，すなわち，$h^{\alpha\beta} = \dfrac{\partial \sigma^\alpha}{\partial \sigma'^\gamma} \dfrac{\partial \sigma^\beta}{\partial \sigma'^\delta} h'^{\gamma\delta}$ に注意．

座標の変更 $\sigma \to \sigma'$ に対するヤコビアンは

$$J = \det\left(\frac{\partial \sigma'^{\delta}}{\partial \sigma^{\beta}}\right)$$

によって定義される．ヤコビアンは 2 カ所で現れて互いに打ち消し合ってポリヤコフ作用の形を不変に保つようにすることが分かる．それは計量の行列式を

$$\det(h_{\alpha\beta}) = J^2 \det(h'_{\alpha\beta})$$

のように計算するときに現れる*6．微積分の知識より，これは積分要素

$$d^2\sigma' = J d^2\sigma$$

にも表れることを読者は思い出すだろう．これらはポリヤコフ作用 [式 (3.2)] に現れる項で打ち消し合う．すなわち，

$$d^2\sigma' \sqrt{-\det h'} = d^2\sigma \sqrt{-\det h}$$

である．これらの結果をすべて一緒にすると，世界面座標の変更 (パラメーター付け替え) はポリヤコフ作用を不変に保つ．したがって，パラメーター付け替えはこの作用の対称変換である．パラメーター付け替えは世界面座標 $(\tau, \sigma)$ に依存することより，これは**局所対称性**である．

## ワイル変換

**ワイル変換**あるいは**ワイルリスケーリング (ワイル再スケール化)** は次の形をした世界面計量 (第 5 章参照) の共形変換である：

$$h_{\alpha\beta} \to e^{\phi(\tau,\sigma)} h_{\alpha\beta} \tag{3.12}$$

---

*6 訳注：これは式 (3.11) の両辺の行列式をとったものである．すなわち，

$$\det(h_{\alpha\beta}) = \det\left[\left(\frac{\partial \sigma'^{\gamma}}{\partial \sigma^{\alpha}}\right)^T \left(h'_{\gamma\delta}\right)\left(\frac{\partial \sigma'^{\delta}}{\partial \sigma^{\beta}}\right)\right] = J^2 \det(h'_{\alpha\beta})$$

である．

$h^{\alpha\beta}h_{\beta\gamma}=\delta^{\alpha}_{\gamma}$ であることより，式 (3.12) より $h^{\alpha\beta}\to e^{-\phi(\tau,\sigma)}h^{\alpha\beta}$ が成り立つ．さていま，行列式に関する2つの事実を思い出すと，$A,B$ を $n\times n$ 行列とするとき，

$$\det(AB)=\det A\det B$$
$$\det(\alpha A)=\det(\alpha I_n A)=\alpha^n\det A$$

が成り立つ．今の場合，2次元を考えているので，

$$\det(e^{\phi}h)=e^{2\phi}\det h$$

である．これは

$$\sqrt{-\det h}h^{\alpha\beta}\to\sqrt{-e^{2\phi}\det h}e^{-\phi}h^{\alpha\beta}=\sqrt{-\det h}h^{\alpha\beta}$$

が成り立つことを意味する．したがってこれより，ポリヤコフ作用はワイル変換の下で不変である．式 (3.12) が世界面の時空座標 $(\tau,\sigma)$ に依存することより，これは局所対称性である．

## 平坦な世界面計量に変換する

**ゲージ自由度**は世界面計量を単純化するために用いることができる．これが何を意味するかというと，世界面計量をより便利な形に書き換えるためにこの作用の対称性 (作用が不変，つまり物理が不変であるような変換を利用する) を用いることができるということである．これはしばしば**基準計量** $\hat{h}_{\alpha\beta}(\sigma)$ と呼ばれる．ここではオイラー標数が消える世界面を考察する (円筒は今考えている対象に関連する)．

世界面はわずか2つの座標 $(\tau,\sigma)$ を持ち，これは $h_{\alpha\beta}$ が $2\times 2$ 行列であることを意味する：

$$h_{\alpha\beta}=\begin{pmatrix}h_{00} & h_{01}\\ h_{10} & h_{11}\end{pmatrix}\tag{3.13}$$

これはとりわけ易しくことが運ぶ．世界面計量にはわずか 3 つの独立成分しか存在しないことが直ちにわかる．これは何故なら，一般に計量テンソル $g_{\alpha\beta}$ が対称であることより，

$$g_{\alpha\beta} = g_{\beta\alpha}$$

が成り立つからである．計量がちょうど $2 \times 2$ であるということは，対称性が非対角成分を

$$h_{01} = h_{10}$$

となるように固定することの要求を意味する．

このため，これは $h_{\alpha\beta}$ の 3 つの成分のみ指定する必要があることを意味する．ポリヤコフ作用の 2 つの局所対称性を用いることによって選択肢は単純化できる．前節よりこれらが

- パラメーター付け替え不変性
- ワイル変換

であることを思い出そう．

最初の場合パラメーター付け替え不変性，つまり座標変換は，次のように 2 次元の平坦なミンコフスキー計量 $\eta_{\alpha\beta}$ に対して比例する形にこの計量を変形するために用いることができる：

$$h_{\alpha\beta} \to e^{\phi(\tau,\sigma)}\eta_{\alpha\beta} = e^{\phi(\tau,\sigma)}\begin{pmatrix} -1 & 0 \\ 0 & 1 \end{pmatrix} \tag{3.14}$$

この形は特に便利になる．というのも，いま指数部を取り除くためにワイル変換を適用することができるからである．最終結果はポリヤコフ作用の局所対称性を用いて，世界面計量を平坦なミンコフスキー計量にすることが可能となる：

$$h_{\alpha\beta} \to \eta_{\alpha\beta} = \begin{pmatrix} -1 & 0 \\ 0 & 1 \end{pmatrix} \tag{3.15}$$

これは目の前にある状況を本当に簡単にする．まず，ポリヤコフ作用[式 (2.27)] をもう一度書き下そう：

$$S_p = -\frac{T}{2}\int d^2\sigma\sqrt{-h}h^{\alpha\beta}\partial_\alpha X^\mu \partial_\beta X^\nu \eta_{\mu\nu}$$

式 (3.15) について最初に気付くべきことは，行列式が単に

$$h = \det h_{\alpha\beta} = \det\begin{vmatrix} -1 & 0 \\ 0 & 1 \end{vmatrix} = -1$$

であるので，

$$\sqrt{-h} = +1$$

が成り立つ．さて，

$$h^{\alpha\beta} = \begin{pmatrix} -1 & 0 \\ 0 & 1 \end{pmatrix}$$

より，

$$\begin{aligned} h^{\alpha\beta}\partial_\alpha X^\mu \partial_\beta X^\nu \eta_{\mu\nu} =& h^{\tau\tau}\partial_\tau X^\mu \partial_\tau X^\nu \eta_{\mu\nu} + h^{\sigma\sigma}\partial_\sigma X^\mu \partial_\sigma X^\nu \eta_{\mu\nu} \\ =& -\partial_\tau X^\mu \partial_\tau X^\nu \eta_{\mu\nu} + \partial_\sigma X^\mu \partial_\sigma X^\nu \eta_{\mu\nu} \\ =& -\partial_\tau X^\mu \partial_\tau X_\mu + \partial_\sigma X^\mu \partial_\sigma X_\mu \end{aligned}$$

が成り立つ．読者は場の量子論を思い出すであろうか？　この方程式には馴染みがあるはずだ．読者は自由なゼロ質量スカラー場の組に対するラグランジアン (密度) を思い出すであろう*7．これをポリヤコフ作用に代入すると，これを用いて局所対称性が非常に単純な形になることが確かめられる：

$$S_p = -\frac{T}{2}\int d^2\sigma\sqrt{-h}h^{\alpha\beta}\partial_\alpha X^\mu \partial_\beta X^\nu \eta_{\mu\nu}$$

---

*7 訳注：ゼロ質量 $m = 0$ の場合の (2 次の場合の) クライン-ゴルドンラグランジアンは，

$$\mathcal{L} = \eta^{\alpha\beta}\partial_\alpha \varphi^\dagger \partial_\beta \varphi - m^2\varphi^\dagger\varphi = \eta^{\alpha\beta}\partial_\alpha \varphi^\dagger \partial_\beta \varphi$$

である．

$$\to \frac{T}{2}\int d^2\sigma(\partial_\tau X^\mu \partial_\tau X_\mu - \partial_\sigma X^\mu \partial_\sigma X_\mu) \tag{3.16}$$

次に示す通り，本書では簡便な記法を用いる：

$$\frac{\partial X^\mu}{\partial \tau} = \dot{X}^\mu \qquad \frac{\partial X^\mu}{\partial \sigma} = X^{\mu\prime}$$

平坦な空間 ($h_{\alpha\beta} = \eta_{\alpha\beta}$) では，エネルギー-運動量テンソルは

$$T_{\alpha\beta} = \partial_\alpha X^\mu \partial_\beta X_\mu - \frac{1}{2}\eta_{\alpha\beta}(\eta^{\gamma\delta}\partial_\gamma X^\mu \partial_\delta X_\mu)$$

と書くことができる．各々の成分について見てみよう．まず，

$$\begin{aligned}
T_{\tau\tau} =& \partial_\tau X^\mu \partial_\tau X_\mu - \frac{1}{2}\eta_{\tau\tau}(\eta^{\tau\tau}\partial_\tau X^\mu \partial_\tau X_\mu + \eta^{\sigma\sigma}\partial_\sigma X^\mu \partial_\sigma X_\mu) \\
=& \partial_\tau X^\mu \partial_\tau X_\mu + \frac{1}{2}(-\partial_\tau X^\mu \partial_\tau X_\mu + \partial_\sigma X^\mu \partial_\sigma X_\mu) \\
=& \frac{1}{2}(\partial_\tau X^\mu \partial_\tau X_\mu + \partial_\sigma X^\mu \partial_\sigma X_\mu) \\
=& \frac{1}{2}(\dot{X}^\mu \dot{X}_\mu + X^{\mu\prime} X_\mu{}')
\end{aligned}$$

が成り立つ．次に

$$\begin{aligned}
T_{\sigma\sigma} =& \partial_\sigma X^\mu \partial_\sigma X_\mu - \frac{1}{2}\eta_{\sigma\sigma}(\eta^{\tau\tau}\partial_\tau X^\mu \partial_\tau X_\mu + \eta^{\sigma\sigma}\partial_\sigma X^\mu \partial_\sigma X_\mu) \\
=& \partial_\sigma X^\mu \partial_\sigma X_\mu - \frac{1}{2}(-\partial_\tau X^\mu \partial_\tau X_\mu + \partial_\sigma X^\mu \partial_\sigma X_\mu) \\
=& \frac{1}{2}(\partial_\tau X^\mu \partial_\tau X_\mu + \partial_\sigma X^\mu \partial_\sigma X_\mu) \\
=& \frac{1}{2}(\dot{X}^\mu \dot{X}_\mu + X^{\mu\prime} X_\mu{}')
\end{aligned}$$

が成り立つ．非対角項は

$$\begin{aligned}
T_{\tau\sigma} =& \partial_\tau X^\mu \partial_\sigma X_\mu - \frac{1}{2}\eta_{\tau\sigma}(\eta^{\tau\tau}\partial_\tau X^\mu \partial_\tau X_\mu + \eta^{\sigma\sigma}\partial_\sigma X^\mu \partial_\sigma X_\mu) \\
=& \partial_\tau X^\mu \partial_\sigma X_\mu = \dot{X}^\mu X_\mu' \\
T_{\sigma\tau} =& \partial_\sigma X^\mu \partial_\tau X_\mu - \frac{1}{2}\eta_{\sigma\tau}(\eta^{\tau\tau}\partial_\tau X^\mu \partial_\tau X_\mu + \eta^{\sigma\sigma}\partial_\sigma X^\mu \partial_\sigma X_\mu)
\end{aligned}$$

$$=\partial_\sigma X^\mu \partial_\tau X_\mu = X^{\mu\prime} \dot{X}_\mu$$

である．これより，エネルギー-運動量テンソルは行列

$$T_{\alpha\beta} = \begin{pmatrix} \frac{1}{2}(\dot{X}^\mu \dot{X}_\mu + X^{\mu\prime} X_\mu{}') & \dot{X}^\mu X_\mu{}' \\ X^{\mu\prime} \dot{X}_\mu & \frac{1}{2}(\dot{X}^\mu \dot{X}_\mu + X'^\mu X'_\mu) \end{pmatrix} \tag{3.17}$$

として書くことができる．式 (3.5) に指定されている通り，このエネルギー-運動量テンソルはトレースゼロである．これは何故なら，

$$\begin{aligned} Tr(T_{\alpha\beta}) =& T^\alpha{}_\alpha = \eta^{\alpha\beta} T_{\alpha\beta} = \eta^{\tau\tau} T_{\tau\tau} + \eta^{\sigma\sigma} T_{\sigma\sigma} \\ =& - T_{\tau\tau} + T_{\sigma\sigma} = -\frac{1}{2}(\dot{X}^\mu \dot{X}_\mu + X^{\mu\prime} X_\mu{}') + \frac{1}{2}(\dot{X}^\mu \dot{X}_\mu + X^{\mu\prime} X_\mu{}') \\ =& 0 \end{aligned}$$

だからである．さて，第 2 章問題 4 を思い出そう．エネルギー-運動量テンソルは，$h_{\alpha\beta}$ に対する運動方程式を用いて定義される．これより，弦の世界面に対するエネルギー-運動量テンソルはゼロ，すなわち，

$$T_{\alpha\beta} = -\frac{2}{T} \frac{1}{\sqrt{-h}} \frac{\delta S_p}{\delta h^{\alpha\beta}} = 0$$

である．これはポリヤコフ作用から得られる運動方程式が，条件

$$T_{\alpha\beta} = 0$$

によって補われることを意味する．さらには平坦な空間では世界面のエネルギー-運動量テンソルは保存する，すなわち，

$$\partial^\alpha T_{\alpha\beta} = 0$$

が成り立つ．

## ポアンカレ不変性から得られる保存カレント

ポアンカレ不変性に関連する保存チャージを求めることができる．それは大域対称性 (並進不変性およびローレンツ不変性) に関連するチャージを含む．保存カレント (ネーターカレント) は次のようにして求めることができる．$\delta X^\mu = \varepsilon^\mu$ の下でのラグランジアンの変分を用いると，カレント $J^\alpha_\mu$ は

$$\varepsilon^\mu J^\alpha_\mu = \frac{\partial L}{\partial(\partial_\alpha X^\mu)}\varepsilon^\mu \tag{3.18}$$

から求めることができる．これは，ポリヤコフ作用から得られるラグランジアン密度

$$L_p = -\frac{T}{2}\sqrt{-h}h^{\alpha\beta}\partial_\alpha X^\mu \partial_\beta X^\nu \eta_{\mu\nu} \tag{3.19}$$

を用いる，ある意味特殊な方法で行おう．いま，並進

$$X^\mu \to X^\mu + b^\mu$$

を考えよう．ここで，$b^\mu$ は小さなパラメーターとする．すると，

$$\begin{aligned}
&L_p \\
&\to -\frac{T}{2}\sqrt{-h}h^{\alpha\beta}\partial_\alpha(X^\mu + b^\mu)\partial_\beta(X^\nu + b^\nu)\eta_{\mu\nu} \\
&= -\frac{T}{2}\sqrt{-h}h^{\alpha\beta}(\partial_\alpha X^\mu + \partial_\alpha b^\mu)(\partial_\beta X^\nu + \partial_\beta b^\nu)\eta_{\mu\nu} \\
&= -\frac{T}{2}\sqrt{-h}h^{\alpha\beta}(\partial_\alpha X^\mu \partial_\beta X^\nu + \partial_\alpha X^\mu \partial_\beta b^\nu + \partial_\alpha b^\mu \partial_\beta X^\nu + \partial_\alpha b^\mu \partial_\beta b^\nu)\eta_{\mu\nu} \\
&= -\frac{T}{2}\sqrt{-h}h^{\alpha\beta}(\partial_\alpha X^\mu \partial_\beta X^\nu + \partial_\alpha X^\mu \partial_\beta b^\nu + \partial_\alpha b^\mu \partial_\beta X^\nu)\eta_{\mu\nu}
\end{aligned}$$

が成り立つ．ここで最後の行に移る際に，項 $\partial_\alpha b^\mu \partial_\beta b^\nu$ を落とした．これは $b^\mu$ が微小変位であるので，2 次の項が無視できることによる．最後の行の初項が元のラグランジアン (密度) であることに気付くだろう．したがって，

次のように結果を分離する：

$$
\begin{aligned}
L_p \to & -\frac{T}{2}\sqrt{-h}h^{\alpha\beta}(\partial_\alpha X^\mu \partial_\beta X^\nu + \partial_\alpha X^\mu \partial_\beta b^\nu + \partial_\alpha b^\mu \partial_\beta X^\nu)\eta_{\mu\nu} \\
= & -\frac{T}{2}\sqrt{-h}h^{\alpha\beta}\partial_\alpha X^\mu \partial_\beta X^\nu \eta_{\mu\nu} \\
& -\frac{T}{2}\sqrt{-h}h^{\alpha\beta}(\partial_\alpha X^\mu \partial_\beta b^\nu + \partial_\alpha b^\mu \partial_\beta X^\nu)\eta_{\mu\nu} \\
= & L_p + \delta L_p
\end{aligned}
$$

第2項 $\delta L_p$ は保存カレントに関連する．保存カレントを得るために，$b^\mu$ を含む項を剥がさねばならない．これを行うために，両方の項において同じ添字 $\alpha, \beta, \mu,$ および $\nu$ を得る必要がある．これは計量の対称性を利用することができるので簡単である．まず，初項を見てみよう．望まれる形を得るために，3ステップで操作する．まず，繰り返される添字がダミー添字であるのでそれをどんな添字に変えてもよいことを思い出そう．そこで添字を $\mu \leftrightarrow \nu$ のように入れ替えよう．すると，計量の対称性を利用してもともとそうであったような方法で書くことができので，そうしてから添字を下げる：

$$
\begin{aligned}
& -\frac{T}{2}\sqrt{-h}h^{\alpha\beta}(\partial_\alpha X^\mu \partial_\beta b^\nu)\eta_{\mu\nu} \\
= & -\frac{T}{2}\sqrt{-h}h^{\alpha\beta}(\partial_\alpha X^\nu \partial_\beta b^\mu)\eta_{\nu\mu} \quad (\text{ダミー添字の貼替}\mu \leftrightarrow \nu) \\
= & -\frac{T}{2}\sqrt{-h}h^{\alpha\beta}(\partial_\alpha X^\nu \partial_\beta b^\mu)\eta_{\mu\nu} \quad (\text{計量の対称性}\eta_{\mu\nu} = \eta_{\nu\mu}) \\
= & -\frac{T}{2}\sqrt{-h}h^{\alpha\beta}(\partial_\alpha X_\mu \partial_\beta b^\mu) \quad (\text{添字を下げる})
\end{aligned}
$$

したがっていま，

$$
\delta L_P = -\frac{T}{2}\sqrt{-h}h^{\alpha\beta}(\partial_\alpha X_\mu \partial_\beta b^\mu) - \frac{T}{2}\sqrt{-h}h^{\alpha\beta}(\partial_\alpha b^\mu \partial_\beta X^\nu)\eta_{\mu\nu}
$$

が成り立つ．

さていま，第2項を2ステップで働こう．まず，添字を下げてからダミー添字として使用されているラベルを $\alpha \leftrightarrow \beta$ のように入れ替えて，計量の対称性を利用するが，今回はその世界面計量について考える：

$$\begin{aligned}
\delta L_p =& -\frac{T}{2}\sqrt{-h}h^{\alpha\beta}(\partial_\alpha X_\mu \partial_\beta b^\mu) - \frac{T}{2}\sqrt{-h}h^{\alpha\beta}(\partial_\alpha b^\mu \partial_\beta X^\nu)\eta_{\mu\nu} \\
=& -\frac{T}{2}\sqrt{-h}h^{\alpha\beta}(\partial_\alpha X_\mu \partial_\beta b^\mu) - \frac{T}{2}\sqrt{-h}h^{\alpha\beta}(\partial_\alpha b^\mu \partial_\beta X_\mu) \\
=& -\frac{T}{2}\sqrt{-h}h^{\alpha\beta}(\partial_\alpha X_\mu \partial_\beta b^\mu) - \frac{T}{2}\sqrt{-h}h^{\beta\alpha}(\partial_\beta b^\mu \partial_\alpha X_\mu) \\
=& -\frac{T}{2}\sqrt{-h}h^{\alpha\beta}(\partial_\alpha X_\mu \partial_\beta b^\mu) - \frac{T}{2}\sqrt{-h}h^{\alpha\beta}(\partial_\beta b^\mu \partial_\alpha X_\mu) \\
=& -\frac{T}{2}\sqrt{-h}h^{\alpha\beta}(\partial_\alpha X_\mu \partial_\beta b^\mu) - \frac{T}{2}\sqrt{-h}h^{\alpha\beta}(\partial_\alpha X_\mu \partial_\beta b^\mu) \\
=& -T\sqrt{-h}h^{\alpha\beta}(\partial_\alpha X_\mu \partial_\beta b^\mu)
\end{aligned}$$

ここで，$\partial_\beta b^\mu$ によって掛けられた項が得られたが，これは $X^\mu$ を変化させるために使用された小さなパラメーターである．この表式の残りの部分が求めたかった保存カレントである：

$$P_\mu^\beta = -T\sqrt{-h}h^{\alpha\beta}(\partial_\alpha X_\mu) \tag{3.20}$$

パラメーターの付け替えおよびワイル不変性を用いて $h_{\alpha\beta} \to \eta_{\alpha\beta}$ ととると，

$$\begin{aligned}
P_\mu^\beta &= -T\eta^{\alpha\beta}\partial_\alpha X_\mu \\
\Rightarrow P_\mu^\tau &= T\partial_\tau X_\mu \qquad P_\mu^\sigma = -T\partial_\sigma X_\mu
\end{aligned}$$

が得られる．このカレントに対する保存方程式は

$$\partial_\alpha P_\mu^\alpha = 0 \tag{3.21}$$

である．このカレントに対する保存方程式は弦の世界面に対する運動方程式になる：

$$\partial_\tau P_\mu^\tau + \partial_\sigma P_\mu^\sigma = 0 \tag{3.22}$$

$P_\mu^\tau$ は直ちに分かる物理的解釈を持つ．それは弦の**運動量密度**である．文字 $p_\mu$ によって表される，弦によって運ばれる全運動量を得るために $\tau$ を固

定し弦の長さに沿って積分する：

$$p_\mu = \int_0^{\sigma_1} d\sigma P^\tau_\mu \tag{3.23}$$

作用の大域対称性に関連する他の保存カレントはローレンツ変換の下での不変性から得られる．この場合，

$$\delta X^\mu = \omega^\mu{}_\nu X^\nu$$

である．式 (3.19) のラグランジアンがローレンツ変換の下で不変であることは次のようにして示すことができる：

$$\begin{aligned}
&\delta(\partial_\alpha X^\mu \partial_\beta X^\nu \eta_{\mu\nu}) \\
=&\delta(\partial_\alpha X^\mu)\partial_\beta X^\nu \eta_{\mu\nu} + \partial_\alpha X^\mu \delta(\partial_\beta X^\nu)\eta_{\mu\nu} \\
=&\partial_\alpha(\delta X^\mu)\partial_\beta X^\nu \eta_{\mu\nu} + \partial_\alpha X^\mu \partial_\beta(\delta X^\nu)\eta_{\mu\nu} \\
=&\partial_\alpha(\omega^\mu{}_\rho X^\rho)\partial_\beta X^\nu \eta_{\mu\nu} + \partial_\alpha X^\mu \partial_\beta(\omega^\nu{}_\lambda X^\lambda)\eta_{\mu\nu} \\
=&\omega^\mu{}_\rho \partial_\alpha X^\rho \partial_\beta X^\nu \eta_{\mu\nu} + \omega^\nu{}_\lambda \partial_\alpha X^\mu \partial_\beta X^\lambda \eta_{\mu\nu} \\
=&\omega_{\nu\rho}\partial_\alpha X^\rho \partial_\beta X^\nu + \omega_{\mu\lambda}\partial_\alpha X^\mu \partial_\beta X^\lambda \qquad (\eta_{\mu\nu}\text{によって添字を下げた}) \\
=&\omega_{\nu\rho}\partial_\alpha X^\rho \partial_\beta X^\nu + \omega_{\rho\lambda}\partial_\alpha X^\rho \partial_\beta X^\lambda \qquad (\mu \to \rho\text{に添字を張り替えた}) \\
=&\omega_{\nu\rho}\partial_\alpha X^\rho \partial_\beta X^\nu + \omega_{\rho\nu}\partial_\alpha X^\rho \partial_\beta X^\nu \qquad (\lambda \to \nu\text{に添字を張り替えた}) \\
=&\omega_{\nu\rho}\partial_\alpha X^\rho \partial_\beta X^\nu - \omega_{\nu\rho}\partial_\alpha X^\rho \partial_\beta X^\nu = 0 \qquad (\text{反対称性}\omega_{\alpha\beta} = -\omega_{\beta\alpha})
\end{aligned}$$

したがってラグランジアンはローレンツ変換の下で不変であるが，それでは何がカレントであろうか？　これは簡単に求まる．というのも，

$$\begin{aligned}
&L_p = -\frac{T}{2}\sqrt{-h}h^{\alpha\beta}\partial_\alpha X^\mu \partial_\beta X^\nu \eta_{\mu\nu} = -\frac{T}{2}\sqrt{-h}h^{\gamma\delta}\partial_\gamma X^\rho \partial_\delta X^\lambda \eta_{\rho\lambda} \\
\Rightarrow &\frac{\partial L_p}{\partial(\partial_\alpha X^\mu)} = -T\sqrt{-h}h^{\alpha\beta}\partial_\beta X^\nu \eta_{\mu\nu} = P^\alpha_\mu
\end{aligned}$$

だからである．$\delta X^\mu = \omega^\mu{}_\nu X^\nu$ の下で $\omega_{\mu\nu}$ の反対称性とともに $\varepsilon^{\mu\nu} J^\alpha_{\mu\nu} = [\partial L_p/\partial(\partial_\alpha X^\mu)]\delta X^\mu$ を用いると，ローレンツカレントが

$$J^\alpha_{\mu\nu} = \frac{1}{2}(P^\alpha_\mu X_\nu - P^\alpha_\nu X_\mu) \tag{3.24}$$

となることが分かる．

## ハミルトニアン

ここではエネルギー-運動量テンソルを導入し，ラグランジアンの対称性によって生まれるいくつかの保存カレントを見てきた．次の主要な力学の要素は，世界面の時間発展を支配する**ハミルトニアン**である．それは古典力学の公式を用いて単純に書き下すことができる：

$$H = \int_0^{\sigma_1} d\sigma (P_\mu^\tau \dot{X}^\mu - L_p) = \frac{T}{2} \int_0^{\sigma_1} d\sigma (\dot{X}^2 + X'^2) \tag{3.25}$$

## まとめ

本章では弦の古典的解析を展開してきた．ここではこれをエネルギー-運動量テンソルを導入してポリヤコフ作用の対称性を記述することによって行った．それから世界面の保存カレントを導き，ハミルトニアンを書き下した．次章では，ハミルトニアンのモード展開とエネルギー-運動量テンソルを書き下すことによって弦の古典的描像を結論づけ，ヴィラソロ代数を記述する．弦の質量公式を書き下した後，この理論を量子化するための手続きを行う．

## 章末問題

1. $\sigma^\alpha \to \sigma'^\alpha = \sigma^\alpha + \varepsilon^\alpha(\sigma)$ を無限小のパラメーター付け替えとしよう．$\varepsilon^\alpha$ の 1 次のオーダーの項のみを考慮するとき，世界面計量 $h^{\alpha\beta}$ の変分を求めよ．
2. 式 (3.23) において，微分 $d/d\tau$ を積分の中に動かすことができると仮定したとき，開いた弦および閉じた弦の場合について運動量の保存を説明せよ．

3. エネルギー-運動量テンソルはトレースゼロである．これがワイル不変性の結果であることを示せ．
4. 光錐座標を考え，エネルギー運動量テンソルのヴィラソロ条件を導け．
5. 式 (3.24) のローレンツカレントを考えよ．カレントの保存を記述する方程式は何か？　保存チャージは何であり，それはどのように記述されるか？

# Chapter 4

# 弦の量子化

現時点において，我々は適切な弦の古典的な物理を得ている．量子論への次の段階は，無論，弦を量子化することである．まず，単一の弦に関する量子論に着目してみる．場の量子論から，この手続きが**第 1 量子化**として知られることを思い出すだろう．これは場を量子化するという観点から**第 2 量子化** と呼ばれる手続きとは対照的である (詳細は『*Quantum Field Theory Demystified*』を参照)．この 2 つは，$X^{\mu}(\tau, \sigma)$ をどのように見るかによって異なってくる．場として見るときには，その量子化の手続きは第 2 量子化となり，これまでのように時空座標としてみなせば，その量子化の手続は第 1 量子化となる．これが本章で適用する手続きとなる．弦の量子化のため異なるアプローチはいくつかあり，それぞれ独自の困難と問題を伴う．主に利用されるアプローチは**共変量子化**や**光錐量子化**，**BRST 量子化**と呼ばれている．まず最初の 2 つのアプローチをここで考えて，BRST 量子化はその後に議論していく．

## 共変量子化

共変量子化として知られる手続きは，通常の量子力学の学習から馴染みやすいことだろう．一言でいえば，これは位置と運動量に関する交換関係を要求することである．したがって，この手続きを使って，$X^\mu(\tau,\sigma)$ が時空座標であるという考え方を続けるが，我々が何を運動量として取っているかを述べる必要がある．これは，ラグランジアン力学を使う標準的な方法で行うことができる．$\pi^\mu(\tau,\sigma)$ を弦が運ぶ運動量であるとしよう．ラグランジアン密度 $L$ が与えられたとき，

$$\pi_\mu(\tau,\sigma)=\frac{\partial L}{\partial(\partial_\tau X^\mu)}$$

を用いて $X^\mu(\tau,\sigma)$ から運動量を計算できる．そして式 (2.31) で記述されたポリヤコフ作用を用いて，次のように簡単に計算できる：

$$\begin{aligned} S_{\mathrm{P}} &= \frac{T}{2}\int d^2\sigma(\partial_\tau X^\mu\partial_\tau X_\mu-\partial_\sigma X^\mu\partial_\sigma X_\mu)\\ \Rightarrow L &= \frac{T}{2}(\partial_\tau X^\mu\partial_\tau X_\mu-\partial_\sigma X^\mu\partial_\sigma X_\mu)\end{aligned}$$

したがって，共役運動量は

$$\pi_\mu(\tau,\sigma)=\frac{\partial L}{\partial(\partial_\tau X^\mu)}=T\partial_\tau X_\mu$$

であることがわかる．この定義を手にすることで，理論の量子化が行える．量子化を行うために，位置と運動量に同時刻交換関係を要求する場の量子論で用いられている方法を採用する．通常の量子力学において，位置・運動量の座標は

$$\begin{aligned} [x,p_x]=[y,p_y]=[z,p_z]=i\\ [x,x]=[y,y]=[z,z]=[x,y]=[x,z]=[y,z]=0\\ [p_x,p_x]=[p_y,p_y]=[p_z,p_z]=[p_x,p_y]=[p_x,p_z]=[p_y,p_z]=0\end{aligned}$$

を満たす (ここで，$\hbar=1$ と置いている)．座標を $x_i$ $(i=1,2,3)$ として表した場合，これらの関係は簡潔に

$$\begin{aligned} [x_i,p_j]&=i\delta_{ij}\\ [x_i,x_j]&=[p_i,p_j]=0\end{aligned}$$

と書くことができる．ここで，$\delta_{ij}$ はクロネッカーのデルタである．さて，これらの関係を弦に適用するが，2 つの決定的な違いがある．まず，相対論であることから $\delta_{ij} \to \eta_{\mu\nu}$ と置くことになる．さらに，位置と運動量は，弦の異なる空間上に取るときに交換するだろうと想定することになる．つまり，$\sigma$ と $\sigma'$ を弦の 2 つの異なる空間的位置にあるとし，同時刻交換関係から位置と運動量の両方の時間座標を $\tau$ としたとき，

$$[X^\mu(\tau,\sigma),\pi^\nu(\tau,\sigma')]=0 \qquad (\sigma\neq\sigma'\text{に対して})$$

となるというわけである．

ここで，同じ空間的位置にある位置と運動量が交換しないことを確実にするために，ディラックのデルタ関数 $\delta(\sigma-\sigma')$ を用いる．こうして，同時刻交換関係は次のようになる：

$$\begin{aligned}[X^\mu(\tau,\sigma),\pi^\nu(\tau,\sigma')]&=i\eta^{\mu\nu}\delta(\sigma-\sigma')\\ [X^\mu(\tau,\sigma),X^\nu(\tau,\sigma')]&=[\pi^\mu(\tau,\sigma),\pi^\nu(\tau,\sigma')]=0\end{aligned} \tag{4.1}$$

まとめると，以下のようになる：

- $X^\mu(\tau,\sigma)$ および $\pi^\nu(\tau,\sigma')$ に対して，$\tau$ は同じである．
- ディラックのデルタ関数 $\delta(\sigma-\sigma')$ が存在することで，座標と運動量が弦に沿った異なる点 $\sigma$ において交換する．つまりこの交換関係は，位置および運動量が弦の同じ点において評価されたときにのみゼロとならない．
- $\eta^{\mu\nu}$ は相対論的であるという事実より存在している．

結局のところは，弦のモードに対する交換関係を書き下したいのである．これは「光錐座標 $\sigma^+=\tau+\sigma$，$\sigma^-=\tau-\sigma$」に移行することで最も簡単に実行できる．まず，$\partial_+=1/2(\partial_\tau+\partial_\sigma)$ と $\partial_-=1/2(\partial_\tau-\partial_\sigma)$ を使うことで，

$$\partial_++\partial_-=\partial_\tau \qquad \partial_+-\partial_-=\partial_\sigma \tag{4.2}$$

と書き換えることができる．$X^\nu(\tau,\sigma')$，$\pi^\nu(\tau,\sigma')$ の場合は，$\partial'_+ = 1/2(\partial_\tau + \partial_{\sigma'})$，$\partial'_- = 1/2(\partial_\tau - \partial_{\sigma'})$ を得るだろう．式 (4.2) を使うことで，交換関係 $[X^\mu(\tau,\sigma), \pi^\nu(\tau,\sigma')] = i\eta^{\mu\nu}\delta(\sigma-\sigma')$ を次のように新しい流儀で書ける：

$$\begin{aligned} i\eta^{\mu\nu}\delta(\sigma-\sigma') &= [X^\mu(\tau,\sigma), \pi^\nu(\tau,\sigma')] = [X^\mu(\tau,\sigma), T\partial_\tau X^\nu(\tau,\sigma')] \\ &= T[X^\mu(\tau,\sigma), (\partial'_+ + \partial'_-)X^\nu(\tau,\sigma')] \\ &= T[X^\mu(\tau,\sigma), \partial'_+ X^\nu(\tau,\sigma')] + T[X^\mu(\tau,\sigma), \partial'_- X^\nu(\tau,\sigma')] \end{aligned}$$

ここで $[X^\mu(\tau,\sigma), \pi^\nu(\tau,\sigma')] = i\eta^{\mu\nu}\delta(\sigma-\sigma')$ の $\sigma$ に関する微分を計算する．$X^\mu(\tau,\sigma')$ は $\sigma$ の関数ではないので，$X^\mu(\tau,\sigma)$ のみが影響を受ける．式 (4.2) を再び用いて進めていくと，

$$\begin{aligned} &i\eta^{\mu\nu}\frac{\partial}{\partial\sigma}\delta(\sigma-\sigma') \\ =&T[\partial_\sigma X^\mu(\tau,\sigma), \partial'_+ X^\nu(\tau,\sigma')] + T[\partial_\sigma X^\mu(\tau,\sigma), \partial'_- X^\nu(\tau,\sigma')] \\ =&T[(\partial_+ - \partial_-)X^\mu(\tau,\sigma), \partial'_+ X^\nu(\tau,\sigma')] \\ &+ T[(\partial_+ - \partial_-)X^\mu(\tau,\sigma), \partial'_- X^\nu(\tau,\sigma')] \\ =&T[\partial_+ X^\mu(\tau,\sigma), \partial'_+ X^\nu(\tau,\sigma')] - T[\partial_- X^\mu(\tau,\sigma), \partial'_+ X^\nu(\tau,\sigma')] \\ &+ T[\partial_+ X^\mu(\tau,\sigma), \partial'_- X^\nu(\tau,\sigma')] - T[\partial_- X^\mu(\tau,\sigma), \partial'_- X^\nu(\tau,\sigma')] \end{aligned}$$

となることがわかる．さらに式 (4.1) の共役運動量に関する交換関係を使うことができ，

$$\begin{aligned} 0 =&[\pi^\mu(\tau,\sigma), \pi^\nu(\tau,\sigma')] = [T\partial_\tau X^\mu(\tau,\sigma), T\partial_\tau X^\nu(\tau,\sigma')] \\ =&T^2[\partial_\tau X^\mu(\tau,\sigma), \partial_\tau X^\nu(\tau,\sigma')] \\ =&T[\partial_\tau X^\mu(\tau,\sigma), \partial_\tau X^\nu(\tau,\sigma')] \left(\begin{array}{l}\text{結局のところゼロとなるので，} \\ \text{後の便宜のために } T \text{ で割った}\end{array}\right) \\ =&T[(\partial_+ + \partial_-)X^\mu(\tau,\sigma), (\partial'_+ + \partial'_-)X^\nu(\tau,\sigma')] \\ =&T[\partial_+ X^\mu(\tau,\sigma), \partial'_+ X^\nu(\tau,\sigma')] + T[\partial_+ X^\mu(\tau,\sigma), \partial'_- X^\nu(\tau,\sigma')] \\ &+ T[\partial_- X^\mu(\tau,\sigma), \partial'_+ X^\nu(\tau,\sigma')] + T[\partial_- X^\mu(\tau,\sigma), \partial'_- X^\nu(\tau,\sigma')] \end{aligned}$$

を得る．

ここで，$[\pi^\mu(\tau,\sigma),\pi^\nu(\tau,\sigma')]=0$ であることから，和 $[\pi^\mu(\tau,\sigma),\pi^\nu(\tau,\sigma')]+i\eta^{\mu\nu}(\partial/\partial\sigma)\delta(\sigma-\sigma')$ を作ってみよう．すると

$$\begin{aligned}
&[\pi^\mu(\tau,\sigma),\pi^\nu(\tau,\sigma')]+i\eta^{\mu\nu}\frac{\partial}{\partial\sigma}\delta(\sigma-\sigma')\\
&=T[\partial_+X^\mu(\tau,\sigma),\partial'_+X^\nu(\tau,\sigma')]+T[\partial_+X^\mu(\tau,\sigma),\partial'_-X^\nu(\tau,\sigma')]\\
&\quad+T[\partial_-X^\mu(\tau,\sigma),\partial'_+X^\nu(\tau,\sigma')]+T[\partial_-X^\mu(\tau,\sigma),\partial'_-X^\nu(\tau,\sigma')]\\
&\quad+T[\partial_+X^\mu(\tau,\sigma),\partial'_+X^\nu(\tau,\sigma')]-T[\partial_-X^\mu(\tau,\sigma),\partial'_+X^\nu(\tau,\sigma')]\\
&\quad+T[\partial_+X^\mu(\tau,\sigma),\partial'_-X^\nu(\tau,\sigma')]-T[\partial_-X^\mu(\tau,\sigma),\partial'_-X^\nu(\tau,\sigma')]
\end{aligned}$$

を得る．つまり，

$$\begin{aligned}
&[\pi^\mu(\tau,\sigma),\pi^\nu(\tau,\sigma')]+i\eta^{\mu\nu}\frac{\partial}{\partial\sigma}\delta(\sigma-\sigma')\\
&=2T[\partial_+X^\mu(\tau,\sigma),\partial'_+X^\nu(\tau,\sigma')]+2T[\partial_+X^\mu(\tau,\sigma),\partial'_-X^\nu(\tau,\sigma')]
\end{aligned}$$

となる．一方で，

$$\begin{aligned}
&[\pi^\mu(\tau,\sigma),\pi^\nu(\tau,\sigma')]-i\eta^{\mu\nu}\frac{\partial}{\partial\sigma}\delta(\sigma-\sigma')\\
&=2T[\partial_-X^\mu(\tau,\sigma),\partial'_-X^\nu(\tau,\sigma')]+2T[\partial_-X^\mu(\tau,\sigma),\partial'_+X^\nu(\tau,\sigma')]
\end{aligned}$$

であることを示すのは難しくない．

章末問題では $[\partial_+X^\mu(\tau,\sigma),\partial'_-X^\nu(\tau,\sigma')]=[\partial_-X^\mu(\tau,\sigma),\partial'_+X^\nu(\tau,\sigma')]=0$ を示す機会がある．したがって，交換関係は，

$$[\partial_+X^\mu(\tau,\sigma),\partial'_+X^\nu(\tau,\sigma')]=\frac{i\eta^{\mu\nu}}{2T}\frac{\partial}{\partial\sigma}\delta(\sigma-\sigma') \tag{4.3}$$

$$[\partial_-X^\mu(\tau,\sigma),\partial'_-X^\nu(\tau,\sigma')]=-\frac{i\eta^{\mu\nu}}{2T}\frac{\partial}{\partial\sigma}\delta(\sigma-\sigma') \tag{4.4}$$

$$[\partial_+X^\mu(\tau,\sigma),\partial'_-X^\nu(\tau,\sigma')]=[\partial_-X^\mu(\tau,\sigma),\partial'_+X^\nu(\tau,\sigma')]=0 \tag{4.5}$$

となる．量子物理学を得るのに役立つ，モードに関する交換関係の導出は，式 (4.3)〜(4.5) を使うことでよりはるかに単純な問題となる．この交換関係

を導くために，ディラックのデルタ関数に対する以下の式が必要となるだろう[*1]：

$$\delta(x) = \frac{1}{2\pi} \sum_{n=-\infty}^{\infty} e^{inx}$$

式 (2.47) を思い出そう．これは，弦の方程式が左進・右進のモードで書けることを示している：

$$X^\mu(\tau,\sigma) = X_L^\mu(\tau,\sigma) + X_R^\mu(\tau,\sigma)$$

左進のモードは $\sigma_+$ のみの関数であり，右進のモードは $\sigma_-$ のみの関数であるので，

$$\partial_+ X^\mu(\tau,\sigma) = \partial_+ X_L^\mu(\tau,\sigma) \qquad \partial_- X^\mu(\tau,\sigma) = \partial_- X_R^\mu(\tau,\sigma)$$

となることに注意しよう．

## 閉弦に対する交換関係

これからモードに対する交換関係 [式 (4.3)] を明示的に導き，その他の交換関係は単に結果を述べるとしよう．今から $\sigma^+$ の関数である左進モード [式 (2.55)] を書き下す．閉弦の場合における左進モードをここに再び述べると

$$X_L^\mu(\tau,\sigma) = \frac{x^\mu}{2} + \frac{\ell_s^2}{2} p^\mu(\tau+\sigma) + \frac{i\ell_s}{\sqrt{2}} \sum_{m\neq 0} \frac{\alpha_m^\mu}{m} e^{-im(\tau+\sigma)} \tag{4.6}$$

である．ここで，$\sigma^+ = \tau + \sigma$ であるから，その微分は，

[*1]訳注：これは厳密にいえば区間 $[-\pi,\pi]$ でのデルタ関数であり，実際右辺は周期 $2\pi$ を持つので，右辺は本来 $\sum_{n=-\infty}^{\infty} \delta(x-2n\pi)$ と表される．証明は区間 $[-\pi,\pi]$ でデルタ関数をフーリエ級数展開すればよい．

$$
\begin{aligned}
\partial_+ X_L^\mu(\tau+\sigma) =& \frac{\ell_s^2}{2}p^\mu + \frac{\ell_s}{\sqrt{2}}\sum_{m\neq 0}\alpha_m^\mu e^{-im(\tau+\sigma)} \\
=& \frac{\ell_s}{\sqrt{2}}\sum_{m=-\infty}^{\infty}\alpha_m^\mu e^{-im(\tau+\sigma)}
\end{aligned}
\tag{4.7}
$$

となる．最後の等式を得るために，$\alpha_0^\mu = (\ell_s/\sqrt{2})p^\mu$ を使った．(4.3) の左辺を計算してみよう．すると，

$$
\begin{aligned}
&[\partial_+ X^\mu(\tau,\sigma), \partial'_+ X^\nu(\tau,\sigma')] \\
=&\left[\frac{\ell_s}{\sqrt{2}}\sum_{m=-\infty}^{\infty}\alpha_m^\mu e^{-im(\tau+\sigma)}, \frac{\ell_s}{\sqrt{2}}\sum_{n=-\infty}^{\infty}\alpha_n^\nu e^{-in(\tau+\sigma')}\right] \\
=&\frac{\ell_s^2}{2}\sum_{m,n=\infty}^{\infty} e^{-i(m+n)\tau}e^{-i(m\sigma+n\sigma')}[\alpha_m^\mu, \alpha_n^\nu]
\end{aligned}
$$

を得る．しかし，これは $(\partial/\partial\sigma)\delta(\sigma-\sigma')$ に比例しなければならなく，さらに式 (4.3) の右辺は $\tau$ に依存しない．したがって，$\tau$ の依存性を取り去る必要がでてくる．それは，

$$
e^{-i(m+n)\tau} \to 1 \qquad (n=-m \text{ のとき})
$$

とすることで可能になる．この条件は，クロネッカーのデルタ $\delta_{m+n,0}$($n=-m$ のときは 1 となり，そうでないときは 0 となる) を導入することで，主張することができるだろう．なお，以下のディラックのデルタ関数の公式に注目しよう：

$$
\delta(\sigma-\sigma') = \frac{1}{2\pi}\sum_{m=-\infty}^{\infty} e^{-im(\sigma-\sigma')}
\tag{4.8}
$$

これが，

$$
\frac{\partial}{\partial\sigma}\delta(\sigma-\sigma') = -\frac{i}{2\pi}\sum_{m=-\infty}^{\infty} m e^{-im(\sigma-\sigma')}
$$

となることに注意して欲しい．ここまでの結果と式 (4.3) および式 (4.8) を用いると，

$$
\begin{aligned}
&\frac{\ell_s^2}{2}\sum_{m,n=-\infty}^{\infty} e^{-i(m+n)\tau}e^{-i(m\sigma+n\sigma')}[\alpha_m^\mu,\alpha_n^\nu] \\
&=\frac{i\eta^{\mu\nu}}{2T}\frac{\partial}{\partial\sigma}\delta(\sigma-\sigma') \\
&=\frac{i\eta^{\mu\nu}}{2T}\left(-\frac{i}{2\pi}\sum_{m=-\infty}^{\infty} me^{-im(\sigma-\sigma')}\right) \\
&=\frac{\eta^{\mu\nu}}{2}\frac{1}{2\pi T}\sum_{m=-\infty}^{\infty} me^{-im(\sigma-\sigma')}
\end{aligned}
$$

を得る．

$\ell_s$ と弦の張力 $T$ を関連づけるために式 (2.50) を使っており，これによりモードに対する交換関係は

$$[\alpha_m^\mu,\alpha_n^\nu]=m\eta^{\mu\nu}\delta_{m+n,0}$$

で与えられる．$\alpha_m^\mu$ と $\tilde{\alpha}_n^\nu$ が交換することを示すには，式 (4.5) が使われる．こうして，閉弦のモードに対するすべての交換関係は

$$[\alpha_m^\mu,\alpha_n^\nu]=m\eta^{\mu\nu}\delta_{m+n,0}\quad[\tilde{\alpha}_m^\mu,\tilde{\alpha}_n^\nu]=m\eta^{\mu\nu}\delta_{m+n,0}\quad[\alpha_m^\mu,\tilde{\alpha}_n^\nu]=0 \tag{4.9}$$

として書くことができる．

章末問題において，弦の重心位置と運動量に対する交換関係

$$[x^\mu,p^\nu]=i\eta^{\mu\nu}$$

もまた導くことになる．

## 開弦に対する交換関係

開弦の場合，$[x^\mu,p^\nu]=i\eta^{\mu\nu}$ と共に交換関係が，

$$[\alpha_m^\mu,\alpha_n^\nu]=m\eta^{\mu\nu}\delta_{m+n,0} \tag{4.10}$$

であることが示される．

# 開弦のスペクトル

交換関係を手にすることで，弦の状態を求めることができる．開弦の場合の方が簡単なので，まずそれを最初に考慮する．モード $\alpha_m^\mu$(また，閉弦に対しては $\tilde{\alpha}_n^\nu$ も) に交換関係を課してきた共変量子化の手続きでは，我々がやってきたことはそれらを**演算子**に昇格させていることになることに注意しよう．さらに，$X^\mu(\tau,\sigma)$ は $\alpha_m^\mu$ で定義されているので $X^\mu(\tau,\sigma)$ はいま，同様に演算子として考えられる．したがって，系の状態空間，すなわち $\alpha_m^\mu$，ひいては $X^\mu(\tau,\sigma)$ の作用する状態を決定していくことが我々の次の計画における目的である．この手続きは，量子論の学習で慣れ親しんだものに非常によく似ている．

まず注目すべきことは，基礎的な量子力学で学んだ調和振動子とこの交換関係がいくつかの類似点を持つことである．一時的に $\hbar = 1$ と置くことをやめて，調和振動子に対する生成演算子・消滅演算子が

$$\hat{a}^\dagger = \sqrt{\frac{m\omega}{2\hbar}}\left(\hat{x} - \frac{i}{m\omega}\hat{p}\right) \qquad \hat{a} = \sqrt{\frac{m\omega}{2\hbar}}\left(\hat{x} + \frac{i}{m\omega}\hat{p}\right)$$

として定義できることを思い出そう[*2]．これらの演算子は次の交換関係を満たす：

$$[\hat{a}, \hat{a}^\dagger] = 1 \tag{4.11}$$

この系のハミルトニアンは

$$\hat{H} = \hbar\omega\left(\hat{a}^\dagger\hat{a} + \frac{1}{2}\right)$$

で与えられる．

---

[*2] 訳注：生成演算子・消滅演算子はその性質からそれぞれ上昇演算子・下降演算子とも呼ばれ，合わせて昇降演算子と呼ばれる．

固有状態 $|n\rangle$ を持つ**数演算子**を導入する：

$$\hat{N}|n\rangle = n|n\rangle \qquad (n = 0, 1, 2, \dots) \tag{4.12}$$

調和振動子の無限集合から成る系は**フォック空間**と呼ばれる．

また，調和振動子の量子化されたエネルギー準位は数演算子とその固有状態で書くことができ，

$$\hat{H}|n\rangle = \hbar\omega\left(\hat{N} + \frac{1}{2}\right)|n\rangle = \hbar\omega\left(n + \frac{1}{2}\right)|n\rangle = E_n|n\rangle$$

として与えられる．

さらに，系が，可能な最低のエネルギーの状態である基底状態を持つことも覚えていることだろう．これは $|0\rangle$ で表される．

式 (4.9) と式 (4.11) を比較すると，弦の場合でも同様な系を持つことがわかる．これは驚くべきことではない．それでは，調和振動子に類似した系であること以外に振動する弦に何を求めるべきだろうか．先に進もう．$[\alpha_m^\mu, \alpha_n^\nu] = m\eta^{\mu\nu}\delta_{m+n,0}$ から，

$$[\alpha_m^\mu, \alpha_{-m}^\nu] = m\eta^{\mu\nu} \tag{4.13}$$

と書くことができる．この時点で，一歩下がって重要な事実があることを認識して欲しい．この交換関係は量子力学の調和振動子との類似を有するが，それらと非常に決定的な違いがある．計量 $\eta_{\mu\nu}$ があることで負の交換子を持つことができることに注意しよう．これは時間成分の場合である．すなわち，$\eta^{00} = -1$ であるから，

$$[\alpha_m^0, \alpha_{-m}^0] = -m$$

ということになる．これが重要であるというのは，負のノルム状態に通じる可能性をはらんでいるからである．

ここで，通常の量子力学の調和振動子とのアナロジーにおいて，数演算子を定義する．これらはモードで表され，

$$N_m = \alpha_{-m} \cdot \alpha_m = \eta_{\mu\nu}\alpha_{-m}^\mu \alpha_m^\nu$$

として与えられる ($m \geq 1$ とする)．数演算子の固有状態は，

$$N_m|i_m\rangle = i_m|i_m\rangle$$

を満たす[*3]．

**全数演算子**は，すべての可能な $N_m = \alpha_{-m} \cdot \alpha_m$ にわたって足し合わせることで定義される：

$$N = \sum_{m=1}^{\infty} N_m = \sum_{m=1}^{\infty} \alpha_{-m} \cdot \alpha_m \tag{4.14}$$

入門的な量子力学で用いられる手続きに従い，$N_m = \alpha_{-m} \cdot \alpha_m$ および $[\alpha_m^\mu, \alpha_{-m}^\nu] = m\eta^{\mu\nu}$ を使うことで，$\alpha_{-m}^\mu$ や $\alpha_m^\mu$ がそれぞれ上昇演算子と下降演算子であることを示すことができる．これは，

$$\begin{aligned}
N_m(\alpha_m^\rho|i_m\rangle) =& \alpha_{-m} \cdot \alpha_m(\alpha_m^\rho|i_m\rangle) \\
=& \eta_{\mu\nu}\alpha_{-m}^\mu \alpha_m^\nu \alpha_m^\rho |i_m\rangle \\
=& \eta_{\mu\nu}\alpha_{-m}^\mu \alpha_m^\rho \alpha_m^\nu |i_m\rangle \\
=& \eta_{\mu\nu}\left\{\alpha_m^\rho \alpha_{-m}^\mu - [\alpha_m^\rho, \alpha_{-m}^\mu]\right\}\alpha_m^\nu|i_m\rangle \\
=& \eta_{\mu\nu}\left\{\alpha_m^\rho \alpha_{-m}^\mu - m\eta^{\rho\mu}\right\}\alpha_m^\nu|i_m\rangle \\
=& \left\{\alpha_m^\rho \eta_{\mu\nu}\alpha_{-m}^\mu \alpha_m^\nu - m\eta_{\mu\nu}\eta^{\rho\mu}\alpha_m^\nu\right\}|i_m\rangle \\
=& \left\{\alpha_m^\rho N_m - m\delta_\nu^\rho \alpha_m^\nu\right\}|i_m\rangle \\
=& \alpha_m^\rho N_m|i_m\rangle - m\alpha_m^\rho|i_m\rangle \\
=& \alpha_m^\rho i_m|i_m\rangle - m\alpha_m^\rho|i_m\rangle \\
=& (i_m - m)(\alpha_m^\rho|i_m\rangle)
\end{aligned}$$

から得られる．ゆえに，$\alpha_m^\mu$ は下降演算子のように作用する．同様な演算で負の周波数モード $\alpha_{-m}^\mu$, $m \geq 1$ が上昇演算子のように作用することを示せる：

$$N_m(\alpha_{-m}^\rho|i_m\rangle) = (i_m + m)(\alpha_{-m}^\rho|i_m\rangle)$$

[*3] ここで固有状態を $N_m|i_m\rangle = m|i_m\rangle$ と書かないのは，$N_m$ の固有値が $m$ 以外も取り得るからである．たとえば $N_m(\alpha_{-m}^\mu \alpha_{-m}^\nu|0\rangle) = 2m\alpha_{-m}^\mu \alpha_{-m}^\nu|0\rangle$ と計算できる．

下降演算子 $\alpha_m^\mu$ は $i_m = 0$ となる真空・基底状態を次のように壊す：

$$\alpha_m^\mu|0\rangle = 0 \tag{4.15}$$

我々は，負のモード $\alpha_{-m}^\mu$, $m \geq 1$ となる上昇演算子を使って，$\alpha_{-1}^\mu|0\rangle$ や $\alpha_{-1}^\mu\alpha_{-1}^\nu|0\rangle$, $\alpha_{-1}^\mu\alpha_{-2}^\nu|0\rangle$ などの高エネルギー状態を作ることができる．また弦の状態は運動量もまた運ぶので，$|i_m, k\rangle$ と表示できる．基底状態を考慮し，弦が運動量 $k^\mu$ を運ぶと仮定すると，運動量演算子は

$$p^\mu|0,k\rangle = k^\mu|0,k\rangle \tag{4.16}$$

として作用する．

先に，ミンコフスキー計量 $\eta^{\mu\nu}$ が交換関係に現れることで負のノルム状態が存在し得ることを述べた．これは以下のように明白に証明することができる．$k^\mu$ を持つ第1励起状態，すなわち，$\alpha_{-1}^0|0,k\rangle$ を考える．$(\alpha_{-1}^0)^\dagger = \alpha_1^0$ を使うことで，この状態のノルムが

$$\left|\alpha_{-1}^0|0,k\rangle\right|^2 = \langle 0,k|\alpha_1^0\alpha_{-1}^0|0,k\rangle = -1 \tag{4.17}$$

となることがわかる．負のノルム状態の理論はヴィラソロ条件を適用することで取り除くことができる．ヴィラソロ条件に対する古典表式は，

$$L_m = \frac{1}{2}\sum_n \alpha_{m-n}\cdot\alpha_n \qquad \tilde{L}_m = \frac{1}{2}\sum_n \tilde{\alpha}_{m-n}\cdot\tilde{\alpha}_n \tag{4.18}$$

である．

量子論において，ヴィラソロ条件はヴィラソロ**演算子**となる．しかしながら，モードが既定の交換関係を満たさなければならないことから，古典表式から導出されるヴィラソロ演算子を書くときはいくつかの注意が必要になる．そして**正規順序**の技術が用いられる．この技術は，ヴィラソロ演算子の固有値が有限であることを保証することになる．正規順序の処方は次のように単純である：

- すべての下降演算子 (正の周波数モード) を右に移動する．

- すべての上昇演算子 (負の周波数モード) を左に移動する．

正規順序積は 2 つのコロンで表され，「$: aa^\dagger :=: a^\dagger a := a^\dagger a$」となる．ヴィラソロ演算子の場合は，

$$L_m = \frac{1}{2}\sum_n : \alpha_{m-n} \cdot \alpha_n :$$

と書く[*4]．$L_m$ は，数演算子の固有値を $m$ だけ下げることになる．交換関係の式 (4.10) を見ると，$\alpha^\mu_{m-n}$ や $\alpha^\mu_n$ が $m \neq 0$ のときに可換であることがわかる．これは，$m \neq 0$ のときは交換子より余分な項が追加されないので，ヴィラソロ演算子の式において上昇演算子や下降演算子を望む位置に簡単に移動できることを意味している．$L_0$ の正規順序は，

$$L_0 = \frac{1}{2}\alpha_0^2 + \sum_{n=1}^{\infty} \alpha_{-n} \cdot \alpha_n \tag{4.19}$$

となる．

ここで，この結果を得るために，

$$\begin{aligned}
\frac{1}{2}\sum_{n=-\infty}^{\infty} \alpha_{-n} \cdot \alpha_n &= \frac{1}{2}\alpha_0 \cdot \alpha_0 + \frac{1}{2}\sum_{n=1}^{\infty} \alpha_{-n} \cdot \alpha_n + \frac{1}{2}\sum_{n=1}^{\infty} \alpha_n \cdot \alpha_{-n} \\
&= \frac{1}{2}\alpha_0 \cdot \alpha_0 + \sum_{n=1}^{\infty} \alpha_{-n} \cdot \alpha_n + \frac{1}{2}\sum_{\mu=0}^{D-1} \eta^\mu{}_\mu \sum_{n=1}^{\infty} n \\
&= \frac{1}{2}\alpha_0 \cdot \alpha_0 + \sum_{n=1}^{\infty} \alpha_{-n} \cdot \alpha_n + \frac{D}{2}\sum_{n=1}^{\infty} n
\end{aligned}$$

となることに注意して欲しい．2 行目の形を得るために，モードに関する交換子と $\alpha_{-n} \cdot \alpha_n$ が $D$ 次元時空における内積を表すという事実を用いた．正

[*4]訳注：つまり，古典表式の $L_0$ に対応する式 $\frac{1}{2}\sum_{n\in\mathbb{Z}} \alpha_{-n}\alpha_n$ は正規順序化されていないので不便であるがこれを正規順序化すると，(正規順序化された部分) + (おつりの項) となるので，この正規順序化された部分をゼロモードのヴィラソロ演算子 $L_0$ とし，おつりの項を正規順序化定数 $a$ と呼んでいる．

規に並べられた結果を得るためには，総和 $D/2 \sum_{n=1}^{\infty} n$ に対処しなければならない．一見すると，この総和は無限であると考えるかもしれないが，この無限の値を計算するために正則化を用いることができる．これがどのように機能するか見るために，等比級数を思い出して欲しい：

$$\sum_{n=1}^{\infty} r^n = \frac{r}{1-r}$$

ここで，$r = e^{-\varepsilon}$, $(\varepsilon > 0)$ と置くと，左辺は

$$\sum_{n=1}^{\infty} (e^{-\varepsilon})^n$$

となり，右辺は

$$\begin{aligned}
&\frac{e^{-\varepsilon}}{1-e^{-\varepsilon}} \\
=&\frac{1}{e^{\varepsilon}-1} = \frac{1}{\left(1+\varepsilon+\frac{1}{2!}\varepsilon^2+\frac{1}{3!}\varepsilon^3+O(\varepsilon^4)\right)-1} \\
=&\frac{1}{\varepsilon} \times \frac{1}{1+\left(\frac{1}{2}\varepsilon+\frac{1}{6}\varepsilon^2+O(\varepsilon^3)\right)} \\
=&\frac{1}{\varepsilon}\left\{1-\left(\frac{1}{2}\varepsilon+\frac{1}{6}\varepsilon^2+O(\varepsilon^3)\right)+\left(\frac{1}{2}\varepsilon+\frac{1}{6}\varepsilon^2+O(\varepsilon^3)\right)^2+O(\varepsilon^3)\right\} \\
=&\frac{1}{\varepsilon}\left\{1-\frac{1}{2}\varepsilon+\left(-\frac{1}{6}+\frac{1}{2^2}\right)\varepsilon^2+O(\varepsilon^3)\right\} \\
=&\frac{1}{\varepsilon}-\frac{1}{2}+\frac{1}{12}\varepsilon+O(\varepsilon^2)
\end{aligned}$$

この両辺を $\varepsilon$ で微分すると，左辺と右辺はそれぞれ，

$$\begin{aligned}
\text{左辺} =&\frac{d}{d\varepsilon}\sum_{n=1}^{\infty}(e^{-\varepsilon})^n = \sum_{n=1}^{\infty} n(e^{-\varepsilon})^{n-1}(-e^{-\varepsilon}) = -\sum_{n=1}^{\infty} n(e^{-\varepsilon})^n, \\
\text{右辺} =& -\frac{1}{\varepsilon^2}+\frac{1}{12}+O(\varepsilon)
\end{aligned}$$

となるので

$$\sum_{n=1}^{\infty} n \underset{\varepsilon\to 0}{\sim} \sum_{n=1}^{\infty} n(e^{-\varepsilon})^n = \frac{1}{\varepsilon^2} - \frac{1}{12} + O(\varepsilon)$$

が成り立つ.[*5]，$D/2\sum_{n=1}^{\infty} n = D/2(-1/12) = -D/24$ ということになる．$L_0$ の一般式と $L_0$ の正規順序式との違いから，もう 1 つ未決定項が欠けている．これは $a$ と表される正規順序定数である．したがって，どんな計算であれ $L_0$ は $L_0 - a$ に置き換えられる ($a$ は定数である).

すべてのこうした要点はヴィラソロ演算子に対する交換関係を書き下すためにあって，式 (4.10) を使うことで，

$$[L_m, L_n] = (m-n)L_{m+n} + \frac{D}{12}(m^3 - m)\delta_{m+n,0} \tag{4.20}$$

であることがわかる.

この交換関係は**中心拡大したヴィラソロ代数**と言われる．右辺第 2 項に現れる時空次元 $D$ は**中心チャージ**である．これは世界面上の自由スカラー場の数でもある．当然，$m = 0, \pm 1$ の場合は中心拡大項が消えるだろう．$L_1$ や $L_0$，$L_{-1}$ は閉じた部分代数をなし，我々はこれを SL(2,R) 代数と呼んでいる.

ヴィラソロ演算子は理論から非物理的状態 (すなわち負のノルム状態) を除去するために使われ，物理的状態 $|\psi\rangle$ に対し $L_0 - a$ の期待値がゼロとなることを要求する．つまり，$m \geq 0$ に対して制約条件

$$\langle\psi|L_m - a\delta_{m,0}|\psi\rangle = 0$$

---

[*5] 訳注：宇宙を作った神様はどんな級数にも真の値である有限確定値を決めているので，無限級数の見かけの量が (発散する項)+(定数になる項)+(消滅する項) と書かれるとき，消滅する項は全体に寄与しないから無視し，発散する項は繰り込めると解釈し，定数になる項がその級数の実際の値と考える．この考え方がピンと来ない方は，$s > 1$ で収束する級数 $\sum_{n=1}^{\infty}\frac{1}{n^s}$ を解析接続して定義される (リーマン・) ゼータ関数 $\zeta(s)$ の $s = -1$ での値が $1+2+3+\cdots = \frac{1}{1^{-1}} + \frac{1}{2^{-1}} + \frac{1}{3^{-1}} + \cdots \sim \zeta(-1) = -\frac{1}{12}$ となることを知っておくとよい.

を課すことになる．$a\delta_{m,0}$ 項は，$L_0$ の場合にのみ正規順序定数 $a$ が必要であるという事実に備えている．負のノルム状態を除去するためには，一定の条件が $a$ や $D$ に置かなければならなく，これが弦理論における“余剰次元”の端緒になっている．特に，負のノルム状態は，

$$a = 1 \qquad D = 26 \tag{4.21}$$

のときに取り除かれることを示せる．

$a = 1$ が選ばれる理由は，本書で扱える範囲を少し超えているため，その証明に興味があれば参考文献を参照して欲しい．

質量演算子を得るために我々はさらに進むことができる．まず，アインシュタインの式が，

$$p^\mu p_\mu + m^2 = 0 \qquad \Rightarrow m^2 = -p^\mu p_\mu$$

を示すことを思い出そう．

弦理論における ($M^2$ と表される) 質量演算子の公式を得るためには，物理的状態に関する制約条件を用いる．$L_0 = 1/2\alpha_0^2 + \sum_{n=1}^{\infty} \alpha_{-n} \cdot \alpha_n$ とおいて，$a = 1$ とした $L_0 - a$ を使うことで，その制約条件に辿り着く．

$$(L_0 - a)|\psi\rangle = 0 \Rightarrow \left(\frac{1}{2}\alpha_0^2 + \sum_{n=1}^{\infty} \alpha_{-n} \cdot \alpha_n - 1\right)|\psi\rangle = 0$$
$$\Rightarrow \frac{1}{2}\alpha_0^2 + \sum_{n=1}^{\infty} \alpha_{-n} \cdot \alpha_n - 1 = 0$$

この式の最初の項は「質量の自乗」以外の何物でもない．つまり，$(1/2)\alpha_0^2 = -\alpha' M^2$ となる (ここで，$\alpha' = 1/(2\pi T)$ である)．こうして，ボソン弦理論における“質量殻”(mass shell) 条件[*6]は，

$$M^2 = \frac{1}{\alpha'}(N - 1) \tag{4.22}$$

---

[*6]訳注：質量殻条件とは，恒等式 $m^2 = -p^\mu p_\mu$ を指し，質量 ($m$) の相対論的な粒子に許されるエネルギー-運動量 ($p^\mu p_\mu$) の組み合わせを記述する式である．mass shell という用語は，その運動量空間の幾何学的構造が双曲面 (mass hyperboloid) の形をしていることに由来している．

となる．$N$ は数演算子の総和である．$\sqrt{2\pi T}$ 項はこの理論のエネルギースケールを定めており，プランク質量のオーダーになると解釈される．これが弦理論の高エネルギースケールの端緒となる．

これは，

$$M^2 = \frac{1}{\alpha'}\left(N - \frac{D-2}{24}\right)$$

と表される．

$a = 1$ とおくことで $D = 26$ となることに注意して欲しい．数演算子は基底状態に

$$N|0\rangle = 0$$

として作用する．

ゆえに基底状態の質量 は

$$M^2|0\rangle = \frac{1}{\alpha'}\left(N - \frac{D-2}{24}\right)|0\rangle = -\frac{1}{\alpha'}\frac{D-2}{24}|0\rangle = -\frac{1}{\alpha'}|0\rangle$$

となる．こうして，開弦の場合におけるボソン弦理論の基底状態は**負の質量**を持つことになる．つまり，基底状態はタキオン(Tachyon)であるということを意味する．これは，光速より速く進む非物理的状態である．ボソン弦理論に矛盾がないように $a = 1$ を選ぶ必要があるので，タキオンを理論から取り除くことができないのである．理論への超対称性の導入 (すなわちフェルミオン状態の導入) がタキオンを除き，現実的な弦理論を与えるとわかるだろう．我々はそこで時空次元数の変更でさえ見ることになる．

次に第 1 励起状態の質量を考えよう．第 1 励起状態は $|i\rangle = \alpha^i_{-1}|0\rangle$ である ($i$ は空間添字)．ここで，$i = 1, \ldots, D-2$ であり状態は時空上をベクトルとして変換する．場の量子論の学習から，ベクトルは一般に $D-1$ 成分を持つスピン 1 の粒子であり，この状態が $D-2$ 成分を持つという事実はそれがゼロ質量状態であることを含意している．ゼロ質量ベクトルの例は光子であり，これはスピンの横方向成分のみを持つ．これはなぜ $D-1$ ではなく

$D-2$ 成分であるかを説明する．第 1 励起状態の質量は

$$M^2\alpha^i_{-1}|0\rangle = \frac{1}{\alpha'}\left(1-\frac{D-2}{24}\right)\alpha^i_{-1}|0\rangle = \frac{1}{\alpha'}\left(\frac{26-D}{24}\right)\alpha^i_{-1}|0\rangle$$

となる．状態がゼロ質量となるためには，$(26-D)/24$ がゼロになる必要があり，再び空間次元数 $D$ を 26 としなければいけない．物理学者は $a=1$, $D=26$ を**臨界**と呼び，$D=26$ を**臨界次元**と呼んでいる．

## 閉弦のスペクトル

閉弦の場合，$[\alpha^\mu_m, \alpha^\nu_n] = m\eta_{\mu\nu}\delta_{m+n,0}$ に加えて第 2 の交換関係，すなわち $[\tilde{\alpha}^\mu_m, \tilde{\alpha}^\nu_n] = m\eta_{\mu\nu}\delta_{m+n,0}$ を満たさなければならないので，通常の量子論における調和振動子で馴染んでいるものより少し複雑である．これは，**2** つの数演算子を必要とすることを意味する．これらはモードにわたる無限和によって定義される：

$$N_R = \sum_{m=1}^{\infty} \tilde{\alpha}_{-m}\cdot\tilde{\alpha}_m \qquad N_L = \sum_{m=1}^{\infty} \alpha_{-m}\cdot\alpha_m \tag{4.23}$$

運動量演算子 $p^\mu$ と共に，数演算子 $N_R$ と $N_L$ は閉弦の状態を特徴づける役割を果たす．$|n,k\rangle$ で状態を表してみよう．開弦の場合と同様に，運動量演算子は

$$p^\mu|0,k\rangle = k^\mu|0,k\rangle \tag{4.24}$$

に従って作用する．

したがって，弦の $|0,k\rangle$ 状態は運動量 $k^\mu$ を運ぶ．数演算子に注意を向けて，まず上昇・下降 (生成・消滅) 演算子の働きを定めてみよう．これは開弦においてやったのと同じように従う．引き継き $m\geq 1$ として，これらを次のように定義する：

- $\alpha^\mu_m$ は下降演算子である．
- $\alpha^\mu_{-m}$ は上昇演算子である．

$\tilde{\alpha}^\mu_m$ および $\tilde{\alpha}^\mu_{-m}$ も同様の役割を果たす．我々は，$|0,0\rangle$ で基底状態を定義し，度々 $|0\rangle$ と省略して書く．その結果として，下降演算子は通常の量子力学でよく知られた関係を満たすことになる：

$$\alpha^\mu_m|0\rangle = 0 \qquad \tilde{\alpha}^\mu_m|0\rangle = 0 \tag{4.25}$$

$|k\rangle$ と書くことで運動量 $k^\mu$ を持った基底状態を定義できることにもまた注意して欲しい．上昇演算子 $\alpha^\mu_{-m}$ と $\tilde{\alpha}^\mu_{-n}$ は数演算子 $N_L$ と $N_R$ の固有値をそれぞれ $m$ と $n$ ずつ増加するように働く．こうして任意の基本状態は，$i(\mu,m)$ および $\tilde{i}(\mu,m)$ を非負整数とするとき，次のように表せる[*7]：

$$|i(\mu,m)\tilde{i}(\mu,m),k\rangle = \prod_{m\geq 1}^{\infty}\prod_{\mu=0}^{D-1}\left(\alpha^\mu_{-m}\right)^{i(\mu,m)}\left(\tilde{\alpha}^\mu_{-m}\right)^{\tilde{i}(\mu,m)}|0,k\rangle$$

数演算子 $N_L$ および $N_R$ はこの状態に対して次のように作用する：

$$N_L|i(\mu,m)\tilde{i}(\mu,m),k\rangle = \sum_{\mu,m} m\,i(\mu,m)|i(\mu,m)\tilde{i}(\mu,m),k\rangle$$
$$N_R|i(\mu,m)\tilde{i}(\mu,m),k\rangle = \sum_{\mu,m} m\,\tilde{i}(\mu,m)|i(\mu,m)\tilde{i}(\mu,m),k\rangle$$

再び，交換関係における計量が存在するために負のノルム状態を持つことになる．この状況は開弦のときと同じ方法で扱うことができるので，詳細には立ち入らずに単に結果を述べることにする．以下では $m \geq 0$ としていることに注意されたい．我々は，正規順序化されたヴィラソロ演算子の導入によって進めたが，今回は同じように $\tilde{L}_m$ を含まなければならない：

$$L_m = \frac{1}{2}\sum_n :\alpha_{m-n}\cdot\alpha_n: \qquad \tilde{L}_m = \frac{1}{2}\sum_n :\tilde{\alpha}_{m-n}\cdot\tilde{\alpha}_n: \tag{4.26}$$

---

[*7] 訳注：異なる量子状態の重ね合わせではない最も一般的な純粋状態は，すべての左進および右進の生成演算子を任意有限回数作用させたものなので，この表式になる．これらの状態はまた基本状態とも呼ばれる．基底状態は基本状態の一種である．なお，この条件とは別に，物理的状態 $|\psi\rangle$ は $N_L|\psi\rangle = N_R|\psi\rangle$ も満たさなければならないことに注意しよう．

これらの演算子はヴィラソロ代数と呼ばれる交換関係を満たしている：

$$\begin{aligned}[L_m, L_n] &= (m-n)L_{m+n} + \frac{D}{12}(m^3-m)\delta_{m+n,0} \\ [\tilde{L}_m, \tilde{L}_n] &= (m-n)\tilde{L}_{m+n} + \frac{D}{12}(m^3-m)\delta_{m+n,0}\end{aligned} \tag{4.27}$$

次の関係が満たされる場合，状態 $|\psi\rangle$ は物理的状態である：

$$(L_m - a\delta_{m,0})|\psi\rangle = 0 \qquad (\tilde{L}_m - a\delta_{m,0})|\psi\rangle = 0 \tag{4.28}$$

つまり，$m > 0$ であるとき，ヴィラソロ代数は物理的状態を消滅させて $L_m|\psi\rangle = 0$，$\tilde{L}_m|\psi\rangle = 0$ となる．$m = 0$ のときに満たされる条件，$(L_0 - a)|\psi\rangle$，$(\tilde{L}_0 - a)|\psi\rangle$ は "質量殻" 条件である．再び，$a = 1$，$D = 26$ という条件で，理論における負のノルム状態を回避できることが示される．ヴィラソロ演算子 $L_0$ および $\tilde{L}_0$ は数演算子で次のように書かれる：

$$L_0 = \frac{1}{8\pi T}p^\mu p_\mu + N_L \qquad \tilde{L}_0 = \frac{1}{8\pi T}p^\mu p_\mu + N_R$$

$L_0$ と $\tilde{L}_0$ の和や差は物理的状態を消滅させる：

$$(L_0 + \tilde{L}_0 - 2a)|\psi\rangle = 0 \qquad (L_0 - \tilde{L}_0)|\psi\rangle = 0$$

制約条件 $(L_0 - \tilde{L}_0)|\psi\rangle = 0$ は**レベル整合条件**と呼ばれる[*8]．アインシュタインの関係式を用いることで，質量演算子に対する式に至る：

$$M^2 = -p^\mu p_\mu = \frac{2}{\alpha'}(N_L + N_R - 2) \tag{4.29}$$

ボソン閉弦の基底状態は $|0, k\rangle$ であり，$N_L = N_R = 0$ のときに見つかる．これはタキオンであり，

$$M^2 = -\frac{4}{\alpha'}$$

[*8] 訳注：レベル整合条件より，物理的状態 $|\psi\rangle$ に対して $(N_L - N_R)|\psi\rangle = 0$ が成り立つので，閉弦において物理的状態は $N_L|\psi\rangle = N_R|\psi\rangle$，つまり左進と右進の数演算子の固有値が等しくなければばならないことが分かる．

を満たしている．

次に第 1 励起状態である $N_L = N_R = 1$ の場合を考える．ここでは弦理論が統一理論であるというヒントを得る．第 1 励起状態はゼロ質量状態であるので，$M^2 = 0$ となる．それらは以下の通り基底状態より導出される：

$$\varepsilon_{\mu\nu}(k)\alpha^{\mu}_{-1}\tilde{\alpha}^{\nu}_{-1}|0,k\rangle$$

$\varepsilon_{\mu\nu}(k)$ は**テンソル**であり，対称部分 $\varepsilon_{\{\mu\nu\}}(k)$ と反対称部分 $\varepsilon_{[\mu\nu]}(k)$ に分解することができる (このことについて確かでなければ『*Relativity Demystified*』を参照せよ)．対称部分は，ゼロ質量のスピン 2 粒子に対応する**グラビトン**となる．線形化された計量 $g_{\rho\sigma} + \varepsilon_{\{\rho\sigma\}}(x)$ は線形化されたアインシュタイン方程式を満たし，$\partial_\mu \partial^\mu \varepsilon_{\{\rho\sigma\}}(x) = 0$，そして $\partial^\mu \varepsilon_{\{\mu\nu\}}(x) = 0$ となる．$\varepsilon_{\{\mu\nu\}}(k)$ のフーリエ変換を実行することで，これらの式が満たされることを示せる．

トレース $\varepsilon^{\mu}{}_{\mu}(k)$ もまた重要である (スカラーを定義している)．これはゼロ質量スカラー粒子に対応し，**ディラトン**と呼ばれる[*9]．

## 光錐量子化

ここで別の量子化の方法に注目する．本章では，最初に共変量子化について検討した．この方法は交換関係を要求する単純な応用である．きっと通常の量子力学の学習でよく慣れているであろうから，このアプローチを最初に取ったのである．さらに，それは理論のローレンツ不変性を保持している．物理学者はこのアプローチを“明らかに”ローレンツ不変であり，言葉で言えば「ローレンツ不変性が明白である」と言う．この手法は負のノルム状態が現れることにおいて不利益を有している．これは問題ではあるが，負のノルム状態を除去する過程を経ると有益である．

---

[*9] 訳注：ディラトンは英語では“dilaton”と書くが，この単語は英単語で「拡げる」という意味を指す「dilate」に由来し，人名由来ではない．

他のアプローチは，ローレンツ不変性を明らかにすることを犠牲にする代わりに，負のノルム状態を回避することが可能である．これは**光錐量子化**と呼ばれる．ここでは開弦の場合を考え，これを手短に説明する．第2章，式(2.34)で導入された，光錐座標を用いることから始める：

$$X^{\pm} = \frac{X^0 \pm X^{D-1}}{\sqrt{2}} \tag{4.30}$$

残りの座標 $X^i$ は横方向の座標である．重心位置 $x^\mu$ および運動量 $p^\mu$ もまた光錐座標で書かれる．光錐ゲージにおいては，$n \neq 0$ に対し $\alpha_n^+ = 0$ となる(すなわち，モードは $X^+$ に対してはゼロとなる．)，

$$X^+ = x^+ + \ell_s^2 p^+ \tau \tag{4.31}$$

を選択する．ヴィラソロ条件は横方向振動子に基づく記述へと導いてくれる．$\ell_s^2 p^+ = 1$ と定める自由を有しており，

$$\bar{X}^\mu = x^\mu + \frac{p^\mu}{p^+}\tau$$

として重心位置を与える．

ヴィラソロ条件は，

$$\dot{X}^- \pm X^{-\prime} = \frac{1}{2}(\dot{X}^i \pm X^{i\prime})^2 \tag{4.32}$$

となる[*10]．

そうすると，光錐座標と横方向座標との間の関係を持つことになる．開弦に対する世界面座標のモード展開は，

$$X^\mu = x^\mu + \ell_s^2 p^\mu \tau + i\ell_s \sum_{n\neq 0} \frac{\alpha_n^\mu}{n} e^{-in\tau} \cos n\sigma$$

---

[*10] 訳注：実際に，すぐ下に示すモード展開の式を本式に代入することで，定義式(4.18)を得ることができる．

で与えられる．特に，

$$X^- = x^- + \ell_s^2 p^- \tau + i\ell_s \sum_{n\neq 0} \frac{\alpha_n^-}{n} e^{-in\tau}\cos n\sigma$$

である[*11]．このときゼロでない $X^-$ のモードを横方向の振動子の式で解くことができる．それは

$$\alpha_n^- = \frac{1}{p^+\ell_s}\left(\frac{1}{2}\sum_{i=1}^{D-2}\sum_{m=-\infty}^{\infty} :\alpha_{n-m}^i \alpha_m^i: - a\delta_{n,0}\right) \tag{4.33}$$

となる．ゼロモードの場合はハミルトニアンに関する式を導出できる[*12]．それは，

$$H = p^- = \frac{1}{2p^+}\left(p^i p^i + \frac{1}{\alpha'}\sum_{n=1}^{\infty}\alpha_{-n}^i \alpha_n^i\right) \tag{4.34}$$

となる．

共役運動量 $P^\mu$ を定義する．系は横方向振動子における位置と運動量の交換関係を要求することによって量子化されている：

$$[x^i, p^j] = i\delta^{ij},\ [X^i(\sigma), P^j(\sigma')] = i\delta^{ij}\delta(\sigma - \sigma') \tag{4.35}$$

質量殻条件は，

$$M^2 = 2p^+p^- - \sum_{i=1}^{D-2} p_i^2 = \frac{2}{\ell_s^2}(N - a) \tag{4.36}$$

---

[*11] 訳注：$X^-$ も $X^0$ と $X^{D-1}$ の線形結合であるので，他の横方向の空間座標と同じモード展開で表すことができる．

[*12] 訳注：$x^+$ は光錐座標 (P46 参照) であり，Schrödinger 方程式 $i\frac{\partial\psi}{\partial x^+} = E_{光錐エネルギー}\psi$ を満たす．波動関数が $e^{ip\cdot x}$ で与えられたとき，式 (2.40) を用いると，$-p^- = E_{光錐エネルギー}$ という結果をもたらす．ゆえに光錐時間 $p^-$ は光錐エネルギー，ひいてはハミルトニアン $H$ と共役な関係にあることがわかる．結果として本式では，$p^-$ の式によってハミルトニアン $H$ を同定している．

となり，数演算子は

$$N = \sum_{i=1}^{D-2} \sum_{n=1}^{\infty} \alpha_{-n}^i \alpha_n^i \tag{4.37}$$

で与えられる．正規順序は

$$\frac{1}{2}\sum_{i=1}^{D-2} \sum_{n=-\infty}^{\infty} \alpha_{-n}^i \alpha_n^i = \frac{1}{2}\sum_{i=1}^{D-2} \sum_{n=-\infty}^{\infty} : \alpha_{-n}^i \alpha^i n : + \frac{D-2}{2}\sum_{n=1}^{\infty} n$$

となる．正規化の技を適用して第2項を有限とすることができる．すると

$$\frac{D-2}{2}\sum_{n=1}^{\infty} n = -\frac{D-2}{24}$$

となる．再び $a = 1$ と置くことで，$D = 26$ となることがわかる．

## まとめ

前2章では弦の相対論，古典論を構築した．そして本章では可能な限り単純な古典論の量子的な拡張を導入してきた．これは，ボソンだけからなる理論である．この理論は，フェルミオン状態を含まないので現実的ではないが，重要な概念と方法を扱いやすく取り入れており，完全な量子論においても役割を果たすことになる．古典論は2つの異なる手法を用いて量子化されていた．最初の手法は，共変量子化といい，$X^\mu$ とそれらの共役運動量上の交換関係を要求する単純なアプローチである．これは負のノルム状態をきたす．これらの状態の理論を取り除くためにヴィラソロ条件が要求される．これがなされれば，理論には26時空次元がなければならないことがわかる．我々は，光錐量子化として知られる，異なるアプローチで本章を締めくくった．

# 章末問題

1. 交換子 $[\partial_+ X^\mu(\tau,\sigma), \partial'_- X^\nu(\tau,\sigma')]$ と $[\partial_- X^\mu(\tau,\sigma), \partial'_+ X^\nu(\tau,\sigma')]$ を明確に計算せよ．
2. 閉弦の下で，$[x^\mu, p^\nu]$ を明確に計算せよ．
3. 閉弦の第 1 励起状態 $\varepsilon_{\mu\nu}(k)\alpha^\mu_{-1}\tilde{\alpha}^\nu_{-1}|0,k\rangle$ を考える．物理的状態 $|\psi\rangle$ によって満たされる条件，特に $L_1|\psi\rangle = \tilde{L}_1|\psi\rangle = 0$ を使って，$\varepsilon_{\mu\nu}k^\mu$ を求めよ．
4. $\alpha^i_{-1}|0,k\rangle$ を開弦の状態とし，正規順序定数 $a$ が未決定であると仮定しよう．この状態の質量はどうなるか？
5. 光錐ゲージにおいて，$[x^i, p^j] = i\delta^{ij}$，$[X^i(\sigma), P^j(\sigma')] = i\delta^{ij}\delta(\sigma-\sigma')$ を使って，横方向のモード $[\alpha^i_m, \alpha^j_n]$ に関する交換関係を求めよ．
6. 閉弦の場合に関する光錐量子化を考える．どのような追加の交換関係がモードに課されるべきであろうか？

Chapter

# 5

# 共形場理論

本章では**共形場理論**を学ぶ．共形場理論は複素変数に重点を置く場の量子論の領域である．本章では共形場理論のいくつかの基本概念を導入する．この題材は本書の残りの様々な領域で拡張および利用される．次章では，BRST 量子化に加えて共形場理論の別の側面を議論する．

共形場理論は摂動的弦理論の解析で使用される重要な道具であり，(量子化された弦の物理学の理解において) 成すべき仕事において中心的役割を果たす．特に世界面が 2 つの座標 $(\tau, \sigma)$ を用いて記述することができることより，2 次元共形場理論が使用される．この複素変数の理論は理論物理学の研究において重要な役割を果たし，弦理論も例外ではない．読者が複素変数に不慣れなら，それ以上進む前にそれを学ぶ時間をとるべきだろう．それは私の本『*Complex Variables Demystified*』を読むことでできる．こちらもMcGraw-Hill(マグロウヒル)社から出版されている．

この複素変数の理論において，**共形変換**は複素平面の領域から，角度を保つが長さは必ずしも保たない新しいより便利な領域へ写像するものである．たとえば，単位円盤は共形変換を用いて上半平面に写像することができる．

角度が保存するという概念は幾何学的解釈であり，時空座標の共形変換の概念が導かれる．$x \to x'$ という時空座標の変換を考えよう．一般に，計量

$g_{\mu\nu}(x)$ は次のようにして変換することが分かる：

$$g'_{\mu\nu}(x') = \frac{\partial x^\rho}{\partial x'^\mu}\frac{\partial x^\lambda}{\partial x'^\nu}g_{\rho\lambda}(x). \tag{5.1}$$

さていま，$\Omega(x)$ によって与えられる時空座標の関数を考えよう．計量が次のように変換するとしよう：

$$g'_{\mu\nu}(x') = \Omega(x)g_{\mu\nu}(x). \tag{5.2}$$

すると計量の共形変換が得られる．$\Omega(x)$ は，角度を保存するが長さを保存しないためスケール因子として振る舞うことに注意しよう．計量が $g_{\mu\nu} = \Omega(x)\eta_{\mu\nu}(x)$ のように平坦なミンコフスキー時空に関連付けられているとき，**共形的に平坦**であるという．

共形変換がどのようにして角度を保つかを確認するために，2つの接ベクトル $\boldsymbol{u}$ と $\boldsymbol{v}$ を考えよう．計量を用いると，それらの間の角度は

$$\cos\theta = \frac{g(\boldsymbol{u},\boldsymbol{v})}{\sqrt{g(\boldsymbol{u},\boldsymbol{u})g(\boldsymbol{v},\boldsymbol{v})}}$$

によって与えられる[*1]．さて，式 (5.2) によって与えられる変換を適用すると

$$\cos\theta \to \frac{g'(\boldsymbol{u},\boldsymbol{v})}{\sqrt{g'(\boldsymbol{u},\boldsymbol{u})g'(\boldsymbol{v},\boldsymbol{v})}} = \frac{\Omega(x)g(\boldsymbol{u},\boldsymbol{v})}{\sqrt{\Omega(x)g(\boldsymbol{u},\boldsymbol{u})\Omega(x)g(\boldsymbol{v},\boldsymbol{v})}} = \frac{g(\boldsymbol{u},\boldsymbol{v})}{\sqrt{g(\boldsymbol{u},\boldsymbol{u})g(\boldsymbol{v},\boldsymbol{v})}}$$

と求まる．それゆえ共形変換は角度を保存する[*2]．

---

[*1] 訳注：

$$g(\boldsymbol{u},\boldsymbol{v}) = \boldsymbol{u}\cdot\boldsymbol{v} = \|\boldsymbol{u}\|\|\boldsymbol{v}\|\cos\theta = \sqrt{\boldsymbol{u}\cdot\boldsymbol{u}}\sqrt{\boldsymbol{v}\cdot\boldsymbol{v}}\cos\theta = \sqrt{g(\boldsymbol{u},\boldsymbol{u})}\sqrt{g(\boldsymbol{v},\boldsymbol{v})}\cos\theta$$

[*2] 訳注：共形変換の例：$d\ell = dx^2 + dy^2 + dz^2 = \delta_{ij}dx^i dx^j$ の場合に $\Omega(x) = x^2$ とすれば，$g_{ij}(x') = x^2\delta_{ij}$ より，

$$\cos\theta' = \frac{x^2\delta_{ij}u^i v^j}{\sqrt{x^2\delta_{k\ell}u^k u^\ell\sqrt{x^2\delta_{mn}v^m v^n}}} = \frac{\delta_{ij}u^i v^j}{\sqrt{\delta_{k\ell}u^k u^\ell\sqrt{\delta_{mn}v^m v^n}}} = \cos\theta$$

となる．

共形場理論は共形変換の下で不変な場の量子論である．これらの理論は**ユークリッド的場の量子論**であり，それはそれらがユークリッド計量を用いるということを意味する．そのような理論の対称群は局所共形変換に加えてユークリッド的対称性を含む．2 次元共形場理論は特に使用されることが明らかとなる．2 次元共形場理論は無限個の保存チャージを持つ．

共形場理論には 2 つの重要な性質がある．これらは共形場理論が**スケール不変性**を持つと主張することによって要約することができる．これはそれ自体で 2 つの方法で表すことができる：

1. 共形場理論は長さのスケールを持たない．
2. 共形場理論は質量のスケールを持たない．

なぜこれが重要であるかを確認するために，スカラー場の場の量子論を考えることができる．$\phi(x)$ を $D$ 次元空間内のスカラー場としよう．座標のリスケーリング (再スケール化) を考えよう．これは**スケール変換**

$$x' = \lambda x \tag{5.3}$$

として書かれる．

スケール変換の下で，スカラー場 $\phi(x)$ は次のように**古典的スケール化次元** $\Delta = (D-2)/2$ を用いて変換する：

$$\phi(x) \to \phi'(\lambda x) = \lambda^{-\Delta}\phi(x) = \lambda^{-\frac{D}{2}+1}\phi(x).$$

場の理論がスケール不変性を持つようにするために，この変換の下で作用が不変であることを要請する．これは実際，自由なゼロ質量スカラー場を考えている場合真となる．この場合の作用は

$$S = \int d^D x \partial_\mu \phi \partial^\mu \phi$$

である．変換 $x' = \lambda x$ の下で，$dx' = \lambda dx$ であることは明らかなので，

$$d^D x' = d(\lambda dx^0) d(\lambda dx^1) \dots d(\lambda dx^{D-1})$$

$$=(\underbrace{\lambda\cdot\lambda\cdots\lambda}_{D\text{ 個}})d(x^0)d(x^1)\ldots d(x^{D-1})$$
$$=\lambda^D d^D x$$

が成り立つ．さて，$\partial_\mu$ が $\partial/\partial x^\mu$ の略記法であることを思い出そう．そこで，スケール変換の下で $\lambda$ の複製を取り出そう：

$$\frac{\partial}{\partial x^\mu}\to\frac{\partial}{\partial(\lambda x^\mu)}=\frac{1}{\lambda}\frac{\partial}{\partial x^\mu}$$

これより，

$$\begin{aligned}\partial_\mu\phi\partial^\mu\phi &\to \left(\frac{1}{\lambda}\right)\partial_\mu(\phi')\left(\frac{1}{\lambda}\right)\partial^\mu(\phi')\\ &=\left(\frac{1}{\lambda^2}\right)\partial_\mu\left(\lambda^{-\frac{D}{2}+1}\phi\right)\partial^\mu\left(\lambda^{-\frac{D}{2}+1}\phi\right)\\ &=\left(\frac{1}{\lambda^2}\right)\lambda^{-D+2}\partial_\mu\phi\partial^\mu\phi=\lambda^{-D}\partial_\mu\phi\partial^\mu\phi\end{aligned}$$

が成り立つ．ここで，$\phi(x)\to\phi'(\lambda x)=\lambda^{-(D/2)+1}\phi(x)$ を用いた．この作用がスケール変換の下で不変であることが次のようにして分かる：

$$S'=\int d^Dx'\partial_{\mu'}\phi'\partial^{\mu'}\phi'=\int\lambda^D d^Dx\lambda^{-D}\partial_\mu\phi\partial^\mu\phi=\int d^Dx\partial_\mu\phi\partial^\mu\phi$$

問題はスケール変換は質量のような固定された量を変化させないということである．質量 $m$ を持つ自由スカラー場を考えよう．この作用は

$$S=\int d^Dx(\partial_\mu\phi\partial^\mu\phi-m^2\phi^2)$$

である．この作用はスケール変換の下で不変**ではない**．何故なら

$$m^2\phi'^2=m^2\lambda^{-D+2}\phi^2\neq m^2\phi^2$$

だからである．

量子論はしばしばスケール不変性を破る．典型的な例がゼロ質量場に対する $\phi^4$ 理論である．古典的作用はスケール不変である[*3]：

$$S = \int d^4x \left( \frac{1}{2}\partial_\mu \phi \partial^\mu \phi - \frac{g}{4!}\phi^4 \right)$$

問題は，くりこみが理論に固定された質量項を導入するということである．その結果，スケール不変性が破れる．共形場理論は，スケールおよび質量の不変性を持つ場の量子論を与えることによってこの障害から抜け出す方法を提供する．

## 弦理論における共形場理論の役割

読者が自身に問いかけけるべきことは「何故弦理論では共形場理論が重要なのか？」ということである．2 次元共形場理論は世界面の力学の研究において大変重要であることが判明する．

弦はその振動モードによって決定する内部自由度を持つ．弦の異なる振動モードはこの理論の (異なる) 粒子たちとして解釈できる．すなわち，背景時空に対して弦が異なる仕方で振動すると，その弦がどのような種類の粒子が存在するように見えるかを決定する．このためたとえば，ある振動モードでは弦は電子であるが，別の場合はクォークである．更に 3 番目の振動モードでは光子である．

すでに読者が見てきた通り，弦の振動モードは世界面を検討することによって学ぶことができ，それは 2 次元曲面である．世界面を学ぶとき，弦の振動モードは共形場理論によって記述されることが判明する．

もし弦が閉じているなら，弦の周りを運動する 2 つの独立な振動モード (左進および右進) が存在する．これら各々は共形場理論によって記述することができる．モードが "方向" を持つことより，これら 2 つの独立なモー

[*3] 訳注：$D = 4$ だから，$\phi'^4 d^4x' = (\lambda^{-\frac{D}{2}+1}\phi)^4 \lambda^D d^4x = \lambda^{D-2D+4}\phi^4 d^4x = \phi^4 d^4x$ より，スケール不変である．

ドを記述する理論は**カイラル共形場理論**と呼ばれる．これは開弦でも重要となる．

## ウィック回転

**ユークリッド計量**は単に通常の幾何学の距離の測定に似ている計量である．この点を明らかにするために，単純化された場合である1時間次元および1空間次元を考えよう．特殊相対論では，空間と時間は符号の変更を用いて区別される．したがって符号 $(-,+)$ を採用している場合，$ds^2 = -dt^2 + dx^2$ である．これより，2次元ミンコフスキー計量は

$$\eta_{\alpha\beta} = \begin{pmatrix} -1 & 0 \\ 0 & 1 \end{pmatrix}$$

となる．ユークリッド計量を手にしたのちに得られるものは，通常の幾何学を用いて物事を記述することができるということである．$x$-$y$ 平面において，距離の無限小測度は $dr^2 = dx^2 + dy^2$ によって与えられる．これからユークリッド計量はすべての量が同じ符号を持つような計量であることが分かる．**ウィック回転**として知られるものを用いると，ミンコフスキー計量をこのように書き換えることができる．単に $t \to -it$ と置くことによって時間座標上の変換を作る．すると，$dt \to -idt$ となるので，$ds^2 = -(-idt)^2 + dx^2 = dt^2 + dx^2$ となり，これは正に望まれたものである．ユークリッド計量を用いて座標 $(\tau, \sigma)$ を伴う世界面を記述するために，ウィック回転 $\tau \to -i\tau$ を作る．

世界面座標 $(\tau, \sigma)$ に関して計量は

$$ds^2 = -d\tau^2 + d\sigma^2$$

と表される．したがってウィック回転 $\tau \to -i\tau$ を作るとこれは

$$ds^2 = d\tau^2 + d\sigma^2$$

に変更される．これはユークリッド計量である．このユークリッド計量を利用すると弦の上の共形場理論を使用することが可能となる．

# 複素座標

ウィック回転の結果として，光錐座標 $(+,-)$ は複素座標 $(z,\bar{z})$ に置き換えられる．世界面の描像は実変数 $(\tau,\sigma)$ の関数であるような複素座標 $(z,\bar{z})$ を定義することによって複素変数に変換される．これは次のようにして行うことができる：

$$z=\tau+i\sigma \qquad \bar{z}=\tau-i\sigma \tag{5.4}$$

いくつかの基本量を求めるためにこの定義を用い，これがどのように解析を単純化するか示そう．ポリヤコフ作用を頭の片隅に入れておこう．ユークリッド計量を用いると，ポリヤコフ作用は

$$S_p=\frac{1}{4\pi\alpha'}\int d\tau d\sigma(\partial_\tau X^\mu\partial_\tau X_\mu+\partial_\sigma X^\mu\partial_\sigma X_\mu) \tag{5.5}$$

として書かれる．複素変数に向かうと，式 (5.5) の形を単純化するということを求めるつもりである．

座標を変換するために，座標 $z$ と $\bar{z}$ に関する微分をどのように計算するかを知る必要がある．これは十分易しい．まず，座標の式 (5.4) を逆に解く：

$$\tau=\frac{z+\bar{z}}{2} \qquad \sigma=\frac{z-\bar{z}}{2i} \tag{5.6}$$

すると

$$\frac{\partial\tau}{\partial z}=\frac{\partial\tau}{\partial\bar{z}}=\frac{1}{2} \qquad \frac{\partial\sigma}{\partial z}=\frac{1}{2i} \qquad \frac{\partial\sigma}{\partial\bar{z}}=-\frac{1}{2i}$$

が成り立つので，

$$\frac{\partial}{\partial z}=\frac{\partial\tau}{\partial z}\frac{\partial}{\partial\tau}+\frac{\partial\sigma}{\partial z}\frac{\partial}{\partial\sigma}=\frac{1}{2}\frac{\partial}{\partial\tau}+\frac{1}{2i}\frac{\partial}{\partial\sigma}=\frac{1}{2}\left(\frac{\partial}{\partial\tau}-i\frac{\partial}{\partial\sigma}\right) \tag{5.7}$$

が得られる．

簡略化した記法 $\partial_z = \partial = 1/2(\partial_\tau - i\partial_\sigma)$ が通常使用される．また

$$\begin{aligned}
&\frac{\partial}{\partial \bar{z}} = \partial_{\bar{z}} = \bar{\partial} \\
=&\frac{\partial \tau}{\partial \bar{z}}\frac{\partial}{\partial \tau} + \frac{\partial \sigma}{\partial \bar{z}}\frac{\partial}{\partial \sigma} = \frac{1}{2}\frac{\partial}{\partial \tau} - \frac{1}{2i}\frac{\partial}{\partial \sigma} = \frac{1}{2}\left(\frac{\partial}{\partial \tau} + i\frac{\partial}{\partial \sigma}\right) \\
=&\frac{1}{2}(\partial_\tau + i\partial_\sigma)
\end{aligned} \tag{5.8}$$

も簡単に確かめられる．ここで略記法 $\partial_{\bar{z}} = \bar{\partial}$ を用いた．さて，ウィック回転を与えたのち，$(\tau, \sigma)$ 座標系に対する計量は

$$g_{\alpha\beta} = \delta_{\alpha\beta} = \begin{pmatrix} 1 & 0 \\ 0 & 1 \end{pmatrix}$$

として書かれる．

この計量は，式 (5.1) を用いて新しい複素座標で書くことができる．すると

$$\begin{aligned}
g_{zz} =&\partial_z\tau\partial_z\tau g_{\tau\tau} + \partial_z\tau\partial_z\sigma g_{\tau\sigma} + \partial_z\sigma\partial_z\tau g_{\sigma\tau} + \partial_z\sigma\partial_z\sigma g_{\sigma\sigma} \\
=&\partial_z\tau\partial_z\tau + \partial_z\sigma\partial_z\sigma \\
=&\left(\frac{1}{2}\right)\left(\frac{1}{2}\right) + \left(\frac{1}{2i}\right)\left(\frac{1}{2i}\right) = \frac{1}{4} - \frac{1}{4} = 0
\end{aligned} \tag{5.9}$$

が成り立つ．同様に $g_{\bar{z}\bar{z}} = 0$ である．その一方で

$$\begin{aligned}
g_{z\bar{z}} =&\partial_z\tau\partial_{\bar{z}}\tau g_{\tau\tau} + \partial_z\tau\partial_{\bar{z}}\sigma g_{\tau\sigma} + \partial_z\sigma\partial_{\bar{z}}\tau g_{\sigma\tau} + \partial_z\sigma\partial_{\bar{z}}\sigma g_{\sigma\sigma} \\
=&\partial_z\tau\partial_{\bar{z}}\tau + \partial_z\sigma\partial_{\bar{z}}\sigma \\
=&\left(\frac{1}{2}\right)\left(\frac{1}{2}\right) + \left(\frac{1}{2i}\right)\left(-\frac{1}{2i}\right) = \frac{1}{4} + \frac{1}{4} = \frac{1}{2} = g_{\bar{z}z}
\end{aligned} \tag{5.10}$$

である．行列形式では

$$g_{\mu\nu} = \begin{pmatrix} 0 & 1/2 \\ 1/2 & 0 \end{pmatrix} \tag{5.11}$$

となる．

上付きの添字で書かれる計量の逆は

$$g^{zz} = g^{\bar{z}\bar{z}} = 0 \qquad g^{z\bar{z}} = g^{\bar{z}z} = 2 \tag{5.12}$$

によって与えられる成分を持つ．対応する行列は

$$g^{\mu\nu} = \begin{pmatrix} 0 & 2 \\ 2 & 0 \end{pmatrix}$$

である．

積分中の "体積要素" は計量の行列式を含むことによって座標変換を用いて書くことができる．$d^2z = dzd\bar{z}$ と書き，$\sqrt{|\det\ g|}d\tau d\sigma$ を用いると[*4]，

$$d^2z = 2d\tau d\sigma \tag{5.13}$$

が成り立つ．

さて，次の作用を考えよう：

$$S = \frac{1}{2\pi\alpha'}\int d^2z\partial X^\mu\bar{\partial}X_\mu \tag{5.14}$$

これは実際数学的にはるかに単純な形のポリヤコフ作用 [式 (5.5)] である．これを確認するために，式 (5.13) と一緒に式 (5.7) を用いることができる．次に注意しよう：

$$\begin{aligned}
\partial X^\mu\bar{\partial}X_\mu =& \left\{\frac{1}{2}(\partial_\tau - i\partial_\sigma)X^\mu\right\}\left\{\frac{1}{2}(\partial_\tau + i\partial_\sigma)X_\mu\right\} \\
=& \frac{1}{4}(\partial_\tau X^\mu - i\partial_\sigma X^\mu)(\partial_\tau X_\mu + i\partial_\sigma X_\mu) \\
=& \frac{1}{4}(\partial_\tau X^\mu\partial_\tau X_\mu + i\partial_\tau X^\mu\partial_\sigma X_\mu - i\partial_\sigma X^\mu\partial_\tau X_\mu + \partial_\sigma X^\mu\partial_\sigma X_\mu) \\
=& \frac{1}{4}(\partial_\tau X^\mu\partial_\tau X_\mu + \partial_\sigma X^\mu\partial_\sigma X_\mu)
\end{aligned}$$

3 行目から 4 行目に移るには，ユークリッド計量を使って添字を上げ下げできることを用いる．すなわち，$X_\mu = \delta_{\mu\nu}X^\nu$ である．したがって

$$-i\partial_\sigma X^\mu\partial_\tau X_\mu = -i\partial_\sigma X^\mu\partial_\tau(\delta_{\mu\nu}X^\nu) = -i\partial_\sigma(\delta_{\mu\nu}X^\mu)\partial_\tau X^\nu$$

[*4] 訳注：p.37 訳注で触れた．

$$=-i\partial_\sigma X_\nu \partial_\tau X^\nu = -i\partial_\tau X^\mu \partial_\sigma X_\mu$$

となるので，中央の項は打ち消し合う．したがって，

$$\begin{aligned}
S =& \frac{1}{2\pi\alpha'}\int d^2z \partial X^\mu \bar{\partial} X_\mu = \frac{1}{2\pi\alpha'}\int 2d\tau d\sigma \partial X^\mu \bar{\partial} X_\mu \\
=& \frac{1}{2\pi\alpha'}\int 2d\tau d\sigma \frac{1}{4}(\partial_\tau X^\mu \partial_\tau X_\mu + \partial_\sigma X^\mu \partial_\sigma X_\mu) \\
=& \frac{1}{4\pi\alpha'}\int d\tau d\sigma (\partial_\tau X^\mu \partial_\tau X_\mu + \partial_\sigma X^\mu \partial_\sigma X_\mu) = S_p
\end{aligned}$$

が成り立つ．

ここでは式 (5.14) がポリヤコフ作用と等価であることを示してきた．しかし，この作用ははるかに単純で，はるかに簡単に運動方程式を導くことができる．これは座標座標 $X_\mu$ に関して作用 [式 (5.14)] の変分をとることによって行うことができる．これは $X_\mu \to X_\mu + \delta X_\mu$ ととることによって行われる．すると，

$$\begin{aligned}
S \to & \frac{1}{2\pi\alpha'}\int d^2z \partial X^\mu \bar{\partial}(X_\mu + \delta X_\mu) = \frac{1}{2\pi\alpha'}\int d^2z \partial X^\mu (\bar{\partial} X_\mu + \bar{\partial}\delta X_\mu) \\
=& \frac{1}{2\pi\alpha'}\int d^2z \partial X^\mu \bar{\partial} X_\mu + \frac{1}{2\pi\alpha'}\int d^2z \partial X^\mu (\bar{\partial}\delta X_\mu) = S + \delta S
\end{aligned}$$

となる．

$\delta S = 0$ を要請することによって古典的運動方程式を得ることができる．部分積分を行い，境界項を切り捨てると

$$\begin{aligned}
\delta S =& \frac{1}{2\pi\alpha'}\int d^2z \partial X^\mu (\bar{\partial}\delta X_\mu) \\
=& -\frac{1}{2\pi\alpha'}\int d^2z \partial\bar{\partial} X^\mu (\delta X_\mu)
\end{aligned}$$

が得られる．

ここで偏微分が可換であるという事実を使った．この項は作用が不変であるためには消えなければならない．したがって

$$\partial\bar{\partial} X^\mu(z, \bar{z}) = 0 \tag{5.15}$$

とならねばならない．

ここで一般に座標が $z$ と $\bar{z}$ の関数となることを強調するために $X^\mu = X^\mu(z,\bar{z})$ と書いた．しかしながら，複素変数の学習より，読者は特に興味深い場合である解析的または**正則**関数の場合があることが分かるだろう．関数 $f(z,\bar{z})$ は

$$\frac{\partial f}{\partial \bar{z}} = 0 \tag{5.16}$$

であるとき，正則である．

すなわち，$f = f(z)$ のみの場合である．一方，

$$\frac{\partial f}{\partial z} = 0 \tag{5.17}$$

ならば $f = f(\bar{z})$ であり，このとき $f$ は**反正則**であると呼ばれる．弦理論では $\bar{\partial}(\partial X^\mu) = 0$ ならば $\partial X^\mu$ は正則関数で，**左進**であると呼ばれる[*5]．一方 $\partial(\bar{\partial} X^\mu) = 0$ の場合，関数 $\bar{\partial} X^\mu$ は反正則で，**右進**であると呼ばれる．

## 共形変換の生成子

共形変換の生成子を学ぶために，座標の無限小変換を考える：

$$x'^\mu = x^\mu + \varepsilon^\mu$$

さて，無限小共形変換を考えよう．すなわち，$g'_{\mu\nu}(x') = \Omega(x) g_{\mu\nu}(x)$ のとき，$\Omega(x) = 1 - f(x)$ ととる．ここで，$f(x)$ は恒等写像からのある小さなずれである．すると，$g'_{\mu\nu}(x') = (1 - f(x)) g_{\mu\nu}(x) = g_{\mu\nu}(x) - f(x) g_{\mu\nu}(x)$ が成り立つ．

$x'^\mu = x^\mu + \varepsilon^\mu$ を用いると，

$$g'_{\mu\nu} = g_{\mu\nu} - (\partial_\mu \varepsilon_\nu + \partial_\nu \varepsilon_\mu)$$

---

[*5] 訳注：ここでの意味での左進関数 $\partial X^\mu$ はウィック回転の逆写像をとると，普通の意味での左進関数になっていることに注意しよう．

を示すことができる[*6].

したがって今考えているのが平坦な空間の計量についての共形変換であることを思い出すと,

$$\partial_\mu \varepsilon_\nu + \partial_\nu \varepsilon_\mu = f(x) g_{\mu\nu}$$

が成り立つはずである.

$g^{\mu\nu}$ をこの式の両辺に掛けることによって $f(x)$ の形を決定することができる. $D$ 次元時空の場合, $g^{\mu\nu} g_{\mu\nu} = D$ であるので右辺として $g^{\mu\nu} f(x) g_{\mu\nu} = \delta^\mu_\mu = D f(x)$ が得られる. 左辺については

$$\begin{aligned} g^{\mu\nu}(\partial_\mu \varepsilon_\nu + \partial_\nu \varepsilon_\mu) =& g^{\mu\nu} \partial_\mu \varepsilon_\nu + g^{\mu\nu} \partial_\nu \varepsilon_\mu \\ =& \partial_\mu \varepsilon^\mu + \partial_\nu \varepsilon^\nu \\ =& 2\partial_\mu \varepsilon^\mu \end{aligned}$$

となるので,

$$f = \frac{2}{D} \partial_\mu \varepsilon^\mu$$

が成り立つ. これより, 関係式

$$\partial_\mu \varepsilon_\nu + \partial_\nu \varepsilon_\mu = f(x) g_{\mu\nu} = \frac{2}{D} \partial_\rho \varepsilon^\rho g_{\mu\nu} = \frac{2}{D} g_{\mu\nu} (\partial \cdot \varepsilon) \tag{5.18}$$

が成り立つ.

$\Box = \partial_\mu \partial^\mu$ を用い, $\partial^\mu$ に関する微分をとると, 左辺は

$$\partial^\mu \partial_\mu \varepsilon_\nu + \partial^\mu \partial_\nu \varepsilon_\mu = \Box \varepsilon_\nu + \partial_\nu (\partial \cdot \varepsilon)$$

---

[*6] 訳注：2 次以上の微小量 $O(\varepsilon^2)$ を無視すると,

$$\begin{aligned} g'_{\mu\nu} =& \frac{\partial x^\rho}{\partial'^\mu} \frac{\partial x^\lambda}{\partial'^\nu} g_{\rho\lambda} = (\delta^\rho_\mu - \partial_\mu \varepsilon^\rho)(\delta^\lambda_\nu - \partial_\nu \varepsilon^\lambda) g_{\rho\lambda} \\ =& \delta^\rho_\mu \delta^\lambda_\nu g_{\rho\lambda} - \delta^\lambda_\nu \partial_\mu \varepsilon^\rho g_{\rho\lambda} - \delta^\rho_\mu \partial_\nu \varepsilon^\lambda g_{\rho\lambda} = g_{\mu\nu} - (\partial_\mu \varepsilon_\nu + \partial_\nu \varepsilon_\mu) \end{aligned}$$

が得られる.

となる．それゆえ同じ微分を右辺にとり，等式を立てて整理すると，

$$\Box\varepsilon_\nu + \left(1 - \frac{2}{D}\right)\partial_\nu(\partial\cdot\varepsilon) = 0$$

が得られる．この方程式が 2 次元の場合を拾いだすことに注意しよう．$D = 2$ と置くことによって

$$\Box\varepsilon_\nu = 0$$

が得られる．

(5.18) の両辺に $\Box = \partial_\mu\partial^\mu$ を作用することによって $D = 2$ の場合の重要性を強調する第 2 の方程式を得ることができる．これは

$$\{g_{\mu\nu}\Box + (D-2)\partial_\mu\partial_\nu\}(\partial\cdot\varepsilon) = 0$$

を与える[*7]．

この無限小のパラメーターは 4 つの異なる種類の変換を表すことができる．それらは，並進，スケール変換，回転，および**特殊共形変換**である．並進は

$$\varepsilon^\mu = a^\mu$$

の形をとる．ここで $a^\mu$ は定数である．スケール変換は

$$\varepsilon^\mu = \lambda x^\mu$$

の形をとるものである．

回転は

$$\varepsilon^\mu = \omega^\mu{}_\nu x^\nu$$

---

[*7]訳注 : (5.18) 式の両辺に $\Box$ を作用させたものと，第 1 の式より得られる $\Box\varepsilon_\nu$ を代入する．なお，平坦空間の場合，$g_{\mu\nu} = \delta_{\mu\nu}$ であることに注意せよ．

と書かれる．ここで $\omega$ は反対称，つまり，$\omega_{\mu\nu}=-\omega_{\nu\mu}$ を要請しなければならない．最後に，特殊共形変換は

$$\varepsilon^{\mu}=b^{\mu}x^{2}-2x^{\mu}(b\cdot x)$$

の形を仮定する．

これらの演算は**共形群**を構成するためにポアンカレ群に結合することができる．ポアンカレ群から2つの生成子を組み込む．それらは並進の生成子 $P_{\mu}$ および回転の生成子 $J_{\mu\nu}$ である．$D$ によってスケール変換の生成子を表し，$K_{\mu}$ によって特殊共形変換の生成子を表すと，共形群の生成子は

$$\begin{aligned}
P_{\mu}&=-i\partial_{\mu},\\
D&=-ix\cdot\partial,\\
J_{\mu\nu}&=i(x_{\mu}\partial_{\nu}-x_{\nu}\partial_{\mu}),\\
K_{\mu}&=-i[x^{2}\partial_{\mu}-2x_{\mu}(x\cdot\partial)],
\end{aligned}\tag{5.19}$$

となる．

## 2次元共形群

さていまからこの議論を幾分単純化し，特に興味深い場合である2次元の共形群の場合について考えよう．式 (5.18) において，$D=2$ と置くと

$$\partial_{\mu}\varepsilon_{\nu}+\partial_{\nu}\varepsilon_{\mu}=g_{\mu\nu}\partial_{\rho}\varepsilon^{\rho}$$

が成り立つことを求めた．2次元の場合を続け，座標を $(x^{1},x^{2})$ と置く．すると $\mu=1,\nu=2$ の場合，$\delta_{\mu\nu}=0$ であるので，

$$\partial_{1}\varepsilon_{2}+\partial_{2}\varepsilon_{1}=0$$

が得られる．

しばらくの簡略記法から離れると，これは

$$\frac{\partial\varepsilon_{2}}{\partial x^{1}}=-\frac{\partial\varepsilon_{1}}{\partial x^{2}}$$

というよりなじみ深い形に書くことができる．これは $\varepsilon = \varepsilon_1 + i\varepsilon_2$ および $x = x_1 + ix_2$ ととるとき，コーシー-リーマン方程式の1つに他ならない．同様にして

$$\frac{\partial \varepsilon_1}{\partial x^1} = \frac{\partial \varepsilon_2}{\partial x^2}$$

も示すことができる．

複素変数の理論では与えられた領域 $R$ 内でコーシー-リーマン方程式を満たす関数は**解析的**であると呼ばれることを学んだことだろう．解析関数は $z$ のみを含む関数である．したがって今考えている座標を通常の複素座標 $(z, \bar{z})$ でラベルすると，2次元座標の共形変換は通常の解析関数を用いて実装される：

$$z \to f(z) \qquad \bar{z} = \bar{f}(\bar{z}) \tag{5.20}$$

ここで $\bar{\partial} f = \partial \bar{f} = 0$ である．生成子を得るために，次の形の座標変換を考える：

$$z \to z' = z - \varepsilon_n z^{n+1} \qquad \bar{z} \to \bar{z}' = \bar{z} - \bar{\varepsilon}_n \bar{z}^{n+1} \tag{5.21}$$

2次元の共形変換の生成子に対する表式を得るために，変換された座標 $z'$ と $\bar{z}'$ の微分をとり，微分 $\partial\varepsilon_n$ および $\bar{\partial}\bar{\varepsilon}_n$ を含む項をそれぞれ確認する．最初の場合

$$\partial z' = \frac{\partial}{\partial z}(z - \varepsilon_n z^{n+1}) = 1 - \varepsilon_n (n+1) z^n - z^{n+1} \partial_z \varepsilon_n$$

が得られる．ここから生成子を特定できる：

$$\ell_n = -z^{n+1} \partial_z \tag{5.22}$$

同様の手続きを複素共役座標に適用すると

$$\bar{\ell}_n = -\bar{z}^{n+1} \partial_{\bar{z}} \tag{5.23}$$

が得られる．古典論の場合，生成子 [式 (5.22) および (5.23)] はヴィラソロ代数を満たす：

$$[\ell_m, \ell_n] = (m-n)\ell_{m+n} \qquad [\bar{\ell}_m, \bar{\ell}_n] = (m-n)\bar{\ell}_{m+n} \tag{5.24}$$

**例 5.1**

無限小生成子 $\ell_n = -z^{n+1}\partial$ がヴィラソロ代数 $[\ell_m, \ell_n] = (m-n)\ell_{m+n}$ を満たすことを示せ.

**解答**

演算子である生成子を試験関数 $f$ に適用する．すると

$$
\begin{aligned}
&[\ell_m, \ell_n]f \\
=&(\ell_m\ell_n - \ell_n\ell_m)f \\
=&-z^{m+1}\partial(-z^{n+1}\partial)f - (-z^{n+1}\partial)(-z^{m+1}\partial)f \\
=&-z^{m+1}[-(n+1)z^n\partial f - z^{n+1}\partial^2 f] \\
&+z^{n+1}[-(m+1)z^m\partial f - z^{m+1}\partial^2 f] \\
=&(n+1)z^{m+n+1}\partial f + \cancel{z^{m+n+2}\partial^2 f} - (m+1)z^{m+n+1}\partial f - \cancel{z^{m+n+2}\partial^2 f} \\
=&(m-n)[-z^{m+n+1}\partial]f \\
=&(m-n)\ell_{m+n}f
\end{aligned}
$$

が得られる.

それゆえ

$$[\ell_m, \ell_n] = (m-n)\ell_{m+n}$$

が結論づけられた.

生成子 $\ell_{0,\pm1}$ および $\bar{\ell}_{0,\pm1}$ は特別な場合である．無限小座標変換 [式 (5.21)] 上のこれらの生成子の作用を考えよう．$n = -1, 0, 1$ をとると

$$
\begin{aligned}
n =& -1 : z' = z - \varepsilon (\text{並進}) \\
n =& 0 : z' = z - \varepsilon z (\text{スケール変換}) \\
n =& 1 : z' = z - \varepsilon z^2 (\text{特殊共形変換})
\end{aligned}
$$

が成り立つ.

同様の表式が複素共役に対しても存在する．それゆえ $\ell_{-1}$ および $\bar{\ell}_{-1}$ は並進を生成し，$\ell_0$ および $\bar{\ell}_0$ と $(\ell_0 + \bar{\ell}_0)$ はそれぞれスケール変換と膨張を生

成し，$i(\ell_0 - \bar{\ell}_0)$ は回転を生成し，$\ell_1$ および $\bar{\ell}_1$ は特殊共形変換を生成する．すべてを一緒にすると，$\ell_{0,\pm 1}$ および $\bar{\ell}_{0,\pm 1}$ によって生成される変換は，

$$z \to \gamma(z) = \frac{az+b}{cz+d} \tag{5.25}$$

の形で書くことができる[*8]．ここで，$ad - bc = 1$ であり，この変換 $\gamma(z)$ はメビウス変換と呼ばれる．

**例 5.2**

変換 $T_a(z) = z/(1+az)$ を考えよ．合成 $T_b(T_a(z))$ を検討することによって $T_a(z)$ が変換群を構成することを示せ．

**解答**

これは実際簡単な問題である．示すべきことは

$$T_b(T_a(z)) = T_{a+b}(z) = \frac{z}{1+(a+b)z}$$

である．$T_a(z) = z/(1+az)$ から始め，$w = z/(1+az)$ と置く．いま

$$T_b(w) = \frac{w}{1+bw}$$

である．$w = z/(1+az)$ を用いると，

$$\begin{aligned} T_b(w) =& \frac{w}{1+bw} = \frac{\frac{z}{1+az}}{1+b\left(\frac{z}{1+az}\right)} \\ =& \frac{z}{(1+az)\left(1+b\left(\frac{z}{1+az}\right)\right)} \\ =& \frac{z}{1+az+bz} = \frac{z}{1+(a+b)z} = T_{a+b}(z) \end{aligned}$$

が得られる．ゆえに $T_a(z) = z/(1+az)$ は群の合成則を満たす．

---

[*8] 訳注：並進，スケール変換の場合は明らかであろう．特殊共形変換の場合，今考えているのが無限小の変換であることに注意すると $\varepsilon$ の 2 次以上の項を無視できるので，$\varepsilon z$ の冪級数展開をして $z - \varepsilon z^2$ と係数を比較すると $\dfrac{z}{\varepsilon z + 1}$ が得られる．

例 **5.3**

$T_a(z) = z/(1+az)$ と置き，$a$ を実数かつ $|a|=1$ とする．この変換の生成子を決定せよ．

解答

生成子が $\ell_n = -z^{n+1}\partial_z$ の形をし，複素共役に対しても同様のものが成り立つことを思い出そう．この形は無限小変換のパラメーター $\varepsilon(z) = -\sum a_n z^{n+1}$ に対しても成り立つ．したがって級数としてこの変換を書くことによって生成子に対する表式を導くことができる．

次の級数を考えよう：

$$S = 1 - r + r^2 - r^3 + \cdots$$

$r$ を掛けると

$$rS = r - r^2 + r^3 - r^4 + \cdots$$

が得られる．

さて，この両方の式を足し合わせよう．左辺は $S + rS = S(1+r)$ となる．右辺は

$$S + rS = 1 - r + r^2 - r^3 + \cdots + r - r^2 + r^3 - r^4 + \cdots = 1$$

となる．これから

$$\frac{1}{1+r} = S = 1 - r + r^2 - r^3 + \cdots$$

となることが分かる．したがって $|a|=1$ を考慮すると，この変換は

$$T_a(z) = \frac{z}{1+az} = z(1 - az + O(a^2)) = z - az^2 + O(a^2)$$

と書くことができる．

小さなパラメーターに関連した冪は $z^2$ であるのでそこから $n=1$ が導かれる．よって生成子は

$$\ell_1 = -z^2\partial_z$$

である．

まだ完全には終わってない．複素共役について考える必要がある．これは同じ形をとる：

$$\overline{T_a(z)} = \frac{\bar{z}}{1+\overline{az}} = \bar{z}(1 - a\bar{z} + O(a^2)) \approx \bar{z} - a\bar{z}^2 + O(a^2)$$

$a$ が実数であるという事実を用いたことに注意しよう．この場合の生成子は $\bar{\ell}_1 = -\bar{z}^2\partial_{\bar{z}}$ であり，変換のパラメーターは和をとることによって求められる：

$$\ell_1 + \bar{\ell}_1 = -z^2\partial_z - \bar{z}^2\partial_{\bar{z}}$$

## 中心拡大項

量子論ではヴィラソロ演算子は**中心拡大項**と呼ばれる名前の付加的な項を獲得する．$c$ を**中心チャージ**と呼ぶとすると，式 (5.24) によって記述される代数は

$$[L_m, L_n] = (m-n)L_{m+n} + \frac{c}{12}m(m^2-1)\delta_{m+n,0} \tag{5.26}$$

となる．

式 (5.26) の結果は**ヴィラソロ代数**として知られる．古典形 [式 (5.24)] はしばしば**ヴィット代数**と呼ばれる．この公式 [式 (5.26)] はエネルギー-運動量テンソルの演算子積展開を用いて次章で導かれる．

## 閉弦の共形場理論

さて，これまでの章で実際上どのような展開が行われたかを確認するために前進しよう．エネルギー-運動量テンソルがローラン級数で展開することができ，ヴィラソロ演算子がこの展開の係数になることが判明することを確

認する．言い換えれば，それらはエネルギー-運動量テンソルの各モードを記述する．特に，演算子 $L_0$ はエネルギー演算子あるいはハミルトニアンに比例する．

具体例として，世界面座標 $(\tau, \sigma)$ を持つ閉弦を考えよう．空間次元はコンパクト化している，すなわち，それは

$$\sigma \sim \sigma + 2\pi \tag{5.27}$$

のように周期化している[*9]．

時間座標は $-\infty < \tau < \infty$ を満たす．閉弦の世界面が無限に長い円筒であることが次のようにして共形場理論を用いて記述できる．次の共形変換を定義することによって始める：

$$z = e^{\tau + i\sigma} \qquad \bar{z} = e^{\tau - i\sigma} \tag{5.28}$$

この変換の効果は円筒を複素平面に写像することである．動径座標は時間の役割をし，原点は無限の過去である．半径が増加すると時間は前進する．世界面上の空間積分は，共形変換 [式 (5.28)] の結果として複素平面の原点についての境界積分に変換される．円筒の断面，つまり一定時刻 $\tau_i$ での断面は複素平面内の半径 $r_i$ の円に変換される．つまり，$z$ 平面の半径はユークリッド的世界面時刻の測度

$$R = |z| = e^{\tau}$$

である．このため，時刻 $\tau_1$ での閉弦は $z$ 平面での半径 $R_1 = |z| = e^{\tau_1}$ の円である．このとき，角座標は $\theta = \sigma$ によって与えられる．これは図 5.1 に描いた．

時間が進むにつれて，仮に $\tau_1 \to \tau_2, \tau_2 > \tau_1$ とすると，$z$ 平面での円の半径は $R_1$ から $R_2 > R_1$ に増加する．

---

[*9] 訳注：これは弦の座標が $X^{\mu}(\tau, \sigma) = X^{\mu}(\tau, \sigma + 2\pi)$ であることを意味する．

式 (2.55) および (2.56) で記述された左進および右進モードを思い出そう．式 (5.28) が与えられると，$\tau + \sigma \to -i\tau + \sigma = -i(\tau + i\sigma) = -i \ln z$ かつ $\tau - \sigma \to -i\tau - \sigma = -i(\tau - i\sigma) = -i \ln \bar{z}$ である．

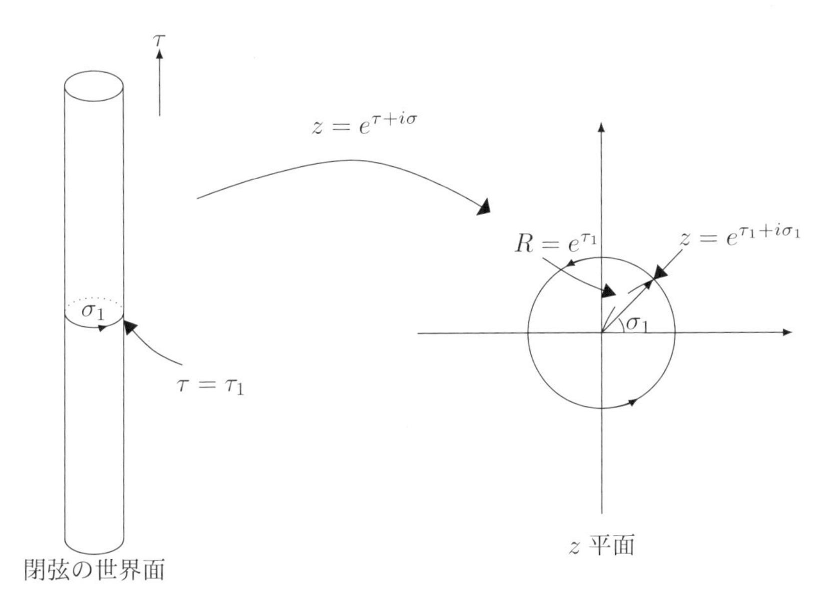


図 5.1: 閉弦の世界面は $z$ 平面に写像される．一定時刻での円筒の断面は $z$ 平面での固定された半径の円に写像される．$z$ 平面内の円の半径は世界面上の (ユークリッド的) 時刻に対応する．

したがって

$$X_L^\mu(z) = \frac{x^\mu}{2} - i\frac{\ell_s^2}{2} p^\mu \ln z + i\frac{\ell_s}{\sqrt{2}} \sum_{n\neq 0} \frac{\alpha_n^\mu}{n} z^{-n} \tag{5.29}$$

$$X_R^\mu(\bar{z}) = \frac{x^\mu}{2} - i\frac{\ell_s^2}{2} p^\mu \ln \bar{z} + i\frac{\ell_s}{\sqrt{2}} \sum_{n\neq 0} \frac{\tilde{\alpha}_n^\mu}{n} \bar{z}^{-n} \tag{5.30}$$

が成り立つ[*10].

世界面のエネルギー-運動量テンソルは保存量であり，それが意味するのは

$$\partial^\mu T_{\mu\nu} = 0 \tag{5.31}$$

である．

エネルギー-運動量テンソルもトレースゼロである．これは座標 $(z, \bar{z})$ において，$T_{z\bar{z}} = 0$ を意味する．保存条件 [式 (5.31)] は

$$\partial_z T_{\bar{z}\bar{z}} = \partial_{\bar{z}} T_{zz} = 0 \tag{5.32}$$

を意味する．

つまり，エネルギー-運動量テンソル はそれぞれ $T_{zz}$ および $T_{\bar{z}\bar{z}}$ によって与えられる正則および反正則関数から構成される．正則関数はローラン級数展開を持つので

$$T_{zz}(z) = \sum_{m=-\infty}^{\infty} \frac{L_m}{z^{m+2}} \tag{5.33}$$

と書こう．ここでこの表式は敢えてローラン係数がヴィラソロ生成子であることを予想させる形で書いた．反正則成分もまたローラン展開を持つ：

$$T_{\bar{z}\bar{z}}(\bar{z}) = \sum_{m=-\infty}^{\infty} \frac{\bar{L}_m}{\bar{z}^{m+2}} \tag{5.34}$$

通常の複素解析の知識を用いると，次のようにここからこれらの公式を逆に解くことができることが分かる：

$$L_m = \frac{1}{2\pi i} \oint \frac{dz}{z} z^{m+2} T_{zz}(z) \qquad \bar{L}_m = \frac{1}{2\pi i} \oint \frac{d\bar{z}}{\bar{z}} \bar{z}^{m+2} T_{\bar{z}\bar{z}(\bar{z})} \tag{5.35}$$

経路の変形定理 (『*Complex Variables Demystified*』参照) から，式 (5.35) の積分に対して用いられる経路をその積分を不変に保ったまま収縮したり拡

[*10] 訳注：右進のモードにチルダを付けたため，反正則を表す $\bar{z}$ の関数である右進関数のモードに自然にチルダが付くこととなった．逆の表記法ではこのようにはならない．

大したりできることが分かる．複素平面内で動径方向に沿った移動は時間並進であることより，ヴィラソロ演算子は時間並進で不変であることが分かる．言い換えれば積分 [式 (5.35)] は保存チャージに関連する．

## ウィック展開

この問題についての物理的洞察を得るために，この理論の伝播関数を計算することによって始める．本書では閉弦の**伝播関数**を導くが，章末問題では開弦の場合について挑戦することができる．

ここでは閉弦に対する $X^\mu(\tau,\sigma)$ に対する伝播関数あるいはウィック展開を考察することから始める．これは

$$\langle X^\mu(\tau,\sigma), X^\nu(\tau',\sigma')\rangle = T(X^\mu(\tau,\sigma), X^\nu(\tau',\sigma')) - :X^\mu(\tau,\sigma)X^\nu(\tau',\sigma'):$$

を計算することによって行われる．これは **2 点関数**とも呼ばれる．この表式には読者が気付くべき 2 つの記法が存在する．$T$ は表式が**時間順序されている**ことを示す．これは

$$\begin{aligned} &T(X^\mu(\tau,\sigma), X^\nu(\tau',\sigma')) \\ =&X^\mu(\tau,\sigma)X^\nu(\tau',\sigma')\theta(\tau-\tau') + X^\nu(\tau',\sigma')X^\mu(\tau,\sigma)\theta(\tau'-\tau) \end{aligned}$$

の略記法である．

これが何を意味するかを理解するために，ヘビサイド関数 $\theta(t)$ は $t>1$ のとき $\theta(t)=1$ であるが，$t<0$ のとき $\theta(t)=0$ であることに注意しよう．するとこの表式は，時間的に早い時刻の項が右側に現れることを保証する．したがって $\tau>\tau'$ ならば $\tau$ は $\tau'$ より遅いことになるので，

$$T(X^\mu(\tau,\sigma), X^\nu(\tau',\sigma')) = X^\mu(\tau,\sigma)X^\nu(\tau',\sigma')$$

を意味し，逆の場合は逆になる．コロン「:」は**正規順序**を表し，すべての生成演算子をすべての消滅演算子の左側に配置させる．さていま，場が左進と右進に関して書くことができるという事実を考えよう．すると，

$$\langle 0|X^\mu(\tau,\sigma)X^\nu(\tau',\sigma')|0\rangle = \langle 0|(X_L^\mu + X_R^\mu)(X_L^\nu + X_R^\nu)|0\rangle$$

$$=\langle 0|X_L^\mu X_L^\nu + X_L^\mu X_R^\nu + X_R^\mu X_L^\nu + X_R^\mu X_R^\nu|0\rangle$$

である．

さて，複素平面に移ろう．そこでは $X_R^\mu = X_R^\mu(z), X_L^\mu = X_L^\mu(\bar{z})$ なので $\langle 0|X^\mu(\tau,\sigma)X^\nu(\tau',\sigma')|0\rangle \to \langle 0|X^\mu(z,\bar{z})X^\nu(z',\bar{z}')|0\rangle$ である．式 (5.30) で与えられた展開を用いて 1 つの項，$\langle 0|X_R^\mu(\bar{z})X_R^\nu(\bar{z})|0\rangle$ を考えよう．$p_\mu|0\rangle = 0$ および $[x^\mu, p^\nu] = i\eta^{\mu\nu}$，かつ $m > 0$ のとき $\tilde{\alpha}_m^\mu|0\rangle = 0$ および $n < 0$ のとき $\langle 0|\tilde{\alpha}_n^\mu = 0$ より，

$$\begin{aligned}
&\langle 0|X_R^\mu(\bar{z})X_R^\nu(\bar{z})|0\rangle \\
=&\frac{1}{4}\langle 0|x^\mu x^\nu|0\rangle - i\frac{\ell_s^2}{4}\ln\bar{z}\langle 0|p^\mu x^\nu|0\rangle - \frac{\ell_s^2}{2}\sum_{\substack{m\neq 0\\ n\neq 0}}\frac{1}{mn}\langle 0|\tilde{\alpha}_n^\mu\tilde{\alpha}_m^\nu|0\rangle\bar{z}^{-n}\bar{z}'^{-m} \\
=&\frac{1}{4}\langle 0|x^\mu x^\nu|0\rangle - \frac{\eta^{\mu\nu}\ell_s^2}{2}\frac{\ln z}{2} - \frac{\ell_s^2}{2}\sum_{\substack{m<0\\ n>0}}\frac{1}{mn}\langle 0|\tilde{\alpha}_n^\mu\tilde{\alpha}_m^\nu|0\rangle\bar{z}^{-n}\bar{z}'^{-m}
\end{aligned}$$

が成り立つ[*11]．この 1 行目から 2 行目に移る際に

$$\langle 0|p^\mu x^\nu|0\rangle = \langle 0|x^\nu p^\mu - i\eta^{\mu\nu}|0\rangle = \langle 0|x^\nu p^\mu|0\rangle - i\eta^{\mu\nu}\langle 0|0\rangle = -i\eta^{\mu\nu}$$

を用いた．さていま，生成および消滅演算子の交換子は

$$[\tilde{\alpha}_m^\mu, \tilde{\alpha}_n^\nu] = m\eta^{\mu\nu}\delta_{m,-n}$$

を満たすので，この表式は

$$\langle 0|X_R^\mu(\bar{z})X_R^\nu(\bar{z})|0\rangle = \frac{1}{4}\langle 0|x^\mu x^\nu|0\rangle - \frac{\eta^{\mu\nu}\ell_s^2}{2}\frac{\ln\bar{z}}{2} + \frac{\ell_s^2}{2}\sum_{n>0}\frac{1}{n}\eta^{\mu\nu}\bar{z}^{-n}\bar{z}'^{n}$$

---

[*11] 訳注：この計算はあらかじめ消滅する項を見つけておくのが肝心である．まず，$p^\nu$ を含む項は右端にあるので $p^\nu|0\rangle = 0$ よりすべて無視してよい．次に $n \neq 0(m \neq 0)$ のとき，$x^\mu, x^\nu, p^\mu$ はすべて $\tilde{\alpha}_n^\mu(\tilde{\alpha}_m^\nu)$ と可換なので，$\tilde{\alpha}_n^\mu(\tilde{\alpha}_m^\nu)$ が生成演算子 $(n < 0(m < 0))$ ならば $\tilde{\alpha}_n^\mu(\tilde{\alpha}_m^\nu)$ を一番左端まで移動してしまえば $\langle 0|\tilde{\alpha}_n^\mu = 0(\langle 0|\tilde{\alpha}_m^\nu = 0)$ より消滅できる．逆に消滅演算子 $(n > 0(m > 0))$ ならば一番右端まで移動してしまえば $\tilde{\alpha}_n^\mu|0\rangle = 0(\tilde{\alpha}_m^\nu|0\rangle = 0)$ より消滅できる．これより結局，この式の 2 行目の右辺の項のみが残る．3 行目の右辺は一般には $\tilde{\alpha}_n^\mu$ と $\tilde{\alpha}_n^\nu$ は交換しないが，$\langle 0|\tilde{\alpha}_n^\mu$ が $n < 0$ のとき消滅し，$\tilde{\alpha}_m^\nu|0\rangle$ が $m > 0$ のとき消滅するので，生き残るのは結局 $n > 0$ かつ $m < 0$ の場合のみであることによる．

となる．さて，$\sum_{n=1}^{\infty} x^n/n = -\ln(1-x)$ という事実を用いると，これを

$$
\begin{aligned}
\langle 0|X_R^\mu(\bar{z})X_R^\nu(\bar{z})|0\rangle =&\frac{1}{4}\langle 0|x^\mu x^\nu|0\rangle - \frac{\eta^{\mu\nu}\ell_s^2}{2}\frac{\ln\bar{z}}{2} + \frac{\ell_s^2}{2}\eta^{\mu\nu}\sum_{n>0}\frac{(\bar{z}'/\bar{z})^n}{n} \\
=&\frac{1}{4}\langle 0|x^\mu x^\nu|0\rangle - \frac{\eta^{\mu\nu}\ell_s^2}{2}\left(\frac{\ln\bar{z}}{2} + \ln(1-\bar{z}'/\bar{z})\right) \\
=&\frac{1}{4}\langle 0|x^\mu x^\nu|0\rangle - \frac{\eta^{\mu\nu}\ell_s^2}{2}\left(-\frac{\ln\bar{z}}{2} + \ln\bar{z} + \ln(1-\bar{z}'/\bar{z})\right) \\
=&\frac{1}{4}\langle 0|x^\mu x^\nu|0\rangle + \frac{\eta^{\mu\nu}\ell_s^2}{4}\ln\bar{z} - \frac{\eta^{\mu\nu}\ell_s^2}{2}\ln(\bar{z}-\bar{z}')
\end{aligned}
$$

と書くことができる．同様の計算によって

$$
\begin{aligned}
\langle 0|X_L^\mu(z)X_L^\nu(z)|0\rangle =&\frac{1}{4}\langle 0|x^\mu x^\nu|0\rangle + \frac{\eta^{\mu\nu}\ell_s^2}{4}\ln z - \frac{\eta^{\mu\nu}\ell_s^2}{2}\ln(z-z') \\
\langle 0|X_R^\mu(\bar{z})X_L^\nu(z)|0\rangle =&\frac{1}{4}\langle 0|x^\mu x^\nu|0\rangle - \frac{\eta^{\mu\nu}\ell_s^2}{4}\ln\bar{z} \\
\langle 0|X_L^\mu(z)X_R^\nu(\bar{z})|0\rangle =&\frac{1}{4}\langle 0|x^\mu x^\nu|0\rangle - \frac{\eta^{\mu\nu}\ell_s^2}{4}\ln z
\end{aligned}
$$

を示すことができる．これらの項を足し合わせると，

$$
\begin{aligned}
\langle 0|X^\mu(z,\bar{z})X^\nu(z',\bar{z}')|0\rangle =&\langle 0|x^\mu x^\nu|0\rangle - \frac{\eta^{\mu\nu}\ell_s^2}{2}\ln[(z-z')(\bar{z}-\bar{z}')] \\
=&\langle 0|x^\nu x^\mu|0\rangle - \frac{\eta^{\nu\mu}\ell_s^2}{2}\ln[(z'-z)(\bar{z}'-\bar{z})] \\
=&\langle 0|X^\nu(z',\bar{z}')X^\mu(z,\bar{z})|0\rangle
\end{aligned}
$$

と求まる．したがって時間順序積の真空期待値は

$$
\langle 0|T[X^\mu(z,\bar{z})X^\nu(z',\bar{z}')]|0\rangle = \langle 0|x^\mu x^\nu|0\rangle - \frac{\eta^{\mu\nu}\ell_s^2}{2}\ln[(z-z')(\bar{z}-\bar{z}')]
$$

となる．さて，2 点関数に戻ろう：

$$
\langle X^\mu(\tau,\sigma), X^\nu(\tau',\sigma')\rangle = T(X^\mu(\tau,\sigma), X^\nu(\tau',\sigma')) - :X^\mu(\tau,\sigma)X^\nu(\tau',\sigma'):
$$

正規順序はすべての破壊される演算子を右側に配置する．したがって，$:p^\mu x^\nu:|0\rangle = x^\nu p^\mu|0\rangle = 0$ である．また，$\displaystyle\sum_{\substack{m\neq 0\\ n\neq 0}} 1/(mn)\langle 0|\alpha_n^\mu \alpha_m^\nu|0\rangle z^{-n}z'^{-m}$ のような項の正規順序も，右側に配置されるすべての破壊される演算子が真空を消滅させる．このため，正規順序化された項の真空期待値は

$$\langle 0|:X^\mu(\tau,\sigma)X^\nu(\tau',\sigma'):|0\rangle = \langle 0|x^\mu x^\nu|0\rangle$$

に簡約化される．それゆえ2点関数は

$$\begin{aligned}\langle X^\mu(\tau,\sigma)X^\nu(\tau',\sigma')\rangle =& T(X^\mu(\tau,\sigma),X^\nu(\tau',\sigma')) - :X^\mu(\tau,\sigma)X^\nu(\tau',\sigma'):\\ =& -\frac{\eta^{\mu\nu}\ell_s^2}{2}\ln[(z-z')(\bar{z}-\bar{z}')]\\ =& -\frac{\eta^{\mu\nu}\ell_s^2}{2}\ln(z-z') - \frac{\eta^{\mu\nu}\ell_s^2}{2}\ln(\bar{z}-\bar{z})\end{aligned}$$

となる．

いま，この表式を得たので，たとえば微分を含む他の量を容易く計算することができるようになった．たとえば，2点関数 $\langle\partial_z X^\mu(z,\bar{z}),X^\nu(z',\bar{z}')\rangle$ を計算するには，この結果を単に微分するだけでよい：

$$\begin{aligned}\langle\partial_z X^\mu(z,\bar{z}),X^\nu(z',\bar{z}')\rangle =& \partial_z\left[-\frac{\eta^{\mu\nu}\ell_s^2}{2}\ln(z-z') - \frac{\eta^{\mu\nu}\ell_s^2}{2}\ln(\bar{z}-\bar{z}')\right]\\ =& -\frac{\eta^{\mu\nu}\ell_s^2}{2}\frac{1}{z-z'}\end{aligned}$$

および，

$$\langle\partial_z X^\mu(z,\bar{z}),\partial_{z'}X^\nu(z',\bar{z}')\rangle = -\frac{\eta^{\mu\nu}\ell_s^2}{2}\frac{1}{(z-z')^2}$$

である．

## 演算子積展開

ここから先に前進するために必要なカギとなる概念は**演算子積展開** (*Operator Product Expansion*) として知られる．これはしばしばOPEと略称

される．演算子積展開は 2 つの演算子を値に持つ場の積の級数展開である．これらの場を $A_i$ によって表し，2 つの時空内の点 $z$ および $w$ を考えよう．すると $w$ を含まない領域 $R$ 内で

$$A_i(z)A_j(w) = \sum_k c_{ijk}(z-w)A_k(w) \tag{5.36}$$

である．$c_{ijk}(z-w)$ は $R$ 内で解析的な関数であり，$A_k(w)$ は演算子を値にとる場である．ここでいま共形変換 $z \to w(z)$ を定義する．**共形場**あるいは**プライマリー場**は

$$\Phi(z,\bar{z}) = \left(\frac{\partial w}{\partial z}\right)^h \left(\frac{\partial \bar{w}}{\partial \bar{z}}\right)^{\bar{h}} \Phi(w,\bar{w}) \tag{5.37}$$

のように変換するものである．

$(h,\bar{h})$ は場の**共形的重み**または**共形的次元**と呼ばれる．特に，$h+\bar{h}$ はスケール変換の下で場 $\Phi$ がどのように振る舞うかを記述する次元であり，$h-\bar{h}$ は，回転の下で場がどのように変換するかを記述する $\Phi$ のスピンである．式 (5.37) が満たされると，

$$\Phi(z,\bar{z})(dz)^h(d\bar{z})^{\bar{h}} = \Phi(w,\bar{w})(dw)^h(d\bar{w})^{\bar{h}} \tag{5.38}$$

が成り立つ．つまり，$\Phi(z,\bar{z})(dz)^h(d\bar{z})^{\bar{h}}$ は共形変換の下で不変である．

複素平面で考えると，時間順序は**動径順序**に変換される．というのも，上で触れた通り，放射方向は $z$ 平面内で時間の流れに変換されるからである．複素平面 $A(z)$ および $B(w)$ で定義された 2 つの演算子を考えよう．動径順序演算子 $R$ は，複素平面内でより大きな動径を持つような順序に演算子の順序を固定する．すなわち，

$$R[A(z)B(w)] = \begin{cases} A(z)B(w), & |z|>|w| \\ (-1)^f B(w)A(z), & |w|>|z| \end{cases}$$

である．演算子がフェルミオン的ならば $f=1$ である．

特に興味深い演算子積展開の 1 つとしてエネルギー-運動量テンソルがある．それは複素平面では

$$T_{zz}(z) =: \eta_{\mu\nu}\partial_z X^\mu \partial_z X^\nu : \tag{5.39}$$

となる．

例 **5.4**

動径順序積 $T_{zz}(z)\partial_w X^\rho(w)$ の演算子積展開を求めよ．

解答

式 (5.39) を用いると，

$$\begin{aligned}\langle R(T_{zz}(z)\partial_w X^\rho(w))\rangle =& R(:\eta_{\mu\nu}\partial_z X^\mu(z)\partial_z X^\nu(z):\partial_w X^\rho(w)) \\ & - :\eta_{\mu\nu}\partial_z X^\mu(z)\partial_z X^\nu(z)\partial_w X^\rho(w): \\ =& \eta_{\mu\nu}\langle\partial_z X^\mu(z)\partial_w X^\rho(w)\rangle\partial_z X^\nu(z) \\ & + \eta_{\mu\nu}\langle\partial_z X^\nu(z)\partial_w X^\rho(w)\rangle\partial_z X^\mu(z)\end{aligned}$$

が成り立つ[*12]．さて，ここで以前得られた結果

$$\langle\partial_z X^\mu(z,\bar{z}), \partial_{z'} X^\nu(z',\bar{z}')\rangle = -\frac{\eta^{\mu\nu}\ell_s^2}{2}\frac{1}{(z-z')^2}$$

---

[*12]訳注：2 点相関関数はファインマン伝播関数である．ここで 2 つ以上の演算子の積から 2 つを選び，その 2 つに対する伝播関数を取ることを縮約と呼ぶ (アインシュタインの和の規約とは関係ない)．ウィックの定理により，一般に時間順序演算子 $T$ に対し $T(\phi_1\cdots\phi_m) =: \phi_1\cdots\phi_m +$ (可能なすべての縮約) : となる．例えば

$$\begin{aligned}T\{\phi_1\phi_2\phi_3\phi_4\} =& :\phi_1\phi_2\phi_3\phi_4 + \wick{\c\phi_1\c\phi_2}\phi_3\phi_4 + \wick{\c\phi_1\phi_2\c\phi_3}\phi_4 + \wick{\c\phi_1\phi_2\phi_3\c\phi_4} \\ & + \phi_1\wick{\c\phi_2\c\phi_3}\phi_4 + \phi_1\wick{\c\phi_2\phi_3\c\phi_4} + \phi_1\phi_2\wick{\c\phi_3\c\phi_4} \\ & + \wick{\c1\phi_1\c1\phi_2\c2\phi_3\c2\phi_4} + \wick{\c1\phi_1\c2\phi_2\c1\phi_3\c2\phi_4} + \wick{\c1\phi_1\c2\phi_2\c2\phi_3\c1\phi_4} :\end{aligned}$$

が成り立つ．ここで縮約は $c$ 数 (演算子でないただの数) になるので正規順序の中に入っていてもその部分だけは外に出せることに注意しよう．また縮約は演算子同士を交換してすり抜けるとき取られるから正規順序積内では縮約は作られないことにも注意しよう．これより，
$T(:\phi_1\phi_2:\phi_3) =: \phi_1\phi_2\phi_3 : + :\wick{\c\phi_1\phi_2\c\phi_3} : + :\phi_1\wick{\c\phi_2\c\phi_3} :=: \phi_1\phi_2\phi_3 : + \wick{\c\phi_1\c\phi_3}\,\phi_2 + \wick{\c\phi_2\c\phi_3}\,\phi_1$
が成り立つ．

を用いると，

$$
\begin{aligned}
&\langle R(T_{zz}(z)\partial_w X^\rho(w))\rangle \\
&= -\frac{\ell_s^2}{2}\frac{1}{(z-w)^2}\eta_{\mu\nu}\eta^{\mu\rho}\partial_z X^\nu(z) - \frac{\ell_s^2}{2}\frac{1}{(z-w)^2}\eta_{\mu\nu}\eta^{\nu\rho}\partial_z X^\mu(z) \\
&= -\ell_s^2\frac{1}{(z-w)^2}\partial_z X^\rho(z)
\end{aligned}
$$

が得られる．いま $\partial_z X^\rho(z)$ を点 $z=w$ について冪級数に展開する．すると，

$$
\partial_z X^\rho(z) = \partial_w X^\rho(w) + (z-w)\partial_w^2 X^\rho(w) + \frac{(z-w)^2}{2!}\partial_w^3 X^\rho(w) + \cdots
$$

と求まる[*13]．それゆえ

$$
\begin{aligned}
&\langle R(T_{zz}(z)\partial_w X^\rho(w))\rangle \\
&= -\ell_s^2\frac{1}{(z-w)^2}\partial_z X^\rho(z) \\
&= -\ell_s^2\frac{1}{(z-w)^2}\times \\
&\quad\left\{\partial_w X^\rho(w) + (z-w)\partial_w^2 X^\rho(w) + \frac{(z-w)^2}{2!}\partial_w^3 X^\rho(w) + \cdots\right\} \\
&= -\ell_s^2\frac{1}{(z-w)^2}\partial_w X^\rho(w) - \frac{\ell_s^2}{z-w}\partial_w^2 X^\rho(w) - \ell_s^2\frac{(z-w)}{2!}\partial_w^3 X^\rho(w) + \cdots
\end{aligned}
$$

となる．

特異な項が興味があるものである．したがってこの和に現れる正則な項を表すために省略記号『$\cdots$』を使用するのは典型的であり，

$$
\langle R(T_{zz}(z)\partial_w X^\rho(w))\rangle = -\ell_s^2\frac{1}{(z-w)^2}\partial_w X^\rho(w) - \frac{\ell_2^2}{z-w}\partial_w^2 X^\rho(w) + \cdots
$$

と書く．

---

[*13] 訳注：言うまでもなくこれは演算子のテイラー展開である．また，

$$
\partial_z X^\nu(z) = \sum_{n=0}^{\infty}\left.\frac{\partial_z^n\cdot\partial_z X^\nu(z)}{n!}\right|_{z=w}(z-w)^n = \sum_{n=0}^{\infty}\frac{\partial_w^{n+1}X^\nu(w)}{n!}(z-w)^n
$$

が成り立つことに注意．

**例 5.5**

この例では重要な結果である $T_{zz}(z)T_{ww}(w)$ の OPE を計算する．

**解答**

動径順序を用いると，

$$
\begin{aligned}
&R(T_{zz}(z)T_{ww}(w)) - :T_{zz}(z)T_{ww}(w): \\
=&R(\eta_{\mu\nu} : \partial_z X^\mu(z)\partial_z X^\nu(z) : \eta_{\rho\sigma} : \partial_w X^\rho(w)\partial_w X^\sigma(w) :) \\
&- : \eta_{\mu\nu}\partial_z X^\mu(z)\partial_z X^\nu(z)\eta_{\rho\sigma}\partial_w X^\rho(w)\partial_w X^\sigma(w) : \\
=&2\eta_{\mu\nu}\eta_{\rho\sigma}\langle\partial_z X^\mu(z)\partial_w X^\rho(w)\rangle\langle\partial_z X^\nu(z)\partial_w X^\sigma\rangle \\
&+ 4\eta_{\mu\nu}\eta_{\rho\sigma}\langle\partial_z X^\mu(z)\partial_w X^\rho(w)\rangle : \partial_z X^\nu(z)\partial_w X^\sigma(w) :
\end{aligned}
$$

が成り立つ[*14]．ここで

$$
\langle\partial_z X^\mu(z), \partial_w X^\rho(w)\rangle = -\frac{\eta^{\mu\nu}\ell_s^2}{2}\frac{1}{(z-w)^2}
$$

が成り立つことはすでに見てきたので，

$$
\begin{aligned}
&\langle\partial_z X^\mu(z)\partial_w X^\rho(w)\rangle\langle\partial_z X^\nu(z)\partial_w X^\sigma(w)\rangle \\
&= \left(-\frac{\eta^{\mu\rho}\ell_s^2}{2}\frac{1}{(z-w)^2}\right)\left(-\frac{\eta^{\nu\sigma}\ell_s^2}{2}\frac{1}{(z-w)^2}\right) = \frac{\eta^{\mu\rho}\eta^{\nu\sigma}\ell_s^4}{4}\frac{1}{(z-w)^4}
\end{aligned}
$$

である．

いま，計量項は空間の次元を与える：

$$
\eta_{\mu\nu}\eta_{\rho\sigma}\eta^{\mu\rho}\eta^{\nu\sigma} = \delta^\rho_\nu\delta^\nu_\rho = D
$$

正規順序積を含む $R(T_{zz}(z)T_{ww}(w))$ の最後の項において，例 5.4 で行ったような方法で $w$ について $\partial_z X^\nu(z)$ を展開する．すると，エネルギー-運動量テンソルに対する演算子積展開が得られる：

$$
R(T_{zz}(z)T_{ww}(w)) - :T_{zz}(z)T_{ww}(w):
$$

[*14]訳注：: $\phi_1\phi_2$ :: $\phi_3\phi_4$ : の縮約は :$\phi_1\phi_2\phi_3\phi_4$ : や :$\phi_1\phi_2\phi_3\phi_4$ : など合計 6 通りあるが，このうち 2 箇所縮約をとったものが 2 つに 1 箇所だけ縮約をとったものが 4 つ出るので係数 2 と 4 が出てくる．なお，この証明には添字の貼替を要す．

$$
\begin{aligned}
&=2\eta_{\mu\nu}\eta_{\rho\sigma}\langle\partial_z X^\mu(z)\partial_w X^\rho(w)\rangle\langle\partial_z X^\nu(z)\partial_w X^\sigma(w)\rangle\\
&\quad+4\eta_{\mu\nu}\eta_{\rho\sigma}\langle\partial_z X^\mu(z)\partial_w X^\rho(w)\rangle:\partial_z X^\nu(z)\partial_w X^\sigma(w):\\
&=\ell_s^4\frac{D/2}{(z-w)^4}-\ell_s^2\frac{2}{(z-w)^2}T_{ww}(w)-\ell_s^2\frac{2}{z-w}\partial_w T_{ww}(w)+\cdots
\end{aligned}
$$

## まとめ

共形場理論は弦の世界面の物理学を複素平面に変換することを可能とする道具である．計算は複素変数の技術を用いることによりはるかに易しくなる．本章ではいくつかの用語と技術を導入した．続く章では，Kac-Moody代数，最小モデル，頂点演算子，および BRST 量子化を探ることによって弦理論の文脈において共形場理論の探索を続ける．

## 章末問題

1. $[\ell_m, \bar{\ell}_n]$ を計算せよ．
2. $T_a(z) = \dfrac{1}{1+az}$ は群の合成則を満たすか？
3. $a$ を純虚数とするとき，$T_a(z) = \dfrac{z}{1+az}$ を考えよ．この変換の生成子を求めよ．
4. 本文に従って $\langle 0|X_L^\mu X_L^\nu|0\rangle$ を計算せよ．
5. 閉弦に対して，$\langle\partial_{\bar z} X^\mu(z,\bar z), \partial_{\bar z'} X^\nu(z',\bar z')$ を計算せよ．
6. $\langle 0|:X^\mu(z,\bar z)X^\nu(z',\bar z'):|0\rangle$ を計算せよ．
7. $\langle 0|X^\mu(z,\bar z)X^\nu(z',\bar z')|0\rangle$ を求めよ．
8. $\langle 0|X^\mu(z,\bar z)X^\nu(z',\bar z')|0\rangle = \langle 0|X^\nu(z',\bar z')X^\mu(z,\bar z)|0\rangle$ という事実を用いて $\langle 0|X^\mu(z,\bar z)X^\nu(z',\bar z')|0\rangle$ のコンパクトな表式を求めよ．自然対数関数の性質を利用せよ．
9. $R(T_{zz}(z):e^{ik\cdot X(w)}:)$ の演算子積展開を求めよ．

Chapter

# 6

# BRST 量子化

これまで，弦を量子化するために利用できる 2 つの方法を見てきた．共変的アプローチと光錐量子化である．これらの各々がその利点を提供する．共変量子化はローレンツ不変性が自明であるが，この理論において “ゴースト状態”(負のノルムを持つ状態) の存在を許す．それとは対照的に光錐量子化はゴーストのない理論である．しかしながら，もはやローレンツ不変性は自明ではない．別のトレードオフとして共変量子化では時空次元の数 (ボソン的理論では $D = 26$) の証明がやや難しいが，光錐量子化ではかなり直接的に示せるというのがある．最終的に，光錐的アプローチの方が物理的状態の同定が易しくなる．

量子化のある意味より発展的なアプローチである別の方法として **BRST 量子化**と呼ばれるものがある．このアプローチは上記 2 つの方法の間をとったものである．BRST 量子化はローレンツ不変性が自明であるが，理論にゴースト状態を含む．それにも関わらず，BRST 量子化は理論の物理的状態を同定することが易しくなり，かつ比較的易しく時空次元の数を抽出することができる．

## BRST 演算子と入門的備考

我々の旧友**リー代数**を考えることから始めよう．これはお馴染みの通常の量子力学のスピン角運動量演算子に従う代数である．一般に，ある物理的理論を，演算子 $K_i$ を伴うゲージ対称性を含むものとしよう．これらの演算子はリー代数を満たす：

$$[K_i, K_j] = f_{ij}{}^k K_k \tag{6.1}$$

ここで $f_{ij}{}^k$ はこの理論の**構造定数**である (ここではアインシュタインの和の規約を用いているので，繰り返される添字で和がとられることに注意しよう)．構造定数は

$$f_{ij}{}^m f_{mk}{}^l + f_{jk}{}^m f_{mi}{}^l + f_{ki}{}^m f_{mj}{}^l = 0 \tag{6.2}$$

を満たす．

BRST 量子化の手続きは次のようにして始まる．$b_i$ および $c_i$ によって表される，

$$\{c^i, b_j\} = \delta^i_j \tag{6.3}$$

によって与えられる反交換関係を満たす2つの**ゴースト場**を導入する．

なお，$\{c^i, c^j\} = \{b_i, b_j\} = 0$ とする．ここで $c^i$ はゴースト場であり，$b_j$ は “ゴースト (共役) 運動量” である．

このゴースト場によって反交換関係が満たされることより，これらの場は**フェルミオン的**であることに注意しよう．さて，場 $\phi(z, \bar{z})$ が，ある共形変換 $z \to w(z)$ の下で

$$\phi(z, \bar{z}) = \left(\frac{\partial w}{\partial z}\right)^h \left(\frac{\partial w}{\partial \bar{z}}\right)^{\bar{h}} \varphi(w, \bar{w}) \tag{6.4}$$

のように変換するという条件で共形次元 $(h, \bar{h})$ を持つことを思い出そう．

のちに見るように，場 $b$ および $c$ はそれらが共形次元 2 および $-1$ を持つように選ばれる．

ゴースト場および $K_i$ から構成される 2 つの演算子が存在する．これらのうち最初のものは **BRST 演算子**であり，

$$Q = c^i K_i - \frac{1}{2} f_{ij}{}^k c^i c^j b_k \tag{6.5}$$

によって与えられる．

ここで $Q = Q^\dagger$ が仮定される．BRST 演算子は 2 次の冪零であると呼ばれる．これは，この演算子の平方をとるとゼロになることを意味する：

$$Q^2 = 0 \tag{6.6}$$

式 (6.6) はまた $\{Q, Q\} = 0$ として表すことができることに注意しよう．BRST 演算子は $Q$ で表され，これはこの演算子が系の保存チャージであることを示唆する．これはしばしば **BRST チャージ**と呼ばれる．ゴースト場のみで構成される 2 つ目の演算子は**ゴースト数演算子** $U$ と呼ばれる．これは

$$U = c^i b_i \tag{6.7}$$

によって与えられる (再びここでもアインシュタインの和の規約が用いられていることに注意せよ)．この演算子は整数固有値を持つ．リー代数の次元が $n$ ならば，$U$ の固有値は整数 $0, \ldots, n$ である．状態 $|\Psi\rangle$ は，$U|\Psi\rangle = m|\Psi\rangle$ ならばゴースト数 $m$ を持つ．

### 例 6.1

$Q$ がゴースト数を 1 だけ上昇させることを示せ．

### 解答

ゴースト場 [式 (6.3)] に対する反交換関係を用いると，

$$Uc^i K_i = \sum_r c^r b_r c^i K_i = \sum_r c^r (\delta_r^i - c^i b_r) K_i$$

$$
\begin{aligned}
&= c^i K_i - \sum_r (c^r c^i b_r) K_i \\
&= c^i K_i + c^i \sum_r c^r b_r K_i \\
&= c^i K_i + c^i K_i \sum_r c^r b_r = c^i K_i + c^i K_i U
\end{aligned}
$$

となることに注意しよう．さて，ゴースト数 $m$ を持つある状態 $|\Psi\rangle$ を考えよう．つまり，$U|\Psi\rangle = m|\Psi\rangle$ とする．すると，

$$
\begin{aligned}
& U(Q|\Psi\rangle) \\
&= U\left(c^i K_i - \frac{1}{2} f_{ij}{}^k c^i c^j b_k\right)|\Psi\rangle \\
&= \left(U c^i K_i - \left(\sum_r c^r b_r\right)\frac{1}{2} f_{ij}{}^k c^i c^j b_k\right)|\Psi\rangle \\
&= \left(c^i K_i + c^i K_i U - \frac{1}{2} f_{ij}{}^k \sum_r c^r b_r c^i c^j b_k\right)|\Psi\rangle \\
&\qquad\qquad (U c^i K_i = c^i K_i + c^i K_i U \text{ を用いる}) \\
&= \left(c^i K_i + c^i K_i U - \frac{1}{2} f_{ij}{}^k \sum_r c^r (\delta^i_r - c^i b_r) c^j b_k\right)|\Psi\rangle \\
&\qquad\qquad [\text{式 (6.3) を適用}] \\
&= \left(c^i K_i + c^i K_i U - \frac{1}{2} f_{ij}{}^k c^i c^j b_k + \frac{1}{2} f_{ij}{}^k \sum_r (c^r c^i b_r) c^j b_k\right)|\Psi\rangle \\
&\qquad\qquad (\delta^i_r \text{の性質を用いる}) \\
&= \left(c^i K_i + c^i K_i U - \frac{1}{2} f_{ij}{}^k c^i c^j b_k - \frac{1}{2} f_{ij}{}^k c^i \sum_r c^r b_r c^j b_k\right)|\Psi\rangle \\
&= \left(c^i K_i + c^i K_i U - \frac{1}{2} f_{ij}{}^k c^i c^j b_k - \frac{1}{2} f_{ij}{}^k c^i \sum_r c^r (\delta^j_r - c^j b_r) b_k\right)|\Psi\rangle \\
&\qquad\qquad [\text{再び式 (6.3) を適用する}]
\end{aligned}
$$

$$= \left( Q + c^i K_i U - \frac{1}{2} f_{ij}{}^k c^i \sum_r c^r (\delta_r^j - c^j b_r) b_k \right) |\Psi\rangle$$

[式 (6.5) を用いて $Q$ を書く]

$$= \left( Q + c^i K_i U - \frac{1}{2} f_{ij}{}^k c^i c^j b_k + \frac{1}{2} f_{ij}{}^k c^i \sum_r c^r c^j b_r b_k \right) |\Psi\rangle$$

(再びクロネッカーのデルタ)

$$= \left( Q + c^i K_i U - \frac{1}{2} f_{ij}{}^k c^i c^j b_k - \frac{1}{2} f_{ij}{}^k c^i c^j \sum_r c^r b_r b_k \right) |\Psi\rangle$$

$$= \left( Q + c^i K_i U - \frac{1}{2} f_{ij}{}^k c^i c^j b_k + \frac{1}{2} f_{ij}{}^k c^i c^j \sum_r c^r b_k b_r \right) |\Psi\rangle$$

$$= \left( Q + c^i K_i U - \frac{1}{2} f_{ij}{}^k c^i c^j b_k + \frac{1}{2} f_{ij}{}^k c^i c^j \sum_r (\delta_k^r - b_k c^r) b_r \right) |\Psi\rangle$$

[再び式 (6.3) を用いる]

$$= \left( Q + c^i K_i U - \frac{1}{2} f_{ij}{}^k c^i c^j b_k \sum_r c^r b_r \right) |\Psi\rangle$$

$$= (Q + QU)|\Psi\rangle = (1 + m)(Q|\Psi\rangle) \qquad (U|\Psi\rangle = m|\Psi\rangle \text{ を適用})$$

それゆえ BRST 演算子はゴースト数を 1 だけ上昇させる.

## BRST 不変状態

状態 $|\Psi\rangle$ は, BRST 演算子 [式 (6.5)] によって消滅させられるとき **BRST 不変**であると呼ばれる：

$$Q|\Psi\rangle = 0 \Rightarrow |\Psi\rangle \text{ は BRST 不変} \tag{6.8}$$

BRST 不変状態は**理論の物理的状態**である. $Q^2 = 0$ より, 任意の状態

$|\Psi\rangle = Q|\chi\rangle$ は

$$Q|\Psi\rangle = Q^2|\chi\rangle = 0$$

より BRST 不変である．

$|\Psi\rangle = Q|\chi\rangle$ を**ヌル状態**と呼ぶ．$|\phi\rangle$ を，$Q|\phi\rangle = 0$ であるような任意の物理的状態と仮定する．このとき，

$$\langle\phi|\Psi\rangle = \langle\phi|(Q|\chi\rangle) = (\langle\phi|Q)|\chi\rangle = 0$$

であることに注意しよう．

それゆえいかなる物理的状態とヌル状態の間の振幅も消滅する．これは通常の量子力学における位相因子の考え方と幾分同種の結果を意味する．

2 つの状態 $|a\rangle, |b\rangle = e^{i\theta}|a\rangle$ は，結果として得られる振幅が等しいことより，量子力学において同じ物理的状態を表す．同様に，いかなる物理的状態とヌル状態の間の内積も消滅することより，ヌル状態 $|\Psi\rangle = Q|\chi\rangle$ を物理的状態 $|\phi\rangle$ に加えると，$|\phi\rangle$ と物理的に等価な新しい状態を生成する：

$$|\phi'\rangle = |\phi\rangle + Q|\chi\rangle$$

というのも，この式の右辺の第 2 項はいかなる内積にも寄与しないから，理論の物理的予言である振幅にはなんら変更をもたらさないからである．$Q$ が状態のゴースト数を 1 上昇させることより，$|\Psi\rangle$ のゴースト数が $m$ ならば $|\chi\rangle$ のゴースト数は $m-1$ である．重要な特別な場合として，ゴースト数ゼロを伴う状態 $|\Psi\rangle$ がある．ゴースト数がゼロならば

$$U|\Psi\rangle = 0$$

である．

$U$ の形，すなわち式 (6.7) を確認すると，これが $b_k|\Psi\rangle = 0$ を意味することが分かる．さらに，ゴースト場 $b_k$ によって消滅する状態は，ゴースト場 $c^k$ によって消滅することができない．$U = \sum_i c^i b_i = \sum_i (\delta^i_i - b_i c^i) =$

$n - \sum_i b_i c^i$ より，

$$U|\Psi\rangle = \left(n - \sum_i b_i c^i\right)|\Psi\rangle = n|\Psi\rangle - \sum_i b_i c^i|\Psi\rangle$$

となることが分かる．

それゆえ $b_k|\Psi\rangle = 0$ ならば $c^k$ はこの状態を消滅することができない．というのも，これは矛盾を導くからである．$b_k|\Psi\rangle = 0$ のとき，直ちに $U|\Psi\rangle = 0$ が成立するが，上の結果は $c^k|\Psi\rangle = 0$ ならば $U|\Psi\rangle = n|\Psi\rangle \neq 0$ もまた成り立つがこれは矛盾である．

ゼロゴースト数を持つ状態に対するカギとなる結果は次の通りである．式 (6.5) の中の $Q$ を確認すると，$b_k|\Psi\rangle = 0$ ならば

$$Q|\Psi\rangle = \sum_i c^i K_i|\Psi\rangle$$

となることが明らかである．これはゼロゴースト数状態に対して

$$K_i|\Psi\rangle = 0 \tag{6.9}$$

であることを意味する．

したがってゼロゴースト数を持つ BRST 不変な状態は，生成子 $K_i$ によって記述される対称性の下でも不変であるということが言える．さらに，ある状態がゼロゴースト数を持つとき，これからその状態はゴースト状態ではないことが分かる．それゆえこれは負の確率を取り除いたことになる．

# 弦理論-CFT における BRST

弦理論における BRST 形式を，2 つのアプローチを簡単に考えることによって確認しよう．このアプローチの導出は経路積分の使用を基礎としており，本書のレベルを超えるため敢えて避けた．したがっていくつかの結果は単に述べただけなので，これらの導出に興味がある読者は本書の巻末にある参考文献を確認することをお勧めする．

BRST 量子化の弦理論への応用は，共形場理論を用いて容易に実行することができる．このアプローチの利点は臨界次元 $D = 26$ が直接的な方法で得られることである．ここでは，$h_{\alpha\beta} = \eta_{\alpha\beta}$ を採用する共形ゲージで考える．この場合，エネルギー-運動量テンソルは正則成分 $T_{zz}(z)$ および反正則成分 $T_{\bar{z}\bar{z}}$ を持つ．ここで $T_{zz}(z)$ は式 (5.33) にて

$$T_{zz}(z) = \sum_{m=-\infty}^{\infty} \frac{L_m}{z^{m+2}}$$

として与えられていた．

例 5.5 では $T_{zz}(z)T_{ww}(w)$ の OPE を導き出し，それは

$$T_{zz}(z)T_{ww}(w) = \frac{D/2}{(z-w)^4} - \frac{2T_{ww}(w)}{(z-w)^2} - \frac{\partial_w T_{ww}(w)}{z-w}$$

と求められた．記号の簡略化のために，$\ell_s^2$ 因子の積を省略した．ゴースト場は複素変数 $z$ の関数として次のように導入される．それらは

$$b(z)c(w) = \frac{1}{z-w} \qquad \bar{b}(\bar{z})\bar{c}(\bar{w}) = \frac{1}{\bar{z}-\bar{w}}$$

のように定義する．

次にゴースト場に対するエネルギー-運動量テンソル $T_{gh}(z)$ を書き下す．これは

$$T_{gh}(z) = -2b(z)\partial_z c(z) - \partial_z b(z)c(z)$$

によって与えられる．

ゴースト場の共形次元 [式 (6.4)] はこの定義に従う．ゴーストエネルギー-運動量テンソルと弦に対するエネルギー-運動量テンソルを一緒にしたものを用いると，BRST カレントに到達する：

$$j(z) = c(z)\left(T_{zz}(z) + \frac{1}{2}T_{gh}(z)\right) = c(z)T_{zz}(z) + c(z)\partial_z c(z)b(z)$$

BRST チャージは

$$Q = \int \frac{dz}{2\pi i} j(z)$$

によって与えられる．

いま，中心チャージ (つまり臨界時空次元) はエネルギー-運動量テンソルの OPE の先頭の項であり，それは

$$\frac{D/2}{(z-w)^4}$$

である．

この余分な項の存在は**共形的アノマリー**と呼ばれる[*1]．というのもこの項はこの代数が閉じるのを邪魔するからである．したがってこれは取り除かれるべきである．これは全エネルギー-運動量テンソル，すなわち $T = T_{zz}(z) + T_{gh}(z)$ を考えることによって実行できる．ゴーストエネルギー-運動量テンソルの OPE が

$$T_{gh}(z)T_{gh}(w) = \frac{-13}{(z-w)^4} - \frac{2T_{gh}(w)}{(z-w)^2} - \frac{\partial_w T_{gh}(w)}{z-w}$$

となることが示せる．

この表式の先頭の項を $-(D/2)/(z-w)^4$ という形にとると，ゴースト場が $-26$ の中心チャージに寄与することが分かり，これは正確に物質のエネルギー-運動量テンソルから引き起こされる共形的アノマリーを打ち消す．この結果は実際，BRST チャージの冪零要求 (つまり，$Q^2 = 0$) に従う．

## BRST 変換

次に，経路積分的アプローチを用いて導かれる **BRST 変換**の組を考えることによって BRST 量子化を確認する．これはやや本書で用いられる議論

[*1] 訳注：アノマリー (anomaly) とは，異常とか例外を意味する英単語である．

のレベルを超えるので，ここでは単に結果を述べる．光錐座標で考え，ゴースト場 $c$ および反ゴースト場 $b$ を定義する．ここで $c$ は成分 $c^+, c^-$ を持ち，$b$ は成分 $b_{++}$ および $b_{--}$ を持つものとする．ゴースト場 $T^{gh}_{\pm\pm}$ に対するエネルギー-運動量テンソルも導入する．その成分は

$$T^{gh}_{++} = i(2b_{++}\partial_+ c^+ + \partial_+ b_{++} c^+)$$
$$T^{gh}_{--} = i(2b_{--}\partial_- c^- + \partial_- b_{--} c^-)$$

によって与えられる．

小さな反交換演算子 $\varepsilon$ を用いると，BRST 変換は

$$\delta X^\mu = i\varepsilon(c^+\partial_+ + c^-\partial_-)X^\mu$$
$$\delta c^\pm = \pm\, i\varepsilon(c^+\partial_+ + c^-\partial_-)c^\pm$$
$$\delta b_{\pm\pm} = \pm\, i\varepsilon(T_{\pm\pm} + T^{gh}_{\pm\pm})$$

となる．ゴースト場の作用は

$$S_{gh} = \int d^2\sigma (b_{++}\partial_- c^+ + b_{--}\partial_+ c^-)$$

である．ここから次の運動方程式が従う：

$$\partial_- b_{++} = \partial_+ b_{--} = \partial_- c^+ = \partial_+ c^- = 0$$

するとゴースト場の形式展開を書き下すことができる．それらは

$$c^+ = \sum_n \bar{c}_n e^{-in(\tau+\sigma)} \qquad c^- = \sum_n c_n e^{-in(\tau-\sigma)}$$
$$b_{++} = \sum_n \bar{b}_n e^{-in(\tau+\sigma)} \qquad b_{--} = \sum_n b_n e^{-n(\tau-\sigma)}$$

によって与えられる．モードは次の反交換関係を満たす：

$$\{b_m, c_n\} = \delta_{m+n,0}$$

ただし，$\{b_m, b_n\} = \{c_m, c_n\} = 0$ である．ヴィラソロ演算子は，モードを用いてゴースト場に対して定義される．正規順序展開を用いると，これらは

$$L^{gh}_m = \sum_n (m-n) : b_{m+n} c_{-n} : \qquad \bar{L}^{gh}_m = \sum_n (m-n) : \bar{b}_{m+n} \bar{c}_{-n} :$$

となる．

“実” 場 + ゴースト場に対する全ヴィラソロ演算子を書き下すために，それぞれの演算子に関する和を構成する．すなわち，

$$L_m^{tot} = L_m + L_m^{gh} - a\delta_{m,0}$$

である．ここで，右辺の最後の項は $m = 0$ に対する正規順序定数である．全ヴィラソロ演算子に対する交換関係が

$$[L_m^{tot}, L_n^{tot}] = (m-n)L_{m+n}^{tot} + A(m)\delta_{m+n,0}$$

の形をしていることが示せる．

この右辺に項 $A(m)$ が存在することにより，古典的ヴィラソロ代数を保存する関係式が引き続き得られることに注意しよう．そのため，この項は**アノマリー**と呼ばれる．アノマリーは，いま分かっているはずの 2 つの未知定数 $D$ および $a$ に関して決定される．それは

$$A(m) = \frac{D}{12}m(m^2-1) + \frac{1}{6}(m - 13m^3) + 2am$$

の形を持っている．アノマリーを解消するためには，$D = 26, a = 1$ を採用する必要がある．これはボソン的理論に対する本書のこれまで得られたその他の結果と無矛盾である．

BRST カレントは

$$j = cT + \frac{1}{2} : cT^{gh} : + \frac{3}{2}\partial^2 c$$

によって与えられる．BRST チャージはモード展開によって与えられる：

$$Q = \sum_n c_n L_{-n} + \frac{1}{2}\sum_{m,n}(m-n) : c_m c_n b_{-m-n} : - c_0$$

退屈な代数演算を用いると

$$Q^2 = \frac{1}{2}\sum \left([L_m^{tot}, L_n^{tot}] - (m-n)L_{m+n}^{tot}\right) c_{-m}c_{-n} \approx \frac{1}{12}(D-26)$$

を示すことができる．それゆえ $Q^2 = 0$ という要請は $D = 26$ に制限する．

ヴィラソロ演算子に対する古典的代数

$$[L_m, L_n] = (m - n)L_{m+n}$$

を用いて，式 (6.1) から (6.5) に概略を示した元々の BRST 的アプローチに戻る：構造定数は

$$f^k_{mn} = (m - n)\delta_{m+n,k}$$

と特定できる．

弦理論において物理的スペクトルがどのように構築することができるかを確かめるために，開弦の場合を考察する．状態はゴースト真空状態から構築される．ゴースト真空状態を $|\chi\rangle$ と呼ぼう．この状態はすべての正のゴーストモードによって消滅される．$n > 0$ とすると，

$$b_n|\chi\rangle = c_n|\chi\rangle = 0$$

である．

ゴースト場のゼロモードは特別な場合である．それらはこの理論の物理的状態を構築するために使用することができる．反交換関係 [式 (6.3)] を用いると，ゼロモードは

$$\{b_0, c_0\} = 1$$

を満たす．

式 (6.3) を用いると，$b_0^2 = c_0^2 = 0$ もまた明らかであるべきである．物理的状態 $|\Psi\rangle$ に対して $b_0|\Psi\rangle = 0$ も要請する．さていまゴースト状態のゼロモードから 2 状態系を構築することができる．基本状態は $|\uparrow\rangle, |\downarrow\rangle$ によって表される．ゴースト状態は

$$b_0|\downarrow\rangle = c_0|\uparrow\rangle$$
$$b_0|\uparrow\rangle = |\downarrow\rangle \qquad c_0|\downarrow\rangle = |\uparrow\rangle$$

のように振る舞う．$|\downarrow\rangle$ はゴースト真空状態として選ばれる．この系の全状態を得るには，$|\downarrow, k\rangle$ を得るために，この状態と運動量状態 $|k\rangle$ のテンソル積をとる．物理的状態を生成するために，その上に BRST チャージ $Q$ を作用させる．すると

$$Q|\downarrow, k\rangle = (L_0 - 1)c_0|\downarrow, k\rangle$$

を示すことができる．$Q|\downarrow, k\rangle = 0$ という要請は，質量殻条件 $L_0 - 1 = 0$ を与え，それは第 4 章で求めたのと同じタキオン状態を記述する．より高準位の状態は生成することができる．3 つの場各々に対するモード演算子が存在するようになる．$X^\mu(\sigma, \tau)$ と 2 つのゴースト場である．最初の励起状態を得るために，次のように $\alpha_{-1}, c_{-1}$ および $b_{-1}$ を作用させる：

$$|\Psi\rangle = (\zeta \cdot \alpha_{-1} + \xi_1 c_{-1} + \xi_2 b_{-1})|\downarrow, k\rangle$$

$\xi_1$ および $xi_2$ は定数である．しかし $\zeta_\mu$ は 26 成分を持つベクトルである．第 4 章では，第 1 準位の励起状態がゼロ質量であることを求めたので，この状態が横方向の物理的自由度を持つことが期待される．すなわち，それは 24 個の独立成分を持つべきである．余分なパラメーターを取り除くために，$Q|\Psi\rangle = 0$ という要請で物理的状態を作る．すると

$$Q|\Psi\rangle = 2(p^2 c_0 + (p \cdot \zeta)c_{-1} + \xi_2 p \cdot \alpha_{-1})|\downarrow, k\rangle$$

となることが示せる．

$Q|\Psi\rangle = 0$ という要請はパラメーター上の制約条件を強制する．この一般的処方によって，26 個の正のノルム状態と 2 個の負のノルム状態が存在する．

いくつかの制約条件を導入することによって負のノルム状態を排除することができる．最初の制約条件は $p \cdot \zeta = 0$ および $\xi_1 = 0$ と採ったものである．この条件は理論から負のノルム状態を取り除く．また，$p^2 = 0$ に注意しよう．これから，この状態がゼロ質量状態であることが分かる．また，2 つのゼロノルム状態が存在する：

$$k_\mu \alpha^\mu_{-1}|\downarrow, k\rangle \quad および \quad c_{-1}|\downarrow, k\rangle$$

これらの状態は物理的状態に対して直交する．これらを排除すると，26 時空次元のゼロ質量状態として期待された 24 自由度の状態が得られる．

## 非ゴースト定理

**非ゴースト定理**は単に第 4 章で見てきた結果を述べたものであり，ここでは時空次元が $D = 26$ によって与えられるなら，負のノルム状態は理論から除去される．

## まとめ

本章では，BRST 形式を導入し，それがどのようにして弦を量子化するために使用することができるかを説明した．これは，共変量子化や光錘量子化より洗練されたアプローチである．それは間をとり，ゴースト状態と同居するが，ローレンツ不変性を明らかにする．このアプローチは見かけ上，臨界 $D = 26$ 次元が容易に理解できる．

## 章末問題

1. ヴィラソロ生成子を考え，

$$[[L_i, L_j], L_k] + [[L_j, L_k], L_i] + [[L_k, L_i], L_j]$$

を計算せよ．

2. BRST カレント $j(z) = c(z)T_{zz} + c(z)\partial_z c(z)b(z)$ が正規順序表式で書かれているものと仮定せよ．このとき，$\frac{1}{2}\{Q, Q\}$ を求めよ．
3. 問 2 のあなたの答えを確認せよ．$Q^2 = 0$ を要請した場合，この理論はいくつのスカラー場を含むか？
4. $L_0|\downarrow, k\rangle$ を用いて $k^2$ を求めよ．

Chapter

7

# RNS 超弦

読者が知っているように現実世界は素粒子物理学の標準模型によって記述され，それは 2 種類の一般的な素粒子を含む．これらは次のようにスピン角運動量に関して定義される．すべての整数スピンを持つ粒子は**ボソン**と呼ばれ，半整数スピンを持つ粒子は**フェルミオン**と呼ばれる．基本粒子の階層，電子，ニュートリノ，クォーク，光子，ゲージボソン，グルーオンでは，**物質粒子**はフェルミオンであり，力を伝達する粒子はボソンである．フェルミオンとボソンを関連づける対称性は**超対称性**と呼ばれる．

本書でこれまで述べてきた弦理論はボソンのみから構成される．明らかに，我々は日々フェルミオンを確認しているので，この理論は我々の宇宙を記述する現実的な理論ではない．ここから本書でこれまで展開してきたポリヤコフ作用から開始する理論がすべてではないことが分かる．理論はフェルミオンを含むように拡張されるべきである．加えて，理論を量子化するときに，基底状態はタキオン，つまり，光速より大きな速さで伝わる粒子であったことを思い出そう．これらの負の自乗質量を持つ状態は物理的に見て非現実的である．より重要な点としてタキオンを持つ量子論は不安定な真空を持つ．

この状況は，理論に**超対称性**を導入することによって救済される．これにより，フェルミオンが自然の説明に含まれるように弦理論が展開できる．また，望ましくないタキオン状態が捨て去られることも見ていくつもりである．この努力の興味深い副産物として臨界次元が26から10に落ちるというものがある．読者が量子論のフェルミオン場の説明に不慣れな場合，本章に取り組む前に読者の好きな場の量子論(および超対称性)の教科書を復習することをお勧めする(『*Quantum Field Theory Demystified*』は比較的痛みの伴わない入門書である)．

## 超弦作用

フェルミオンを含むようにするために，**Ramond-Neveu-Schwarz**（ラモン ヌヴー シュワルツ） **(RNS)** 形式と呼ばれるアプローチを用いて理論を直接的に修正して前進できる．このアプローチは世界面上で超対称的である．のちに時空内で超対称的な**Green-Schwarz**（グリーン シュワルツ） **(GS)** 形式を考察する．時空次元の数が10のとき，これら2つのアプローチは等価である．

ここでの計画はボソンの場合に適用されたものと基本的に同じものを用いて行うことができる．作用を導入し，運動方程式を求め，理論を量子化する．しかしながら，今回は世界面上のフェルミオン場を含める．ここではまず，式(2.27)で最初に述べたポリヤコフ作用から始め，それを共形ゲージでここに再生成する：

$$S = -\frac{T}{2}\int d^2\sigma \partial_\alpha X^\mu \partial^\alpha X_\mu \tag{7.1}$$

RNS形式を用いてこの理論に自由フェルミオンを含めるために，ラグランジアンにディラック場に対する運動エネルギー項を加える．つまり，作用に$D$次元自由フェルミオン場$\Psi^\mu$を含めるので，作用は

$$S = -\frac{T}{2}\int d^2\sigma \left(\partial_\alpha X^\mu \partial^\alpha X_\mu - i\bar{\Psi}^\mu \rho^\alpha \partial_\alpha \Psi_\mu\right) \tag{7.2}$$

という形をしているものと仮定できる．

もう一度言うと，読者がディラック場について不慣れなら，『*Quantum Field Theory Demystified*』かお気に入りの場の量子論の教科書を参照しよ

う．$\rho^\alpha$ は，世界面上の**ディラック行列**である．世界面が $1+1$ 次元を持つことより，$\rho^\alpha$ は $1+1$ 次元内のディラック行列である．それゆえこのような $2 \times 2$ 行列は 2 つ存在し，それらは適切な基底の選択により，

$$\rho^0 = \begin{pmatrix} 0 & -i \\ i & 0 \end{pmatrix} \qquad \rho^1 = \begin{pmatrix} 0 & i \\ i & 0 \end{pmatrix} \tag{7.3}$$

という形で書くことができる．

例 **7.1**

世界面上のディラック行列が**ディラック代数**

$$\{\rho^\alpha, \rho^\beta\} = -2\eta^{\alpha\beta} \tag{7.4}$$

として知られる反交換関係に従うことを明示的な計算によって示せ．

解答

この結果は簡単に確かめられる．

$$\eta^{\alpha\beta} = \begin{pmatrix} -1 & 0 \\ 0 & 1 \end{pmatrix}$$

より，

ディラック代数は，次の関係式が成り立つ場合，$\rho^\alpha$ によって満たされるようになる：

$$\begin{aligned}
\{\rho^0, \rho^0\} &= \rho^0\rho^0 + \rho^0\rho^0 = 2\rho^0\rho^0 = -2\eta^{00} = 2I \\
\{\rho^1, \rho^1\} &= \rho^1\rho^1 + \rho^1\rho^1 = 2\rho^1\rho^1 = -2\eta^{11} = -2I \\
\{\rho^0, \rho^1\} &= \rho^0\rho^1 + \rho^1\rho^0 = -2\eta^{01} = 0
\end{aligned}$$

$\{\rho^1, \rho^0\}$ についても同様である．さていま，

$$\begin{aligned}
\rho^0\rho^0 &= \begin{pmatrix} 0 & -i \\ i & 0 \end{pmatrix}\begin{pmatrix} 0 & -i \\ i & 0 \end{pmatrix} \\
&= \begin{pmatrix} 0\cdot 0 + (-i)\cdot i & 0\cdot(-i) + (-i)\cdot 0 \\ i\cdot 0 + 0\cdot i & i\cdot(-i) + 0\cdot 0 \end{pmatrix} = \begin{pmatrix} 1 & 0 \\ 0 & 1 \end{pmatrix} = I
\end{aligned}$$

である．

それゆえ最初の関係式 $\{\rho^0,\rho^0\} = 2I$ が満たされる．第2の関係式 $\{\rho^1,\rho^1\} = -2I$ も満たされることを示そう：

$$\begin{aligned}\rho^1\rho^1 &= \begin{pmatrix}0 & i\\ i & 0\end{pmatrix}\begin{pmatrix}0 & i\\ i & 0\end{pmatrix}\\ &= \begin{pmatrix}0\cdot 0+i\cdot i & 0\cdot i+i\cdot 0\\ i\cdot 0+0\cdot i & i\cdot i+0\cdot 0\end{pmatrix} = \begin{pmatrix}-1 & 0\\ 0 & -1\end{pmatrix} = -I\end{aligned}$$

最後に

$$\begin{aligned}\rho^0\rho^1 &= \begin{pmatrix}0 & -i\\ i & 0\end{pmatrix}\begin{pmatrix}0 & i\\ i & 0\end{pmatrix}\\ &= \begin{pmatrix}0\cdot 0+(-i)\cdot i & 0\cdot i+(-i)\cdot 0\\ i\cdot 0+0\cdot i & i\cdot i+0\cdot 0\end{pmatrix} = \begin{pmatrix}1 & 0\\ 0 & -1\end{pmatrix}\\ \rho^1\rho^0 &= \begin{pmatrix}0 & i\\ i & 0\end{pmatrix}\begin{pmatrix}0 & -i\\ i & 0\end{pmatrix}\\ &= \begin{pmatrix}0\cdot 0+i\cdot i & 0\cdot(-i)+i\cdot 0\\ i\cdot 0+0\cdot i & i\cdot(-i)+0\cdot 0\end{pmatrix} = \begin{pmatrix}-1 & 0\\ 0 & 1\end{pmatrix}\end{aligned}$$

に注意すると，$\{\rho^0,\rho^1\} = \{\rho^1,\rho^0\} = 0$ となることが分かる．

## Majorana（マヨラナ）スピノル

作用に導入された場，$\Psi^\mu = \Psi^\mu(\sigma,\tau)$ は世界面上の**2成分マヨラナスピノル**である．それらが2つの成分を持つものとして与えられると，それらはしばしば2つの添字で $\Psi^\mu_A$ と書かれる．ここで，$\mu = 0,1,\ldots,D-1$ は時空添字で，$A=\pm$ はスピノル添字である．$\Psi^\mu_A$ は次のように縦ベクトルとして書くことができる (時空添字は省略する)：

$$\Psi = \begin{pmatrix}\Psi_-\\ \Psi_+\end{pmatrix}$$

ローレンツ変換の下で，これらの場は時空内でベクトルとして変換する [$\Lambda^\mu{}_\nu$ をローレンツ変換とするとき，変換 $x^\mu \to x'^\mu = \Lambda^\mu{}_\nu x^\nu$ の下で，反変ベク

トル場 $V^\mu(x)$ は $V^\mu(x) \to V'^\mu(x') = \Lambda^\mu{}_\nu V^\nu(x)$ という風に変換するものであることを思い出そう].

場の量子論でディラックスピノルに対して用いられる慣例に従い，次の定義が成り立つ：

$$\bar{\Psi}^\mu = (\Psi^\mu)^\dagger \rho^0$$

ここで使用された定義はディラック行列 (7.3) を書き下すために用いられる基底に依存し，そのため他の慣例も可能である．ディラック方程式の学習から読者がお馴染みの $\gamma_5$ 行列に類似の 3 番目のディラック行列も導入することができる．これはその意味で $\rho^3$ と示される：

$$\rho^3 = \rho^0\rho^1 = \begin{pmatrix} 1 & 0 \\ 0 & -1 \end{pmatrix}$$

左進と右進を明示的に作ることは興味深いことだろう．これは次の定義を思い出すことによって行うことができる：

$$\sigma^\pm = \tau \pm \sigma \tag{7.5}$$

$$\partial_\pm = \frac{1}{2}(\partial_\tau \pm \partial_\sigma) \tag{7.6}$$

$$\partial_\tau = \partial_+ + \partial_- \qquad \partial_\sigma = \partial_+ - \partial_- \tag{7.7}$$

## 例 7.2

$\bar{\Psi}^\mu \rho^\alpha \partial_\alpha \Psi_\mu = 2(\Psi_- \cdot \partial_+ \Psi_- + \Psi_+ \cdot \partial_- \Psi_+)$ を示せ．

## 解答

和を明示的に展開することによって $\bar{\Psi}^\mu \rho^\alpha \partial_\alpha \Psi_\mu$ をより啓発的な形で書きなおそう：

$$\bar{\Psi}^\mu \rho^\alpha \partial_\alpha \Psi_\mu = \bar{\Psi}^\mu (\rho^0 \partial_0 + \rho^1 \partial_1) \Psi_\mu$$

さて，

$$\rho^0\partial_0 = \begin{pmatrix} 0 & -i \\ i & 0 \end{pmatrix}\partial_\tau$$

$$\rho^1\partial_1 = \begin{pmatrix} 0 & i \\ i & 0 \end{pmatrix}\partial_\sigma$$

である．したがって和は

$$\begin{aligned}\rho^0\partial_0 + \rho^1\partial_1 &= \begin{pmatrix} 0 & -i \\ i & 0 \end{pmatrix}\partial_\tau + \begin{pmatrix} 0 & i \\ i & 0 \end{pmatrix}\partial_\sigma \\ &= \begin{pmatrix} 0 & -i(\partial_\tau - \partial_\sigma) \\ i(\partial_\tau + \partial_\sigma) & 0 \end{pmatrix} = \begin{pmatrix} 0 & -2i\partial_- \\ 2i\partial_+ & 0 \end{pmatrix}\end{aligned}$$

となる．それゆえ

$$\begin{aligned}\bar{\Psi}^\mu\rho^\alpha\partial_\alpha\Psi_\mu =& \bar{\Psi}^\mu(\rho^0\partial_0 + \rho^1\partial_1)\Psi_\mu \\ =& \bar{\Psi}^\mu\begin{pmatrix} 0 & -2i\partial_- \\ 2i\partial_+ & 0 \end{pmatrix}\Psi_\mu\end{aligned}$$

である．

いま，スピノルの成分を書こう．簡単のため，しばらく時空添字を省略する．まず，

$$\begin{pmatrix} 0 & -2i\partial_- \\ 2i\partial_+ & 0 \end{pmatrix}\Psi = \begin{pmatrix} 0 & -2i\partial_- \\ 2i\partial_+ & 0 \end{pmatrix}\begin{pmatrix} \Psi_- \\ \Psi_+ \end{pmatrix} = 2i\begin{pmatrix} -\partial_-\Psi_+ \\ \partial_+\Psi_- \end{pmatrix}$$

に注意しよう．

$\bar{\Psi}^\mu = (\Psi^\mu)^\dagger\rho^0$ を用いると，

$$\begin{aligned}\bar{\Psi}^\mu\begin{pmatrix} 0 & -2i\partial_- \\ 2i\partial_+ & 0 \end{pmatrix}\Psi_\mu &= \begin{pmatrix} \Psi_-{}^\mu & \Psi_+{}^\mu \end{pmatrix}\begin{pmatrix} 0 & -i \\ i & 0 \end{pmatrix}2i\begin{pmatrix} -\partial_-\Psi_{+\mu} \\ \partial_+\Psi_{-\mu} \end{pmatrix} \\ &= \begin{pmatrix} \Psi_-{}^\mu & \Psi_+{}^\mu \end{pmatrix}\begin{pmatrix} 2\partial_+\Psi_{-\mu} \\ 2\partial_-\Psi_{+\mu} \end{pmatrix} \\ &= 2\Psi_-{}^\mu\partial_+\Psi_{-\mu} + 2\Psi_+{}^\mu\partial_-\Psi_{+\mu} \\ &= 2(\Psi_-\cdot\partial_+\Psi_- + \Psi_+\cdot\partial_-\Psi_+)\end{aligned}$$

が成り立つ.

例 7.2 で得られた結果より作用のフェルミオン部分は比較的に簡単に書くことが可能となる．フェルミオン的作用を $S_F$ によって表すと,

$$\begin{aligned}S_F =& -\frac{T}{2}\int d^2\sigma(-i\bar{\Psi}^\mu\rho^\alpha\partial_\alpha\Psi_\mu)\\ =& -\frac{T}{2}\int d^2\sigma(-2i)(\Psi_-\cdot\partial_+\Psi_- + \Psi_+\cdot\partial_-\Psi_+)\\ =& iT\int d^2\sigma(\Psi_-\cdot\partial_+\Psi_- + \Psi_+\cdot\partial_-\Psi_+)\end{aligned}$$

が成り立つ．フェルミオン的作用 $S_F$ の変分をとることによって自由場のディラック運動方程式を得ることができることを示すことができる：

$$\partial_+\Psi_-^\mu = \partial_-\Psi_+^\mu = 0 \tag{7.8}$$

マヨラナ場 $\Psi_-^\mu$ は右進を記述し，マヨラナ場 $\Psi_+^\mu$ は左進を記述する.

## 世界面上の超対称変換

ここでは**超対称性** (*supersymmetry*)(SUSY と略される) 変換のパラメーターを導入する．ここではそれを $\varepsilon$ によって表すことにする．この無限小の対象もまたマヨラナスピノルであり，それは

$$\varepsilon = \begin{pmatrix}\varepsilon_-\\ \varepsilon_+\end{pmatrix}$$

によって与えられる実定数の成分を持つ．$\varepsilon$ の成分が定数にとられることより，これは世界面の**大域的対称性**を表す．もしこれが局所対称性なら，それは座標 $(\sigma,\tau)$ に依存する．更に付け加えると $\varepsilon$ の成分は**グラスマン数**である．2 つのグラスマン数 $a, b$ は反交換する，つまり $ab+ba=0$ である.

さて，ここでは対称性を定義するために $\varepsilon$ を用いる．フェルミオン場を含む作用は超対称変換の下で不変である：

$$\begin{aligned}\delta X^\mu =& \bar{\varepsilon}\Psi^\mu\\ \delta\Psi^\mu =& -i\rho^\alpha\partial_\alpha X^\mu\varepsilon\end{aligned} \tag{7.9}$$

$\delta\Psi^\mu$ 用いると，$\delta\bar{\Psi}^\mu = \overline{-i\rho^\alpha\partial_\alpha X^\mu\varepsilon} = i\bar{\varepsilon}\rho^\alpha\partial_\alpha X^\mu$ も求まる[*1]．これは自由ボソン場をフェルミオン場に変換したり，またその逆をしたりすることに注意しよう．次のようにして個別の成分を関連づけることができる．まず

$$\delta X^\mu = \bar{\varepsilon}\Psi^\mu = \begin{pmatrix}\varepsilon_- & \varepsilon_+\end{pmatrix}\begin{pmatrix}\Psi^\mu_- \\ \Psi^\mu_+\end{pmatrix} = \varepsilon_-\Psi^\mu_- + \varepsilon_+\Psi^\mu_+ \tag{7.10}$$

が成り立つ．第 2 式の場合，

$$\delta\Psi^\mu = \begin{pmatrix}\delta\Psi^\mu_- \\ \delta\Psi^\mu_+\end{pmatrix}$$

および

$$\begin{aligned}\rho^\alpha\partial_\alpha X^\mu\varepsilon =& \rho^0\partial_\tau X^\mu\varepsilon + \rho^1\partial_\sigma X^\mu\varepsilon \\ =& (\rho^0\partial_\tau + \rho^1\partial_\sigma)X^\mu\varepsilon \\ =& \left[\begin{pmatrix}0 & -i \\ i & 0\end{pmatrix}\partial_\tau + \begin{pmatrix}0 & i \\ i & 0\end{pmatrix}\partial_\sigma\right]X^\mu\varepsilon \\ =& \begin{pmatrix}0 & -(\partial_\tau - \partial_\sigma) \\ i(\partial_\tau + \partial_\sigma) & 0\end{pmatrix}X^\mu\varepsilon \\ =& \begin{pmatrix}0 & -2i\partial_- \\ 2i\partial_+ & 0\end{pmatrix}X^\mu\varepsilon\end{aligned}$$

が成り立つ．それゆえ

$$\delta\Psi^\mu_- = -2\partial_- X^\mu\varepsilon_+ \tag{7.11}$$

$$\delta\Psi^\mu_+ = 2\partial_+ X^\mu\varepsilon_- \tag{7.12}$$

である．

## 保存カレント

この時点で式 (7.2) の作用に関連する保存カレントを特定することが必要である．超対称性に取り組む前に，運動量を確認することによって保存カレ

[*1] 訳注：この長いバーも当然複素共役ではない共役である．これは 155 ページのの $\bar{\psi}^\mu$ に定義されているものである．

ントをどのようにして計算するのかを復習しよう．ローレンツ変換を確認することによって章末問題で練習することができる．簡単な例から始めてこの方法を思い出そう．

例 **7.3**

作用 $S = -T/2 \int d^2\sigma(\partial_\alpha X^\mu \partial^\alpha X_\mu - i\bar{\Psi}^\mu \rho^\alpha \partial_\alpha \Psi_\mu)$ を考え，並進不変性に関連する保存カレントを求めよ．

解答

まずラグランジアンを書き下そう．それは

$$L = -\frac{T}{2}(\partial_\alpha X^\mu \partial^\alpha X_\mu - i\bar{\Psi}^\mu \rho^\alpha \partial_\alpha \Psi_\mu)$$

である．

並進不変性を検討するために，$X^\mu \to X^\mu + a^\mu$ と置く．ただし，$a^\mu$ を無限小のパラメーターとする．$a^\mu$ が無限小であるという事実によるカギとなる洞察は，$a^\mu$ の 2 次以上の項は切り捨てることができるというものである．$X^\mu \to X^\mu + a^\mu$ ととると，ラグランジアンは次のように変化する：

$$\begin{aligned}
L \to &-\frac{T}{2}\left[\partial_\alpha(X^\mu + a^\mu)\partial^\alpha(X_\mu + a_\mu) - i\bar{\Psi}^\mu \rho^\alpha \partial_\alpha \Psi_\mu\right] \\
&= -\frac{T}{2}\left[(\partial_\alpha X^\mu + \partial_\alpha a^\mu)(\partial^\alpha X_\mu + \partial^\alpha a_\mu)\right] + L_F \\
&= -\frac{T}{2}\left[\partial_\alpha X^\mu \partial^\alpha X_\mu + \partial_\alpha X^\mu \partial^\alpha a_\mu + \partial_\alpha a^\mu \partial^\alpha X_\mu + \partial_\alpha a^\mu \partial^\alpha a_\mu\right] + L_F \\
&= -\frac{T}{2}\left[\partial_\alpha X^\mu \partial^\alpha X_\mu + \partial_\alpha X^\mu \partial^\alpha a_\mu + \partial_\alpha a^\mu \partial^\alpha X^\mu\right] + L_F \\
&\qquad\qquad (2\text{ 次の項}\partial_\alpha a^\mu \partial^\alpha a_\mu\text{を落とす}) \\
&= L - \frac{T}{2}\left[\partial_\alpha X^\mu \partial^\alpha a_\mu + \partial_\alpha a^\mu \partial^\alpha X_\mu\right] \\
&\qquad (L_F\text{に} - (T/2)\partial_\alpha X^\mu \partial^\alpha X_\mu\text{を加えて全ラグランジアンを得る})
\end{aligned}$$

項 $i\bar{\Psi}^\mu \rho^\alpha \partial_\alpha \Psi_\mu \propto L_F$ は，$X^\mu \to X^\mu + a^\mu$ の影響を受けないことに注意し

よう．さていま，最後に残った余分な項に焦点を当てよう：

$$\delta L = -\frac{T}{2}\left[\partial_\alpha X^\mu \partial^\alpha a_\mu + \partial_\alpha a^\mu \partial^\alpha X_\mu\right]$$

保存カレントを得るためにこの表式を操作する．それは $\partial^\alpha a_\mu$ を掛けた項である．本書の水準を通して良い訓練になる，与えられたいくつかの添字体操を行ってこの表式を改善することができる．これのさらなる訓練には『*Relativity Demystified*』を参照するとよい．

いま，初項と同じ見かけになるように第 2 項を改善したい．これは計量を用いて添字を上げ下げすることによって行う．これには次の事実を使用する：

$$\eta^{\mu\nu}\eta_{\nu\lambda} = \delta^\mu_\lambda \qquad h^{\alpha\beta}h_{\beta\gamma} = \delta^\alpha_\gamma$$

最初に気付くべきことは，微分の順序は考慮しなくてよいということである．したがって最初の手順は

$$\partial_\alpha a^\mu \partial^\alpha X_\mu = \partial^\alpha X_\mu \partial_\alpha a^\mu$$

を書くことである．

次に $X_\mu$ 上の時空添字を上げ，$a^\mu$ の時空添字を下げる．これらが時空添字であることより，これを行うためにはミンコフスキー計量を用いる：

$$\partial^\alpha X_\mu \partial_\alpha a^\mu = \partial^\alpha(\eta_{\mu\nu}X^\nu)\partial_\alpha(\eta^{\mu\lambda}a_\lambda)$$

この計量は時空に依存しない (ここでは平坦空間あるいはミンコフスキー空間を考察している)，したがって計量項を微分の外側に出すことができる．読者はこれが一般にも実際には正しいことに気付くだろう．というのも，微分は世界面座標に関するものであるが，計量はもしそれが座標に関して依存するものとするなら，時空依存だからである．したがって，

$$\begin{aligned}\partial^\alpha(\eta_{\mu\nu}X^\nu)\partial_\alpha(\eta^{\mu\lambda}a_\lambda) =& \eta_{\mu\nu}\eta^{\mu\lambda}\partial^\alpha X^\nu \partial_\alpha a_\lambda \\ =& \delta^\lambda_\nu \partial^\alpha X^\nu \partial_\alpha a_\lambda = \partial^\alpha X^\nu \partial_\alpha a_\nu\end{aligned}$$

が成り立つ．

添字 $\nu$ は繰り返された添字，あるいはダミー添字である．したがってそれは (使用されていない) どんな添字にもできる．$\delta L = T/2[\partial_\alpha X^\mu \partial^\alpha a_\mu + \partial_\alpha a^\mu \partial^\alpha X_\mu]$ の最初の項に一致するようにこの添字を変更しよう：

$$\partial^\alpha X^\nu \partial_\alpha a_\nu = \partial^\alpha X^\mu \partial_\alpha a_\mu$$

さて，微分上の添字に対してこの過程を繰り返そう．今回，対象となる添字は世界面添字である．したがって

$$\begin{aligned}\partial^\alpha X^\mu \partial_\alpha a_\mu =& h^{\alpha\beta}\partial_\beta X^\mu h_{\alpha\gamma}\partial^\gamma a_\mu \\ =& h^{\alpha\beta} h_{\alpha\gamma}\partial_\beta X^\mu \partial^\gamma a_\mu \\ =& \delta^\beta_\gamma \partial_\beta X^\mu \partial^\gamma a_\mu \\ =& \partial_\beta X^\mu \partial^\beta a_\mu = \partial_\alpha X^\mu \partial^\alpha a_\mu\end{aligned}$$

が得られる．

これより，ラグランジアンの変分は

$$\delta L = -\frac{T}{2}(\partial_\alpha X^\mu \partial^\alpha a_\mu + \partial_\alpha a^\mu \partial^\alpha X_\mu) = -T\partial_\alpha X^\mu \partial^\alpha a_\mu$$

に簡略化される．

無限小の $\partial^\alpha a_\mu$ が掛けられた残余項は保存カレントである．時空座標の並進から開始したことより，これが運動量であると特定できる：

$$P^\mu_\alpha = T\partial_\alpha X^\mu$$

例 7.3 を心に留めておくと，保存超対称カレントを容易に求めることができる．これは超対称変換に伴う保存カレントである．これをいまから研ぎ澄まそう．$L = -T/2(\partial_\alpha X^\mu \partial^\alpha X_\mu - i\bar{\Psi}^\mu \rho^\alpha \partial_\alpha \Psi_\mu)$ から開始すると，

$$\begin{aligned}\delta L =& -\frac{T}{2}\left[2\partial_\alpha(\delta X^\mu)\partial^\alpha X_\mu - i(\delta\bar{\Psi}^\mu)\rho^\alpha\partial_\alpha\Psi_\mu - i\bar{\Psi}^\mu\rho^\alpha\partial_\alpha(\delta\Psi_\mu)\right] \\ =& -\frac{T}{2}\left[2\partial_\alpha(\bar{\varepsilon}\Psi^\mu)\partial^\alpha X_\mu + (\bar{\varepsilon}\rho^\beta\partial_\beta X^\mu)\rho^\alpha\partial_\alpha\Psi_\mu - \bar{\Psi}^\mu\rho^\alpha\partial_\alpha(\rho^\beta\partial_\beta X^\mu\varepsilon)\right]\end{aligned}$$

$$
\begin{aligned}
&= -\frac{T}{2}\left[2\partial_\alpha(\bar{\varepsilon}\Psi^\mu)\partial^\alpha X_\mu - \partial_\alpha(\bar{\varepsilon}\rho^\beta\partial_\beta X^\mu)\rho^\alpha\Psi_\mu - \bar{\Psi}^\mu\rho^\alpha\partial_\alpha(\rho^\beta\partial_\beta X_\mu\varepsilon)\right] \\
&= -T\left[\partial_\alpha(\bar{\varepsilon}\Psi^\mu)\partial^\alpha X_\mu - \partial_\alpha(\bar{\varepsilon}\rho^\beta\partial_\beta X^\mu)\rho^\alpha\Psi_\mu\right] \\
&= -T\left[\partial_\alpha(\bar{\varepsilon}\Psi^\mu)\partial^\alpha X_\mu - \partial_\alpha\bar{\varepsilon}(\rho^\beta\partial_\beta X^\mu)\rho^\alpha\Psi_\mu - \bar{\varepsilon}\rho^\beta\rho^\alpha(\partial_\alpha\partial_\beta X^\mu)\Psi_\mu\right] \\
&= -T\Big[\partial_\alpha(\bar{\varepsilon}\Psi^\mu\partial^\alpha X_\mu) - \bar{\varepsilon}\Psi^\mu\partial_\alpha\partial^\alpha X_\mu - \partial_\alpha\bar{\varepsilon}(\rho^\beta\rho^\alpha\Psi^\mu\partial_\beta X_\mu) \\
&\qquad + \bar{\varepsilon}(\partial_\alpha\partial^\alpha X_\mu)\Psi^\mu\Big] \\
&= -T\left[\partial_\alpha(\bar{\varepsilon}\Psi^\mu\partial^\alpha X_\mu) - \partial_\alpha\bar{\varepsilon}(\rho^\beta\rho^\alpha\Psi^\mu\partial_\beta X_\mu)\right]
\end{aligned}
$$

が成り立つ．

最初の項は全微分だから，作用の変分に何ら寄与しない．したがって第2項を保存カレントと同定する．それは

$$
J^\mu_\alpha = \frac{1}{2}\rho^\beta\rho_\alpha\Psi^\mu\partial_\beta X_\mu \tag{7.13}
$$

と採られる．

## エネルギー-運動量テンソル

弦の世界面超対称性の記述における関心のある次の作業は，エネルギー-運動量テンソルの導出である．エネルギー-運動量テンソルは世界面上の並進対称性に関連する．無限小の並進 $\varepsilon^\alpha$ を考えよう．これは世界面座標を

$$
\sigma^\alpha \to \sigma^\alpha + \varepsilon^\alpha
$$

のように変化させるために使用される．

ボソン的場の変化は基本的にそれらのテイラー展開を書き下すことによって書くことができる[*2]：

$$
X^\mu \to X^\mu + \varepsilon^\alpha\partial_\alpha X^\mu \tag{7.14}
$$

[*2] 訳注：ここでの $\varepsilon^\alpha$ は (7.9) での超対称変換のパラメーターではないので，通常の実変数である．

同様の関係がフェルミオン的場に対しても成り立つ：

$$\Psi^\mu \to \Psi^\mu + \varepsilon^\alpha \partial_\alpha \Psi^\mu \tag{7.15}$$

これを心に留めておき，再びネーターの手続きに従おう．$\varepsilon^\alpha$ が世界面座標に依存すると仮定して作用の変分をとる．それから $\partial_\beta \varepsilon^\alpha$ が掛けられている項を探す．最終的に $\varepsilon^\alpha$ を定数と考え，そうするとこの項が作用から消える．$\partial_\beta \varepsilon^\alpha$ が掛けられた項が，探しているエネルギー-運動量テンソルである．

ここでは 2 つの過程に分解する．まず，ラグランジアンのフェルミオン的部分を見てみる．すると

$$L_F = i\frac{T}{2}\bar{\Psi}^\mu \rho^\alpha \partial_\alpha \Psi_\mu$$

が成り立つ．式 (7.15) を用いると，この項は次のように変化する：

$$\begin{aligned}
\delta L_F =& i\frac{T}{2}(\delta\bar{\Psi}^\mu)\rho^\alpha \partial_\alpha \Psi_\mu + i\frac{T}{2}\bar{\Psi}^\mu \rho^\alpha \partial_\alpha (\delta \Psi_\mu) \\
=& i\frac{T}{2}(\varepsilon^\beta \partial_\beta \bar{\Psi}^\mu)\rho^\alpha \partial_\alpha \Psi_\mu + i\frac{T}{2}\bar{\Psi}^\mu \rho^\alpha \partial_\alpha (\varepsilon^\beta \partial_\beta \Psi_\mu)
\end{aligned}$$

積の規則を適用し，第 2 項の微分を行おう：

$$\begin{aligned}
& i\frac{T}{2}(\varepsilon^\beta \partial_\beta \bar{\Psi}^\mu)\rho^\alpha \partial_\alpha \Psi_\mu + i\frac{T}{2}\bar{\Psi}^\mu \rho^\alpha \partial_\alpha (\varepsilon^\beta \partial_\beta \Psi_\mu) \\
=& i\frac{T}{2}(\varepsilon^\beta \partial_\beta \bar{\Psi}^\mu)\rho^\alpha \partial_\alpha \Psi_\mu + i\frac{T}{2}\bar{\Psi}^\mu \rho^\alpha \partial_\alpha \varepsilon^\beta \partial_\beta \Psi_\mu + i\frac{T}{2}\bar{\Psi}^\mu \rho^\alpha \varepsilon^\beta \partial_\alpha \partial_\beta \Psi_\mu
\end{aligned}$$

さて，変分は実際には作用 $S$ の変分として活躍する．そこで，部分積分をとることができる．最後の項に対してこれを行い，$\partial_\alpha \partial_\beta \Psi_\mu$ の 1 つの微分を移動する．部分積分は符号の変化を誘導するので，

$$\begin{aligned}
& i\frac{T}{2}(\varepsilon^\beta \partial_\beta \bar{\Psi}^\mu)\rho^\alpha \partial_\alpha \Psi_\mu + i\frac{T}{2}\bar{\Psi}^\mu \rho^\alpha \partial_\alpha \varepsilon^\beta \partial_\beta \Psi_\mu + i\frac{T}{2}\bar{\Psi}^\mu \rho^\alpha \varepsilon^\beta \partial_\alpha \partial_\beta \Psi_\mu \\
=& i\frac{T}{2}(\varepsilon^\beta \partial_\beta \bar{\Psi}^\mu)\rho^\alpha \partial_\alpha \Psi_\mu + i\frac{T}{2}\bar{\Psi}^\mu \rho^\alpha \partial_\alpha \varepsilon^\beta \partial_\beta \Psi_\mu - i\frac{T}{2}\partial_\beta(\bar{\Psi}^\mu \rho^\alpha \varepsilon^\beta)\partial_\alpha \Psi_\mu \\
=& i\frac{T}{2}(\varepsilon^\beta \partial_\beta \bar{\Psi}^\mu)\rho^\alpha \partial_\alpha \Psi_\mu + i\frac{T}{2}\bar{\Psi}^\mu \rho^\alpha \partial_\alpha \varepsilon^\beta \partial_\beta \Psi_\mu
\end{aligned}$$

$$-i\frac{T}{2}\varepsilon^{\beta}\partial_{\beta}\bar{\Psi}^{\mu}\rho^{\alpha}\partial_{\alpha}\Psi_{\mu}-i\frac{T}{2}\bar{\Psi}^{\mu}\rho^{\alpha}\partial_{\beta}\varepsilon^{\beta}\partial_{\alpha}\Psi_{\mu}$$

を得る．発散を表す項，$\partial_{\beta}\varepsilon^{\beta}$ は何ら寄与しないので切り落とす．初項と第 3 項は相殺し合って

$$\delta L_F=(\partial_{\alpha}\varepsilon^{\beta})\left(-\frac{i}{2}\bar{\Psi}^{\mu}\rho^{\alpha}\partial_{\beta}\Psi_{\mu}\right)$$

が残される．これが求めたかったものである．というのも，$\partial_{\alpha}\varepsilon^{\beta}$ が掛けられた項はエネルギー-運動量テンソルを構成する項になるからである．実はこれは完全には正しくない．何故ならエネルギー-運動量テンソルは対称テンソルであるべきだからである．したがって，

$$\delta L_F=\partial_{\alpha}\varepsilon^{\beta}\left(-\frac{i}{4}\bar{\Psi}^{\mu}\rho^{\alpha}\partial_{\beta}\Psi_{\mu}-\frac{i}{4}\bar{\Psi}^{\mu}\rho^{\beta}\partial_{\alpha}\Psi_{\mu}\right) \tag{7.16}$$

と採ろう．

章末問題では，エネルギー-運動量テンソルのボソン的部分に対する表式を導く．すべてが記述され行われると，

$$T_{\alpha\beta}=\partial_{\alpha}X^{\mu}\partial_{\beta}X_{\mu}+\frac{i}{4}\bar{\Psi}^{\mu}\rho_{\alpha}\partial_{\beta}\Psi_{\mu}+\frac{i}{4}\bar{\Psi}^{\mu}\rho_{\beta}\partial_{\alpha}\Psi_{\mu}-(\text{トレース}) \tag{7.17}$$

となる．スケール不変性の要請のために $T_{\alpha\beta}$ がトレースゼロであることを保証する必要があるので，“トレース” は明示的に取り除かれる．

エネルギー-運動量テンソルおよび超対称カレントは，世界面光錐座標を用いて簡潔に書くことができる．エネルギー-運動量テンソルは次によって与えられる 2 つの非ゼロ成分を持つ：

$$T_{++}=\partial_{+}X_{\mu}\partial_{+}X^{\mu}+\frac{i}{2}\Psi_{+}^{\mu}\partial_{+}\Psi_{+\mu}\qquad T_{--}=\partial_{-}X_{\mu}\partial_{-}X^{\mu}+\frac{i}{2}\Psi_{-}^{\mu}\partial_{-}\Psi_{-\mu} \tag{7.18}$$

超対称カレントの成分は次である：

$$J_{+}=\Psi_{+}^{\mu}\partial_{+}X_{\mu}\qquad J_{-}=\Psi_{-}^{\mu}\partial_{-}X_{\mu} \tag{7.19}$$

フェルミオン場に対する運動方程式は

$$\partial_+ \Psi^\mu_- = \partial_- \Psi^\mu_+ = 0 \tag{7.20}$$

である．ボソン場の運動方程式と一緒にすると，

$$\partial_+ \partial_- X^\mu = 0 \tag{7.21}$$

が成り立つ．これより，エネルギー-運動量テンソルの保存則が得られる：

$$\partial_- T_{++} = \partial_+ T_{--} = 0 \tag{7.22}$$

**例 7.4**

フェルミオンおよびボソンの場に対する運動方程式が超対称カレントの保存を導くことを示せ．

**解答**

$J_+$ から始め，微分 $\partial_- J_+$ を考える．すると，

$$\begin{aligned}\partial_- J_+ =&\partial_-(\Psi^\mu_+ \partial_+ X_\mu)\\ =&(\partial_- \Psi^\mu_+)\partial_+ X_\mu + \Psi^\mu_+(\partial_- \partial_+ X_\mu)\\ =&0\end{aligned}$$

が成り立つ．

結果は式 (7.20) および (7.21) を用いて容易に得られる．いま，$J_-$ をとると，$\partial_+ J_-$ を計算することによって第 2 の保存方程式が得られる．これは

$$\begin{aligned}\partial_+ J_- =&\partial_+(\Psi^\mu_- \partial_- X_\mu)\\ =&(\partial_+ \Psi^\mu_-)\partial_- X_\mu + \Psi^\mu_-(\partial_+ \partial_- X_\mu)\\ =&0\end{aligned}$$

によって与えられる．

例 **7.5**

$\partial_- T_{++} = 0$ を示せ.

解答

$T_{++} = \partial_+ X_\mu \partial_+ X^\mu + i/2 \Psi_+^\mu \partial_+ \Psi_{+\mu}$ を用いると,

$$\begin{aligned}
\partial_- T_{++} =& \partial_- \left( \partial_+ X_\mu \partial_+ X^\mu + \frac{i}{2} \Psi_+^\mu \partial_+ \Psi_{+\mu} \right) \\
=& (\partial_- \partial_+ X_\mu) \partial_+ X^\mu + \partial_+ X_\mu (\partial_- \partial_+ X^\mu) \\
&+ \frac{i}{2} \left( \partial_- \Psi_+^\mu \right) \partial_+ \Psi_{+\mu} + \frac{i}{2} \Psi_+^\mu \partial_- \partial_+ \Psi_{+\mu} \\
=& \frac{i}{2} \Psi_+^\mu \partial_- \partial_+ \Psi_{+\mu} = \frac{i}{2} \Psi_+^\mu \partial_+ \partial_- \Psi_{+\mu} = 0
\end{aligned}$$

と求まる.この結果を得るには,偏微分の可換性を式(7.20)と(7.21)と一緒に適用する.

# モード展開と境界条件

RNS超弦の古典物理をまとめる最後の手順は,ボソンの場合に使用される計画に従う.それは境界条件を適用してモード展開を書き下す必要がある.具体的には,フェルミオン的場に対する境界条件を適用する必要がある.光錐座標を扱い続け,作用のフェルミオン的部分の変分をとるのが最も簡単である.これを行う前に,いくつかの初等的な微積分を復習することは有益だろう.

部分積分

$$\int_a^b f(x) \frac{dg}{dx} dx = fg\Big|_a^b - \int_a^b \frac{df}{dx} g(x) dx$$

を思い出そう.積 $fg$ は境界項と呼ばれる.フェルミオン的作用の変分をとるとき,場 $\Psi_\pm$ に対する境界項を得ることになるので,作用の変分が消滅する境界条件を特定する必要がある.いくつかの定数と時空添字を無視した光

錐座標における作用のフェルミオン的部分は，

$$S_F \sim \int d^2\sigma(\Psi_-\partial_+\Psi_- + \Psi_+\partial_-\Psi_+) \tag{7.23}$$

である．簡単のため，この表式の一部を考え，変分をとろう．すると，

$$\delta\int d^2\sigma\Psi_+\partial_-\Psi_+ = \int d^2\sigma[\delta\Psi_+\partial_-\Psi_+ + \Psi_+\partial_-(\delta\Psi_+)]$$

が得られる．場の理論において適用される通常の手続きに従って，$\delta\Psi_+$ 項の微分を取り除いて移動したい．これは部分積分を用いて行うことができる．これが行われたとき，境界項を取り出そう：

$$\int d^2\sigma\Psi_+\partial_-(\delta\Psi_+) = \int_{-\infty}^{\infty} d\tau\left[\Psi_+\delta\Psi_+\right]\Big|_{\sigma=0}^{\sigma=\pi} - \int d^2\sigma\partial_-\Psi_+\delta\Psi_+$$

もう片方の変分からも同様の表式が発生する．すべて一緒にすると，作用の変分によって得られる境界項は

$$\delta S_F \sim \int_{-\infty}^{\infty} d\tau\left\{(\Psi_+\delta\Psi_+ - \Psi_-\delta\Psi_-)\big|_{\sigma=\pi} - (\Psi_+\delta\Psi_+ - \Psi_-\delta\Psi_-)\big|_{\sigma=0}\right\} \tag{7.24}$$

となる．

## 開弦の境界条件

作用の変分をとるとき，ローレンツ不変性を保つためには境界項は消滅しなければならない．開弦の場合，境界項 $\sigma = 0$ および $\sigma = \pi$ はそれぞれ独立に消滅しなければならない．すると

$$\Psi_\mu^+(0,\tau) = \Psi_\mu^-(0,\tau) \tag{7.25}$$

ととるとき，$\sigma = 0$ で

$$\Psi_+\delta\Psi_+ - \Psi_-\delta\Psi_- = 0$$

を得ることができる．さて一般に，$\Psi_+ = \pm\Psi_-$ は境界項を消滅させるが，典型的な慣例としては $\sigma = 0$ での境界条件を固定するために式 (7.25) を採用する．これは $\sigma = \pi$ での符号の選択の自由度を残す．ここで採用した符号に依存して，2 つの異なる境界条件が得られる．**Ramond**(ラモン)あるいは R 境界条件は

$$\Psi_\mu^+(\pi,\tau) = \Psi_\mu^-(\pi,\tau) \qquad \text{(Ramond)} \tag{7.26}$$

という選択肢によって与えられる．選ぶことのできる別の選択肢は，**Neveau-Schwarz**(ヌヴーシュワルツ)あるいは NS 境界条件として知られる：

$$\Psi_\mu^+(\pi,\tau) = -\Psi_\mu^-(\pi,\tau) \qquad \text{(Neveau-Schwarz)} \tag{7.27}$$

選ばれた境界条件は**セクター**としてしばしば参照される．境界条件の選択肢は劇的な結果を持っている．特に，

- R セクターは時空のフェルミオンとしての弦の状態を与える．
- NS セクターは時空のボソンとしての弦状態を与える．

が成り立つ．

## 開弦のモード展開

ここではまず，R セクターから考察する．このモード展開は

$$\begin{aligned}\Psi_-^\mu(\sigma,\tau) &= \frac{1}{\sqrt{2}}\sum_n d_n^\mu e^{-in(\tau-\sigma)}\\ \Psi_+^\mu(\sigma,\tau) &= \frac{1}{\sqrt{2}}\sum_n d_n^\mu e^{-in(\tau+\sigma)}\end{aligned} \tag{7.28}$$

である．**マヨラナ条件**はフェルミオン的場が実場であるという条件である．これは

$$d_{-n}^\mu = (d_n^\mu)^\dagger \tag{7.29}$$

という制約をもたらす．ここで総和添字は整数であるので，$n = 0, \pm 1, \pm 2, \ldots$ を走る．

NS セクターは読者が想像する通り，異なるモード展開の結果をもたらす．というのも，異なる弦状態を発生させるからである．展開式は

$$\begin{aligned} \Psi_-^{\mu}(\sigma,\tau) &= \frac{1}{\sqrt{2}} \sum_r b_r^{\mu} e^{-ir(\tau-\sigma)} \\ \Psi_+^{\mu}(\sigma,\tau) &= \frac{1}{\sqrt{2}} \sum_r b_r^{\mu} e^{-ir(\tau+\sigma)} \end{aligned} \tag{7.30}$$

である．これは単なる簡単な記号法の訓練以上のものである．NS セクターの総和は R セクターに対するものとやや異なる．何故ならこの場合は

$$r = \pm\frac{1}{2}, \pm\frac{3}{2}, \pm\frac{5}{2}, \ldots \tag{7.31}$$

ととられるからである．

## 閉弦の境界条件

閉弦の場合において，周期的あるいは反周期的境界条件を適用することができる．これらは

$$\begin{aligned} \Psi_{\pm}(\sigma,\tau) &= \Psi_{\pm}(\sigma+\pi,\tau) \qquad (\text{周期的境界条件}) \\ \Psi_{\pm}(\sigma,\tau) &= -\Psi_{\pm}(\sigma+\pi,\tau) \qquad (\text{反周期的境界条件}) \end{aligned} \tag{7.32}$$

によって与えられる．

## 閉弦のモード展開

式 (7.32) の境界条件は左進および右進に分離して適用することができる．モード展開は

$$\begin{aligned} \Psi_+(\sigma,\tau) &= \sum_r \tilde{d}_r^{\mu} e^{-2ir(\tau+\sigma)} \\ \Psi_-(\sigma,\tau) &= \sum_r d_r^{\mu} e^{-2ir(\tau-\sigma)} \end{aligned} \tag{7.33}$$

である．R セクターを選ぶと，開弦の場合である

$$r = 0, \pm 1, \pm 2, \ldots \tag{7.34}$$

に従う．一方，NS セクターを選ぶと

$$r = \pm\frac{1}{2}, \pm\frac{3}{2}, \ldots \tag{7.35}$$

に従う．

これらのどちらのセクターも左進および右進に独立に選べる．左進と右進がともに同じセクターである場合，時空のボソンが得られる．左進と右進で異なるセクターが選ばれた場合，時空のフェルミオンが得られる．すなわち，

- 左進に NS セクター，右進にも NS セクターを選ぶと時空のボソンが得られる．
- 左進に R セクター，右進にも R セクターを選ぶと時空のボソンが得られる．
- 左進に NS セクター，右進に R セクターを選ぶと時空のフェルミオンが得られる．
- 左進に R セクター，右進に NS セクターを選ぶと時空のフェルミオンが得られる．

が成り立つ．

## 超ヴィラソロ生成子

理論を量子化するとき，**超ヴィラソロ演算子**が必要となる．これらはボソン的理論に対してこれまですでにおこなってきたことの一般化である．フェルミオン的演算子を含むようにこの場合に考えを拡張する．すなわち，

$$L_m \to L_m^{(B)} + L_m^{(F)}$$

とする．次の定義がうまく機能することが示される：

$$L_m = \frac{1}{2}\sum_{n=-\infty}^{\infty}\alpha_{m-n}\cdot\alpha_n + \frac{1}{4}\sum_r (2r-m)b_{-r}b_{m+r} \tag{7.36}$$

それに加えて，超弦理論では超対称カレントから発生する第2の生成子が存在し，NS セクターに対しては，

$$G_r = \frac{\sqrt{2}}{\pi}\int_{-\pi}^{\pi} d\sigma e^{ir\sigma} J_+ = \sum_{m=-\infty}^{\infty}\alpha_{-m}\cdot b_{r+m} \tag{7.37}$$

であり，R セクターに対しては，

$$F_m = \sum_n \alpha_{-n}\cdot d_{m+n} \tag{7.38}$$

である．ここで，$m$ および $n$ は整数であり，$r = \pm 1/2, \pm 3/2, \ldots$ である．

## 正準量子化

これで理論の量子化の準備が整い，正準量子化はフェルミオンが簡単に扱えるのでそれほど悪くはない．ボソン的弦に対するモード条件は交換子であった：

$$[\alpha_m^\mu, \alpha_n^\nu] = m\delta_{m+n,0}\eta^{\mu\nu} \tag{7.39}$$

この関係は閉弦の場合の $\tilde{\alpha}$ たちに対する同様の交換子によって補われる．超対称的理論に対しては，式 (7.39) はフェルミオン的モードに対する関係式によって補われる．フェルミオン場が反交換関係を満たすことを場の量子論の学習から思い出すだろう．この場合，マヨラナ場は同時刻反交換関係を満たすようになる：

$$\{\Psi_A^\mu(\sigma,\tau), \Psi_B^\nu(\sigma',\tau)\} = \pi\eta^{\mu\nu}\delta_{AB}\delta(\sigma-\sigma') \tag{7.40}$$

するとモードに関して，使用されているセクターに依存する次の反交換関係の組が成り立つようになる：

$$
\begin{aligned}
\{b_r^\mu, b_s^\nu\} =& \eta^{\mu\nu}\delta_{r+s,0} \\
\{d_m^\mu, d_n^\nu\} =& \eta^{\mu\nu}\delta_{m+n,0}
\end{aligned}
\tag{7.41}
$$

これらの式にミンコフスキー計量が存在することは，理論がいまだに取り除くべき負のノルム状態という困難に直面していることを意味する．

## 超ヴィラソロ代数

ヴィラソロ演算子は**超ヴィラソロ代数**として知られる代数を生成する．R セクターと NS セクターではいくつかの異なる点が存在するので，ここではそれぞれ独立に扱う．

### NS セクターの代数

NS セクターに対しては次の関係式が満たされる：

$$
[L_n, L_m] = (n-m)L_{n+m} + \frac{c}{12}(n^3 - n)\delta_{n+m,0} \tag{7.42}
$$

$$
[L_n, G_r] = \frac{1}{2}(n-2r)G_{n+r} \tag{7.43}
$$

$$
\{G_r, G_s\} = 2L_{r+s} + \frac{c}{12}(4r^2 - 1)\delta_{r+s,0} \tag{7.44}
$$

中心チャージ項は，$c = D + D/2$ によって時空次元と関連する．$|\Psi\rangle$ を NS セクターの物理的状態と置こう．NS セクター超ヴィラソロ制約条件は

$$
(L_0 - a_{NS})|\Psi\rangle = 0 \tag{7.45}
$$

$$
L_n|\Psi\rangle = 0 \quad n > 0 \tag{7.46}
$$

$$
G_r|\Psi\rangle = 0 \quad r > 0 \tag{7.47}
$$

である．ここではボソン的弦の量子化に従うと，$a_{NS}$ は正規順序定数となる．開弦の質量公式は $L_0 = a_{NS}$ と置くことによってとられ，これは

$$
m^2 = \frac{1}{\alpha'}(N - a_{NS}) \tag{7.48}
$$

を与える．ここで数演算子は

$$N = \sum_{n=1}^{\infty} \alpha_{-n} \cdot \alpha_n + \sum_{r=1/2}^{\infty} r b_{-r} \cdot b_r \tag{7.49}$$

である．

## R セクターの代数

R セクターでは，交換関係および反交換関係は

$$[L_m, L_n] = (m-n)L_{m+n} + \frac{D}{8} m^3 \delta_{m+n,0} \tag{7.50}$$

$$[L_m, F_n] = \left(\frac{m}{2} - n\right) F_{m+n} \tag{7.51}$$

$$\{F_m, F_n\} = 2L_{m+n} + \frac{D}{2} m^2 \delta_{m+n,0} \tag{7.52}$$

である．物理的状態の上の条件は

$$(L_0 - a_R)|\Psi\rangle = 0 \tag{7.53}$$

$$L_n|\Psi\rangle = 0 \quad n > 0 \tag{7.54}$$

$$F_m|\Psi\rangle = 0 \quad m \geq 0 \tag{7.55}$$

である．ここで $a_R$ は R セクターに対する正規順序定数である．

例 **7.6**

$a_R = 0$ を導け．

解答

まず，$F_m$ によって満たされる反交換関係から開始する：

$$\{F_m, F_n\} = 2L_{m+n} + \frac{D}{2} m^2 \delta_{m+n,0}$$

$m = n = 0$ の場合

$$\{F_0, F_0\} = F_0 F_0 + F_0 F_0 = 2F_0^2 = 2L_0$$

$$\Rightarrow L_0 = F_0^2$$

が得られることに注意しよう．$F_m$ は物理的状態 $|\Psi\rangle$ を消滅する．したがって，

$$F_0|\Psi\rangle = 0$$

が成り立つ．これより，この式の上に $F_0$ を作用させることによって関係式

$$F_0\left(F_0|\Psi\rangle\right) = F_0^2|\Psi\rangle = 0$$
$$\Rightarrow L_0|\Psi\rangle = 0$$

が得られる．しかしここで，$(L_0 - a_R)|\Psi\rangle = 0$ であることが分かるので，

$$0 = (L_0 - a_R)|\Psi\rangle = L_0|\Psi\rangle - a_R|\Psi\rangle = -a_R|\Psi\rangle$$
$$\Rightarrow a_R = 0$$

が得られた．

## 開弦のスペクトル

さていまから弦の状態を検討しよう．本章ではこれから開弦の状態を確認する．NS セクターと R セクターは別々に議論しなければならない．まず，NS セクターを先に考えると，基底状態は $|0,k\rangle_{NS}$ であり，この状態は $n, r > 0$ なる下降モードによって消滅する：

$$\alpha_n^i|0,k\rangle_{NS} = b_r^i|0,k\rangle = 0 \tag{7.56}$$

ここで．ボソン的弦の場合において議論されたゼロモード $\alpha_0^\mu$ は運動量演算子である：

$$\alpha_0^\mu|0,k\rangle_{NS} = \sqrt{2\alpha'}p^\mu|0,k\rangle_{NS} = \sqrt{2\alpha'}k^\mu|0,k\rangle_{NS} \tag{7.57}$$

NS セクターでの正規順序定数は

$$a_{NS} = \frac{1}{2} \tag{7.58}$$

であることが示せる．これを用いると，基底状態の質量が

$$m^2 = -\frac{1}{2\alpha'} \tag{7.59}$$

となることが求められる[*3]．ここで再び，$m^2 < 0$ の状態が得られたので，この理論はタキオン状態をまだ含んでいる．のちに超弦理論においてタキオン状態を取り除くことができることを確かめる．NS セクターにおける基底状態は唯一のスピン 0 状態である．有質量状態を求めるために，負のモードの振動子をその状態に 1 つずつ徐々に作用させていく．

次に R セクターを考える．これは開弦の場合，時空のフェルミオンを記述する．基底状態は $m > 0$ の場合，

$$\alpha^\mu_m|0,k\rangle_R = d^\mu_m|0,k\rangle_R = 0 \tag{7.60}$$

によって消滅される．ゼロモード $d^\mu_0$ は実際，ディラック演算子である．すなわち，

$$d^\mu_0 = \frac{1}{\sqrt{2}}\Gamma^\mu \tag{7.61}$$

である．以下に見るように，臨界時空次元は 10 なので，R セクターに含まれる状態は 10 次元スピノルである．基底状態はゼロ質量ディラック波動方程式を満たす．ここでの記法では，運動量演算子が $\alpha^\mu_0$ であることを思い出すと次の方法で書かれる：

$$\alpha_0 \cdot d_0|0,k\rangle_R = 0 \tag{7.62}$$

式 (7.61) より，R セクターに含まれる基底状態は 10 次元のゼロ質量ディラックスピノルであると推論できる．

---

[*3] 訳注：一般の質量は

$$\alpha' m^2 = \sum_{n=1}^{\infty} \alpha^i_{-n}\alpha^i_n + \sum_{r=1/2}^{\infty} r b^i_{-r} b^i_r - \frac{1}{2}$$

であった．

## GSO射影

前節では理論がいまだに大きな問題を抱えているということを見てきた．それは虚数質量あるいはタキオン状態である．これは真空が不安定であることを示している．タキオン状態は取り除くことができるが，ボソン的弦理論より大きな利点を超弦理論に与える(フェルミオンをその描像に持ち込むこととは別に)．これは**GSO射影**を用いて行われる．

GSO射影は理論の状態の数を制限し，タキオン状態のような望ましくない問題を取り除く．NSセクターにおいて，奇数個のフェルミオンの励起を残し，偶数個のフェルミオンの励起を棄てる．これは**フェルミオン数演算子**を定義することによって行われる：

$$F = \sum_{r>0} b_{-r} \cdot b_r \tag{7.63}$$

すると

$$P_{NS} = \frac{1}{2}[1 - (-1)^F] \tag{7.64}$$

によって与えられる**パリティ演算子**が定義される．

パリティ演算子は理論が持つことができる状態を決定する．$F = 0 \Rightarrow P_{NS} = 0$であることに注意しよう．数演算子の反整数値$N = \sum_{n=1}^{\infty} \alpha_{-n} \cdot \alpha_n + \sum_{r=1/2}^{\infty} r b_{-r} \cdot b_r \to \sum_{r=1/2}^{\infty} r b_{-r} \cdot b_r$のみが許容され，NSセクターの質量スペクトルを与える：

$$m^2 = 0, \frac{1}{\alpha'}, \frac{2}{\alpha'}, \ldots \tag{7.65}$$

これはNSセクターのスピン0基底状態がいまゼロ質量になったことを意味する．タキオン状態は理論から取り除かれた．

Rセクターにおいては，

$$(-1)^F = \pm\Gamma^{11} \tag{7.66}$$

によって与えられる**Klein演算子**(クライン)が定義される．ここで

$$\Gamma^{11} = \Gamma^0\Gamma^1\cdots\Gamma^9 \tag{7.67}$$

は 10 次元カイラル性演算子である．これは

$$\Gamma^{11}\Psi = \pm\Psi \tag{7.68}$$

に従ってスピノル $\Psi$ に作用する．すなわち，状態は正か負のカイラル性を持つ．ワイルスピノルは決まったカイラル性を持つ状態であり，状態は演算子

$$P_\pm = \frac{1}{2}(1 \pm \Gamma_{11}) \tag{7.69}$$

を用いて逆の時空のカイラル性を持つスピノルに射影することができる．

## 臨界次元

本章では光錐量子化を探求しないが，もしその手続きを使用するなら，時空次元の数は簡単に抽出できる．ローレンツ生成子 $M^i$ に対する関係式を得ることができる：

$$[M^{-i}, M^{-j}] = -\frac{1}{(p^+)^2}\sum_{n=1}^{\infty}(\alpha^i_{-n}\alpha^j_n - \alpha^j_{-n}\alpha^i_n)(\Delta_n - n) \tag{7.70}$$

ここで

$$\Delta_n = n\left(\frac{D-2}{8}\right) + \frac{1}{n}\left(2a_{NS} - \frac{D-2}{8}\right) \tag{7.71}$$

である．ローレンツ不変性を保つためには，$[M^{-i}, M^{-j}] = 0$ が成り立たなければならない．これは式 (7.71) の右辺の初項が $n$ であり，第 2 項が消滅する場合にのみ成り立つ．これは

$$\begin{aligned}\frac{D-2}{8} &= 1\\ \Rightarrow D &= 10\end{aligned} \tag{7.72}$$

を意味する．したがって

- ローレンツ不変性は超弦理論において臨界時空次元を 10(9 空間次元と 1 時間次元) にとるように要請する．

となることが確かめられる．式 (7.72) を用いると，正規順序定数の値が

$$2a_{NS} - \frac{D-2}{8} = 0 \qquad D = 10 \Rightarrow a_{NS} = \frac{1}{2}$$

となることが導ける．

## まとめ

本章では弦理論にフェルミオンを導入する最初の試みを行った．これは世界面上の大域的対称性として超対称性を加えることによって行われた．また，保存カレントと超対称カレントが導かれた．次に超ヴィラソロ代数を書き下し，理論において物理的状態がどのように振る舞うかを決定した．それから開弦のスペクトルが 2 つのセクター，NS および R セクターを含むように記述された．これらはそれぞれボソン的状態およびフェルミオン的状態を発生させた．GSO 射影を用いると，理論からタキオン状態のような望ましくない状態を取り除くことができる．最終的にローレンツ不変性が臨界次元を 10 になるように制限することを示した．

## 章末問題

1. $\delta S_F$ を計算して運動方程式 [式 (7.8)] に到達せよ．
2. $S = -T/2 \int d^2\sigma(\partial_\alpha X^\mu \partial^\alpha X_\mu - i\bar{\Psi}^\mu \rho^\alpha \partial_\alpha \Psi_\mu)$ を用いて，無限小ローレンツ変換 $X^\mu \to \omega_{\mu\nu} X^\nu$ を考えよ．ラグランジアンのフェルミオン的部分に関連した保存カレントを求めよ．(ヒント：ここで使用されるマヨラナスピノルはローレンツ変換の下でベクトルとして変換する．)
3. 問 2 の続き．全保存カレントは何か？ (ヒント：$\omega_{\mu\nu}$ は反対称的である．)

4. 世界面超対称カレント $J^\mu_\alpha = 1/2\rho^\beta\rho_\alpha\Psi^\mu\partial_\beta X_\mu$ に対して $\rho^\alpha J_\alpha$ を計算せよ.
5. 与えられた $S = -T/2\int d^2\sigma(\partial_\alpha X^\mu\partial^\alpha X_\mu - i\bar{\Psi}^\mu\rho^\alpha\partial_\alpha\Psi_\mu)$ に対して，式 (7.14) を用いて $\delta L_B$ を求めよ.
6. $\partial_+ T_{--}$ を計算せよ.
7. $\{(-1)^F, b^\mu_r\}$ を求めよ.
8. $\{\Gamma^\mu, \Gamma^{11}\}$ を求めよ.
9. $(\Gamma^{11})^2$ を計算せよ.
10. 状態 $\alpha^\mu_{-1}|0\rangle_{NS}$ および $d^\mu_{-1}|0\rangle$ を特徴づけよ.

Chapter

8

# コンパクト化と T-双対性

本章では，2 つの重要な概念を導入する．1 つ目は**コンパクト化**であり，余剰な空間次元の 1 つを半径 $R$ の円にコンパクト化する．2 つ目は **T-双対性**であり，半径 $R$ にコンパクト化された余剰次元を持った理論を半径 $\alpha'/R$ にコンパクト化された余剰次元を持った理論の 1 つと関連させることが可能になる．

## 25 番目の次元のコンパクト化

簡単のために，ボソン弦理論を考え，当面 26 時空次元に立ち返ることとする．$X^0$ は時間的な次元で，$X^1, \ldots, X^{25}$ は空間次元である．ここでは一般に $X^{25}$ と選択される空間次元の 1 つが半径 $R$ の円に巻き付いていることを想定する．このコンパクト化が閉弦にどのように影響するかを調査したい．これから見ていくように，それはいくつかの興味深い結果を有している．

以前閉弦は次の周期的境界条件に制約されていた：

$$X^\mu(\sigma, \tau) = X^\mu(\sigma + 2\pi, \tau) \tag{8.1}$$

この境界条件は，コンパクト化されていない時空次元を弦が進んでいるという暗黙の了解の下で述べられていた．では状況を修正してみよう．上で述べたように，25 番目の次元が半径 $R$ の円であるとしている．このことは式 (8.1) の境界条件を，$X^{25}$ に対してのみ，次のように修正する：

$$X^{25}(\sigma+2\pi,\tau)=X^{25}(\sigma,\tau)+2\pi nR \tag{8.2}$$

式 (8.2) で興味深い点は，**巻き付き状態**を弦が持つことである．端的に言えば，コンパクト化された次元の周りを弦は何度でも巻き付くことができる．他のすべての次元 $\mu\neq 25$ に対しては，式 (8.1) を今もなお保っている．

式 (8.2) の数 $n$ を**巻き数**という．巻き数を使うことで**巻き量** $w$ を

$$w=\frac{nR}{\alpha'} \tag{8.3}$$

と定義できる．この巻き量が実のところ運動量の一種であることをこれから直ちに見て行こう．式 (8.2) における周期的境界条件は巻き量を用いて

$$X^{25}(\sigma+2\pi,\tau)=X^{25}(\sigma,\tau)+2\pi\alpha' w \tag{8.4}$$

と書くことできる．ここで，左進・右進モードへどのような影響を及ぼすかを見ることによって，境界条件を詳しく調べることにする．そうすることで，巻き量が運動量の一種であるという事実を証明することになる．まず $X^\mu(\sigma,\tau)=X^\mu_L(\sigma,\tau)+X^\mu_R(\sigma,\tau)$ を思い出そう．左進・右進モードは次のように書かれる：

$$X^{25}_L(\sigma,\tau)=\frac{1}{2}x^{25}_{0L}+\frac{\alpha'}{2}p^{25}_L(\tau+\sigma)+i\sqrt{\frac{\alpha'}{2}}\sum_{n\neq 0}\frac{\alpha_n}{n}e^{-in(\tau+\sigma)} \tag{8.5}$$

$$X^{25}_R(\sigma,\tau)=\frac{1}{2}x^{25}_{0R}+\frac{\alpha'}{2}p^{25}_R(\tau-\sigma)+i\sqrt{\frac{\alpha'}{2}}\sum_{n\neq 0}\frac{\tilde{\alpha}_n}{n}e^{-in(\tau-\sigma)} \tag{8.6}$$

ここで，$\alpha^{25}_0=(\alpha'/2)^{1/2}p^{25}_L$ および $\tilde{\alpha}^{25}_0=(\alpha'/2)^{1/2}p^{25}_R$ としている．式 (8.5) と式 (8.6) を共に足し合わせることで（振動子の寄与は無視する），

$$X^{25}(\sigma,\tau)=x^{25}_0+\frac{\alpha'}{2}(p^{25}_L+p^{25}_R)\tau+\frac{\alpha'}{2}(p^{25}_L-p^{25}_R)\sigma+\text{ モード} \tag{8.7}$$

を得る．弦の重心の運動量は

$$p^{25} = \frac{1}{2}\left(p_L^{25} + p_R^{25}\right) \tag{8.8}$$

である．コンパクト化された次元に沿ってみると，弦は円上を動く粒子に似ている*1．運動量は，

$$p^{25} = \frac{K}{R} \tag{8.9}$$

に従って量子化される

*2．．ここで，$K$ は整数で**Kaluza-Klein**（カルツァクライン）**励起数**と呼ばれる．これは重要な結果であり，コンパクト化された次元がなければ，弦の質量中心の運動量は連続していることになる．次元をコンパクト化することは，その次元に沿った質量中心の運動量を量子化する．

式 (8.7) を見ると，運動量を含む初項は弦の重心の運動量の合計であり，これを**運動量モード**と呼ぶ．とはいえ第 2 項もまた運動量を含んでいる．この項は実際には弦の**巻き付きモード**であり，

$$\frac{\alpha'}{2}(p_L^{25} - p_R^{25}) = nR \tag{8.10}$$

を満たしている．

式 (8.3) を見ると，巻き量 $w$ は左進・右進モードの運動量で定義されることがわかる．

$$w = \frac{nR}{\alpha'} = \frac{1}{2}(p_L^{25} - p_R^{25}) \tag{8.11}$$

*1訳注：ここでいう「粒子に似ている」とは，コンパクト化された次元が見えない低次元の観測者から観測される広がりがゼロの粒子とは異なる意味合いなので注意しよう．

*2訳注：空間がコンパクト化されているという事実から，$X^{25}$ 方向の $p^{25}$ において，波動関数が $e^{ip^{25}x^{25}}$ の因子を持っていることが分かる．その結果，境界条件より，$x^{25}$ が $2\pi R$ 増加すれば波動関数は初期値に戻されなければならないので，状態が持つ運動量 $p^{25}$ は式 (8.9) のように量子化された値をとることになる．

## 修正された質量スペクトル

次元のコンパクト化は，質量スペクトルの修正を引き起こすことになる．コンパクト化された次元を持つ状態に対する質量スペクトルを得るために，ヴィラソロ演算子から始めてみよう．

$$\tilde{L}_0 = \frac{\alpha'}{4} p_R^\mu p_{R\mu} + \sum_{n=1}^{\infty} \tilde{\alpha}_{-n} \cdot \tilde{\alpha}_n \tag{8.12}$$

を思い出して欲しい．右辺第 1 項で上付き・下付きである繰り返し添字があるので，これが総和を含意していることに注意しよう．ここで，添字 $\mu$ の範囲は時空全体，すなわち $\mu = 0, 1, \ldots, 25$ に渡る．さて，$\mu = 25$ を分離させて $\tilde{L}_0$ を書いてみる．そのとき，

$$\tilde{L}_0 = \frac{\alpha'}{4} p_R^{25} p_R^{25} + \frac{\alpha'}{4} \sum_{\mu=0}^{24} p_R^\mu p_{R\mu} + \sum_{n=1}^{\infty} \tilde{\alpha}_{-n} \cdot \tilde{\alpha}_n \tag{8.13}$$

となる．

同様に，

$$L_0 = \frac{\alpha'}{4} p_L^{25} p_L^{25} + \frac{\alpha'}{4} \sum_{\mu=0}^{24} p_L^\mu p_{L\mu} + \sum_{n=1}^{\infty} \alpha_{-n} \cdot \alpha_n \tag{8.14}$$

と書ける．単一のコンパクト化された次元において，$X^{25}$ のカルツァ-クライン励起状態は**異なる素粒子**であると考えられている．ゆえに，質量演算子をコンパクト化されていない 25 個の次元で，質量項として書き下すことができる．つまり，

$$m^2 = -\sum_{\mu=0}^{24} p^\mu p_\mu \tag{8.15}$$

である[*3]．読者は総和 $\sum_{n=1}^{\infty}\tilde{\alpha}_{-n}\cdot\tilde{\alpha}_n$ および $\sum_{n=1}^{\infty}\alpha_{-n}\cdot\alpha_n$ が数演算子 $N_R$ および $N_L$ であることに気が付かねばならない．この事実と式 (8.15) を用いることでヴィラソロ演算子を，

$$\tilde{L}_0 = \frac{\alpha'}{4}p_R^{25}p_R^{25} - \frac{\alpha'}{4}m^2 + N_R \tag{8.16}$$

$$L_0 = \frac{\alpha'}{4}p_L^{25}p_L^{25} - \frac{\alpha'}{4}m^2 + N_L \tag{8.17}$$

と書くことが可能になる．今度は，質量殻の制約条件を使うことができる．これは $\tilde{L}_0 - 1$ と $L_0 - 1$ が物理状態 $|\Psi\rangle$ を消滅させる条件である：

$$(\tilde{L}_0 - 1)|\Psi\rangle = 0 \tag{8.18}$$

$$(L_0 - 1)|\Psi\rangle = 0 \tag{8.19}$$

式 (8.18) および式 (8.19) の条件は $\tilde{L}_0 = 1$ および $L_0 = 1$ を含意している．最初の条件を式 (8.16) に適用すると

$$\begin{aligned}\tilde{L}_0 &= 1\\ \Rightarrow 1 &= \frac{\alpha'}{4}p_R^{25}p_R^{25} - \frac{\alpha'}{4}m^2 + N_R\\ \Rightarrow \frac{\alpha'}{2}m^2 &= \frac{\alpha'}{2}p_R^{25}p_R^{25} + 2N_R - 2\end{aligned} \tag{8.20}$$

となる．同様に，$L_0 = 1$ と共に式 (8.17) を使うことで，

$$\frac{\alpha'}{2}m^2 = \frac{\alpha'}{2}p_L^{25}p_L^{25} + 2N_L - 2 \tag{8.21}$$

を得る．ここで式 (8.8) と共に式 (8.9) と (8.11) を使うことで，

$$p_L^{25} = \frac{nR}{\alpha'} + \frac{K}{R} \tag{8.22}$$

---

[*3]訳注：$E^2 = (mc^2)^2 + (c\vec{p})^2$ より，$(cp^0)^2 = (mc^2)^2 + (c\vec{p})^2$ なので，今考えている $c = 1$ の下では $(p^0)^2 = m^2 + \vec{p}^{\,2}$ である．よって $m^2 = p^{0\,2} - \vec{p}^{\,2} = -p^0 p_0 - p^i p_i = -p^\mu p_\mu$ が成り立つ．

と書くことができ，

$$(p_L^{25})^2 = \left(\frac{K}{R} + \frac{nR}{\alpha'}\right)^2 = \left(\frac{nR}{\alpha'}\right)^2 + \left(\frac{K}{R}\right)^2 + 2\frac{nK}{\alpha'} \tag{8.23}$$

と計算することができ，また同様に $p_R^{25} = (K/R) - (nR/\alpha')$ となるため，

$$(p_R^{25})^2 = \left(\frac{K}{R} - \frac{nR}{\alpha'}\right)^2 = \left(\frac{nR}{\alpha'}\right)^2 + \left(\frac{K}{R}\right)^2 - 2\frac{nK}{\alpha'} \tag{8.24}$$

となる．これにより，次の和と差の公式を得ることができる：

$$(p_L^{25})^2 + (p_R^{25})^2 = 2\left[\left(\frac{nR}{\alpha'}\right)^2 + \left(\frac{K}{R}\right)^2\right] \tag{8.25}$$

$$(p_L^{25})^2 - (p_R^{25})^2 = 4\frac{nK}{\alpha'} \tag{8.26}$$

式 (8.25) と (8.26) を使うことで，式 (8.20) と (8.21) を加えて，

$$\alpha' m^2 = \alpha'\left[\left(\frac{nR}{\alpha'}\right)^2 + \left(\frac{K}{R}\right)^2\right] + 2(N_R + N_L) - 4 \tag{8.27}$$

を得たり，式 (8.21) から (8.20) を引くことで，

$$N_R - N_L = nK \tag{8.28}$$

を得る．こうして，第4章で導入したボソン弦に関する公式と比較することで，質量公式 [式 (8.27)] と**レベル整合条件** (level matching condition)[式 (8.28)] が余分な項を持つことに注意して欲しい．余分な項は2つの成分，弦のKaluza-Klein(カルツァ-クライン)励起と巻き付き状態に起因している．カルツァ-クライン励起は粒子とみなすことができ，一般的な意味で弦によるものと考えることができない．一方で巻き付き励起 (winding excitations) は，弦だけがコンパクト化された余剰次元に巻き付くことができるので，弦からのみ生じるものである．

さて，質量公式 (8.27) と共に運動量に関する関係式 (8.22) と (8.25) を見てみよう．極限的な振る舞いについてここで考えることにする．まず，

$R \to \infty$ の場合を考えよう．この極限の下では，運動量は連続量に達し，カルツァ-クライン励起は消滅する．$p_L = p_R$ となることは容易に示せるので，巻き付き状態は，

$$w = \frac{1}{2}(p_L^{25} - p_R^{25}) \to 0 \qquad (R \to \infty \text{ のとき})$$

となる．質量中心の運動量式 (8.8) はコンパクト化されてない場合の連続的な運動量，つまりは量子化されていない運動量に戻る．

では，反対の極限 $R \to 0$ に関して考えてみよう．これもコンパクト化されていない場合に立ち返るようなものであると予想するかもしれないが，結局のところ，やはり $R \to 0$ は余剰次元を消すようなものである．見えない余剰次元から完全に切り離すための場を，場の量子論では期待するかもしれない．しかしながら，弦理論ではこの方法ではうまくいかないのである．

$R \to 0$ のとき，カルツァ-クラインモードは無限大になり，理論から切り離されることに気付く．これらは粒子状態とみなすことができるので，おそらくあまり驚くべきことではない．質量中心の運動量に残されているのは巻き付き状態である．最初に $R \to 0$ として，

$$p_R = -p_L$$

を得る．ゆえに $p^{25} \to 0$ となるが，巻き付き項は次のように振る舞う：

$$w = \frac{1}{2}(p_L^{25} - p_R^{25}) \to p_L^{25} \qquad (R \to 0 \text{ のとき})$$

$-p_R^{25}$ としてもよい．そして今や，運動量状態ではなく巻き付き状態が連続状態を形成していることになる．これはあまり驚くべきことではない．$R \to 0$ では円がますます小さくなっていき，弦がそれに巻き付くことが容易になっていく．つまり，エネルギー消費はより少なくなるのだ．円が非常に小さいときは，それに巻き付くために多くのエネルギーを弦は必要としない．

こうして，半径が非常に大きくなったり小さくなったりするにつれて，巻き付き状態と運動量との間にトレードオフの関係を見出す．このトレードオフは次節の話題である T-双対性の議論につながる．

## 閉弦に対する T-双対性

T-双対性は異なる弦の理論の間に存在する対称性である．この対称性は，一方の理論における小さい距離を，一見すると異なるような別の理論における大きい距離に関連づけるものであり，2 つの理論が異なる観点で表された同じ理論であることを示す．これは重要な認識である．T-双対性が発見される前，5 つの異なる弦理論があると信じられていたが，実際は，それらは変換や双対によって互いに関連する，同じ理論の異なる型であったのだ．1 つの理論でコンパクト化された次元を考えると，小さい距離と大きい距離との間で変換が可能となり，もう一方の双対的な理論に到達する．これが T-双対性の要点である．我々は，弦理論に存在する他の双対性について．今後同様に見ていく予定である．

T-双対性は IIA 型と IIB 型の弦理論，またヘテロティック弦理論同士を関連づけさせる．本章で学習してきたコンパクト化の型，すなわち半径 $R$ の円に対する空間次元のコンパクト化に応用させる．T-双対性で使われる変換は半径 $R$ から，交換

$$R \leftrightarrow R' = \frac{\alpha'}{R} \tag{8.29}$$

で定義される，新しい長さの半径 $R'$ への変換である．T-双対性の変換は，巻き数 $n$ に特徴づけられた巻き付き状態と他の理論における高運動量状態 (カルツァ-クライン励起) との交換でもある．すなわち，

$$n \leftrightarrow K \tag{8.30}$$

となる．T-双対性の対称性は，これらの交換によって説明され，ここで再び書き写す質量公式 [式 (8.27)] に現れる：

$$\alpha' m^2 = \left(\frac{nR}{\alpha'}\right)^2 + \left(\frac{K}{R}\right)^2 + 2(N_R + N_L) - 4$$

そこで，$R \leftrightarrow \alpha'/R$ や $n \leftrightarrow K$ と交換すると，次のようになる：

$$\frac{K}{R} \to \frac{n}{(\alpha'/R')} = \frac{nR'}{\alpha'} \tag{8.31}$$

また，次も得る：

$$\frac{nR}{\alpha'} \to \frac{K(\alpha'/R')}{\alpha'} = \frac{K}{R'} \tag{8.32}$$

こうして質量公式 (8.27) が $R \leftrightarrow \alpha'/R$ と $n \leftrightarrow K$ の交換の下で**不変であること**がわかる．それは，

$$\alpha' m^2 = \left(\frac{nR'}{\alpha'}\right)^2 + \left(\frac{K}{R'}\right)^2 + 2(N_R + N_L) - 4$$

の形を取る．すなわち，同じ形を保持するが，今度は新しい半径 $R'$ 持つことになる．これは数学的な変換である．物理的には，もし小さなコンパクト化された次元 $R$ の理論から始めれば，大きな余剰次元 $R'$ を持つ**双対な**理論に変換されたといえる．弦に関してこれが意味することは，（巻き付き状態を有する）小さなコンパクト次元に巻き付く（小さなコンパクト化された次元を備える）IIA 型理論の弦は，その次元に沿った**運動量**を持つ（半径 $R'$ の大きな次元に変換した次元を備える）IIB 型理論の弦に対して双対であるということだ．IIA 型理論の弦がコンパクト化次元に巻き付く回数に応じて，これが IIB 型理論の運動量を 1 単位増加させることに対応している．

さて，$p_L^{25}$ および $p_R^{25}$，ひいては $\alpha_0$ および $\tilde{\alpha}_0$ が対称性の下でどのように変換するかを念入りに調べてみよう．式 (8.22) を思い出すと，

$$p_L^{25} = \frac{nR}{\alpha'} + \frac{K}{R}$$

を示していた．そこで，$R \leftrightarrow \alpha'/R$ および $n \leftrightarrow K$ と交換する．すると，

$$p_L^{25} \to \frac{K}{\alpha'}\left(\frac{\alpha'}{R'}\right) + \frac{n}{(\alpha'/R')} = \frac{K}{R'} + \frac{nR'}{\alpha'}$$

となることがわかる．

したがって，$p_L^{25}$ は変換の下で同じ形を保持し，不変となる．これは，$p_L^{25} = p_L^{25}$ と書くことで示すことができる．次に $p_R^{25}$ が $R \leftrightarrow \alpha'/R$ および $n \leftrightarrow K$ の交換の下でどのように変換されるか考える：

$$\begin{aligned} p_R^{25} &= \frac{K}{R} - \frac{nR}{\alpha'} \\ \Rightarrow p_R^{25} &\to \frac{n}{(\alpha'/R')} - \frac{K}{\alpha'}\left(\frac{\alpha'}{R'}\right) = \frac{nR'}{\alpha'} - \frac{K}{R'} \end{aligned}$$

つまり，$p_R^{25} = -p_R^{25}$ となる．これは，$R \leftrightarrow \alpha'/R$ および $n \leftrightarrow K$ の交換がゼロモードに適用される交換と同等であることを示している：

$$\alpha_0^{25} \to \alpha_0^{25} \quad \text{および} \quad \tilde{\alpha}_0^{25} \to -\tilde{\alpha}_0^{25} \tag{8.33}$$

これは要約する次のようになる：

- 半径 $R$ となる理論における状態 $(K, n)$ は半径 $R' = \alpha'/R$ の理論における状態 $(n, K)$ へと変換される．
- この 2 つの状態は同じ質量を有している．すなわち，$m^2(K, n, R) = m^2(n, K, R')$ となる．
- 数演算子は T-双対変換の下で変化しない．

変換は質量を保存するだけではない．T-双対変換を用いると，コンパクト化された半径 R の次元を持つ理論全体が，半径 $R' = \alpha'/R$ の理論に写像される．双対理論における量を『 ˘ 』で表してみよう．T-双対変換は次のように，コンパクト化された座標を双対理論の座標に写像する：

$$\begin{aligned} X_L^{25}(\tau + \sigma) &\to \breve{X}_L^{25}(\tau + \sigma) \\ X_R^{25}(\tau - \sigma) &\to -\breve{X}_R^{25}(\tau - \sigma) \end{aligned} \tag{8.34}$$

このとき $X^{25} = X_L^{25} + X_R^{25}$ を用いると，双対理論における座標の関係 $\breve{X}^{25} = \breve{X}_L^{25} + \breve{X}_R^{25}$ は，

$$\breve{X}^{25} = X_L^{25} - X_R^{25}$$

と書くことができる．また，これより

$$\begin{aligned}\partial_+ \breve{X}_{25} =& \partial_+ \left[ X_L^{25}(\tau+\sigma) - X_R^{25}(\tau-\sigma) \right] \\ =& \partial_+ \left[ X_L^{25}(\tau+\sigma) \right] \\ =& \partial_+ \left[ X_L^{25}(\tau+\sigma) + X_R^{25}(\tau-\sigma) \right] \\ =& \partial_+ X_{25} \\ \partial_- \breve{X}_{25} =& \partial_- \left[ X_L^{25}(\tau+\sigma) - X_R^{25}(\tau-\sigma) \right] \\ =& \partial_- \left[ -X_R^{25}(\tau-\sigma) \right] \\ =& \partial_- \left[ -X_L^{25}(\tau+\sigma) - X_R^{25}(\tau-\sigma) \right] \\ =& -\partial_- X_{25}\end{aligned}$$

の関係も得られるが，$\partial_+ X_R^{25} = \partial_- X_L^{25} = 0$ であることから，物理的な中身は変更を受けない．コンパクト化された次元とその双対の理論における巻き数とカルツァ-クライン励起は，

$$K = \breve{n} \qquad \text{および} \qquad n = \breve{K}$$

に従って関係付けられている．また，T-双対変換はすべてのモードに対しても $X^{25} \to \breve{X}^{25} = X_L^{25} - X_R^{25}$ より，$X_R^{25}$ に含まれている符号が反転するから，

$$\begin{aligned}\alpha_n^{25} &= \breve{\alpha}_n^{25} \\ \tilde{\alpha}_n^{25} &= -\breve{\tilde{\alpha}}_n^{25}\end{aligned}$$

のように写像する．

## 開弦と T-双対性

開弦におけるコンパクト化を考える場合，状況は少し異なってくる．なぜなら開弦はコンパクト化された次元に巻き付かないからである．これを要約すると次のようになる：

- 半径 $R$ の円に次元がコンパクト化されている場合，開弦は巻き付きモードを持たない．ゆえに巻き数は $n=0$ である．

ボソン弦理論の開弦に関しての2つの事実をおおまかに見てみていこう．ポアンカレ不変性を満たすために，開弦に対してノイマン境界条件を採用する：

$$\frac{\partial X^\mu}{\partial \sigma}=0 \qquad (\sigma=0,\,\pi\text{のとき}) \tag{8.35}$$

ノイマン境界条件を課した開弦に関する形式的な展開は

$$X^\mu(\sigma,\tau)=x_0^\mu+2\alpha' p^\mu+i\sqrt{2\alpha'}\sum_{n\neq 0}\frac{\alpha_n^\mu}{n}e^{-in\tau}\cos n\sigma \tag{8.36}$$

で与えられる．開弦の左進モード・右進モードは

$$\begin{aligned}X_L^\mu(\tau+\sigma)&=\frac{x_0^\mu+\breve{x}_0^\mu}{2}+\alpha' p^\mu(\tau+\sigma)+i\sqrt{\frac{\alpha'}{2}}\sum_{n\neq 0}\frac{\alpha_n^\mu}{n}e^{-in(\tau+\sigma)}\\X_R^\mu(\tau-\sigma)&=\frac{x_0^\mu-\breve{x}_0^\mu}{2}+\alpha' p^\mu(\tau-\sigma)+i\sqrt{\frac{\alpha'}{2}}\sum_{n\neq 0}\frac{\alpha_n^\mu}{n}e^{-in(\tau-\sigma)}\end{aligned} \tag{8.37}$$

と書ける．$x_0^{25}$ は，コンパクト化された次元に沿った位置座標になる．ここでは，双対空間におけるコンパクト化された次元の座標である $\breve{x}_0^\mu$ を足したり引いたりした．

我々は，単にT-双対変換を適用することによってコンパクト化の手続きを進めることができる（これが，左進・右進で開弦のモードを記述した理由である）．まず，

$$X_L^{25}\to X_L^{25} \qquad \text{および} \qquad X_R^{25}\to -X_R^{25}$$

としよう．これは $X^{25}$ について次の式を得ることを意味している：

$$
\begin{aligned}
&\breve{X}_L^{25}(\tau+\sigma) \\
=&X_L^{25}(\tau+\sigma) \\
=&\frac{x_0^{25}+\breve{x}_0^{25}}{2}+\alpha' p^{25}(\tau+\sigma)+i\sqrt{\frac{\alpha'}{2}}\sum_{n\neq 0}\frac{\alpha_n^{25}}{n}e^{-in(\tau+\sigma)} \\
&\breve{X}_R^{25}(\tau-\sigma) \\
=&-X_R^{25}(\tau-\sigma) \\
=&\frac{-x_0^{25}+\breve{x}_0^{25}}{2}-\alpha' p^{25}(\tau-\sigma)-i\sqrt{\frac{\alpha'}{2}}\sum_{n\neq 0}\frac{\alpha_n^{25}}{n}e^{-in(\tau-\sigma)}
\end{aligned}
\tag{8.38}
$$

モード展開の総和を得るために加え合わせると，

$$
\breve{X}^{25}=\breve{x}_0^{25}+2\alpha' p^{25}\sigma+i\sqrt{\frac{\alpha'}{2}}\sum_{n\neq 0}\frac{\alpha_n^{25}}{n}\left[e^{-in(\tau+\sigma)}-e^{-in(\tau-\sigma)}\right]
$$

を得る．ここで，オイラーの有名な公式を用いると次のようになる：

$$
\begin{aligned}
e^{-in(\tau+\sigma)}-e^{-in(\tau-\sigma)}&=2i\left[\frac{e^{-in(\tau+\sigma)}-e^{-in(\tau-\sigma)}}{2i}\right] \\
&=-2ie^{-in\tau}\left[\frac{e^{in\sigma}-e^{-in\sigma}}{2i}\right]=-2ie^{-in\tau}\sin n\sigma
\end{aligned}
$$

これは，モード展開が

$$
\begin{aligned}
\breve{X}^{25}&=\breve{x}_0^{25}+2\alpha' p^{25}\sigma+\sqrt{2\alpha'}\sum_{n\neq 0}\frac{\alpha_n^{25}}{n}e^{-in\tau}\sin n\sigma \\
&=\breve{x}_0^{25}+2\alpha'\frac{K}{R}\sigma+\sqrt{2\alpha'}\sum_{n\neq 0}\frac{\alpha_n^{25}}{n}e^{-in\tau}\sin n\sigma
\end{aligned}
$$

のように書けることを意味している．

さて，双対理論における開弦の性質を発見するためにこの式を分析することができる．第 1 に気付く項目は次のようなものである：

- $\breve{X}^{25}$ の式には，世界面の時間座標 $\tau$ を含む線形項がない．物理的には，これは双対弦は 25 番目の次元における運動量を持たないことを意味している．
- 弦が $\mu = 25$ の運動量を運んでいないのであれば，それは固定されている必要がある．固定された弦はどのように動くか？ その答えは周期的な振動となる．
- 展開式は $\sin n\sigma$ の項を含んでおり，当然 $\sin n\sigma = 0, (\sigma = 0, \pi$で$)$ を満たすことに注意しよう．

最後の点は特に重要である．弦のディリクレ境界条件が

$$\dot{X}^{\mu}|_{\sigma=0} = \dot{X}^{\mu}|_{\sigma=\pi} = 0$$

であることを思い出して欲しい．双対場の式を見ると，

$$\breve{X}^{25}(\sigma = 0, \tau) = \breve{x}_0^{25}$$

となる．$\sigma = \pi$ とすると，

$$\breve{X}^{25}(\sigma = \pi, \tau) = \breve{x}_0^{25} + 2\alpha'\pi\frac{K}{R} = \breve{x}_0^{25} + 2K\pi R'$$

を得る．したがって，

$$\breve{X}^{25}(\sigma = \pi, \tau) - \breve{X}^{25}(\sigma = 0, \tau) = 2K\pi R'$$

となる．これは双対弦は巻き数 $K$ を持って，半径 $R'$ の双対次元を巻き付いていることを示している．

まとめると次のようになる．

- T-双対性は，ノイマン境界条件をディリクレ境界条件に変換させる．
- T-双対性は，ディリクレ境界条件をノイマン境界条件に変換させる．
- T-双対性は，巻き付きはないが運動量を持つボソン弦を，巻き付きはあるが運動量を持たないボソン弦へと変換させる．

- 双対弦の場合，弦の端点は時空の 25 次元超平面上に位置するように制限されている．
- 双対弦の端点は，$K$ によって与えられた整数回だけ円形の次元に巻き付くことができる．

# D-ブレーン

開弦が接続された超平面は特別な意味を持つ．D-ブレーンは時空における超平面である．本章で行った例では，24 の空間次元を持った超平面である．本例で除外された次元はコンパクト化された次元である．D は **Dirichlet** の略であり，ディリクレ (Dirichlet) 境界条件を満たした端点を理論における開弦が持っているという事実を示している．言葉で言えば，これは**開弦の端点は D-ブレーンに接続されている**ことを意味する．D-ブレーンはそれが含んでいる空間次元の数によって分類される．点はゼロ次元の物体なので D0-ブレーンとなる．1 次元の物体である線は D1-ブレーンとなる (このことから，弦は D1-ブレーンとして考えることができる)．のちに我々は，3 次元空間と 1 次元の時間次元の物理世界が，11 次元の超空間のより大きな世界に含まれる D3-ブレーンであることを見ていく予定だ．本章で学んだ例では，超平面上に 24 の次元を残す，1 つの空間次元がコンパクト化された D24-ブレーンを考えた．

ここで概説した手順を用いて，他の次元をコンパクト化することができる．もし $n$ 次元をコンパクト化することを選択した場合，D$(25-n)$-ブレーンが残される．ここで概説した手順は超弦理論においても本質的に同じではあるが，この場合，コンパクト化している $n$ 次元は D$(9-n)$-ブレーンを与えることになる．以下を留意されたい：

- 開弦の端は，コンパクト化されていない方向（時間を含む）に対して自由に動くことができる．したがってボソン理論では，$n$ 次元がコンパクト化されたとき，弦の端点は他の $1+(25-n)$ 次元に対して自由に動くことができる．超弦理論では，端点は他の $1+(9-n)$ 次元に対して自由に動くことになる．本章の例では，ボソン弦理論で1次元をコンパクト化を考察したが，弦の端点は他の24次元に対して自由に動いていることになる．

D-ブレーンの存在は，T-双対性の対称性によって生じる結果であると考えることができる．D-ブレーンの数・種類・配置は，存在し得る開弦を制限している，我々は，のちの章において超弦の文脈においてD-ブレーンについてさらに言及し，T-双対性について議論していく予定である．

## まとめ

本章では，空間的な次元を取ってそれを半径 $R$ の小さな円にコンパクト化するという**コンパクト化**について説明した．この手順を辿ると，小さな $R$ を持つ理論を大きな $R$ を持つ等価な理論に関連づける，**T-双対性**と呼ばれる対称性が現れることが見出される．T-双対性の重要な結果は，ノイマン境界条件を課した開弦が双対理論でディリクレ境界条件を課した開弦に変換されることが明らかになったときに，発見された．その結果は，開弦の端点がD-ブレーンと呼ばれる超平面に固定されるというものである．

## 章末問題

1. $\sigma$ に沿った並進不変性は，物理的な状態 $|\psi\rangle$ に対して $(L_0-\tilde{L}_0)|\psi\rangle=0$ という条件を導く．これを用いて，$p_L^{25}$，$N_L$ と $p_R^{25}$，$N_R$ の間の関係を求めよ．

Chapter 9

# 超弦理論の続き

第 7 章では，**世界面上での超対称性**を考えることによって超弦理論の最初の確認を行った．その結果が RNS 超弦である．この手法からは多くのことが学べるが，時空の超対称性はこの理論からは明らかではない．本章では，超対称性と超弦に関する一般的概要を幾分不規則に列挙し，より高度な扱いを望む読者がそれらを追及することができるようにする．手短にいえば，ここでは 2 つのことを行いたい．まず最初に，超対称性と超弦についての議論を深く探り拡張し，そののち時空の超対称的アプローチを導入する．これらはより高度な話題であるので，詳細については掘り下げず，数多くの重要な情報が残される．しかしここでの目的は超弦理論のいくつかの基礎的概念を解明することにある．詳細の学習は本書の巻末にある参考文献を読むことによって学ぶことができる．本書による最初の学習によって他書の題材をやや易しく読解できるようになることが期待できるだろう．本章の題材は D-ブレーンやブラックホール物理学を理解するには必要ないので，今のところ読者はより痛みを伴わないように本章の題材を飛ばしてしまっても構わない．

## 超空間と超場

時空の超対称性を付け加えると，いくつかのものを含めるようになる．具体的には：

- 時空座標 $x^\mu$ に“超対称パートナー”を加えるために座標を拡張する．結果は座標 $x^\mu$ および $\theta_A$ によって定義される**超空間**になる．
- 超空間座標の関数である**超場**を導入する．超対称的理論を生成するための作用に超場が加えられる．

これらの点を心に留めておき，超空間として知られる概念を記述することによって最初の一歩を踏もう．上で注意したように，ここでの着想は，通常の時空座標 $x^0, x^1, \ldots, x^d$ に**フェルミオン的**あるいは**グラスマン**座標 $\theta_A$ を付け加えることによって拡張するというものである．超空間あるいはグラスマン座標上で使用される添字 $A$ はスピノル $\Psi^\mu_A$ 上で用いられるスピノル添字に対応する．すでに議論した世界面上の超対称性の場合をとると，2 成分スピノルが存在するので，$A = 1, 2$ である．

フェルミオン的座標 $\theta_A$ はグラスマン座標とも呼ばれる．というのも，それらは反交換関係を満たすからである．すなわち，

$$\{\theta_A, \theta_B\} \equiv \theta_A\theta_B + \theta_B\theta_A = 0 \tag{9.1}$$

この関係が $\theta_A\theta_A = \theta_A^2 = 0$ を意味することに注意しよう．世界面の場合，$\theta_A$ は 2 成分スピノルであるような超世界面座標である：

$$\theta_A = \begin{pmatrix} \theta_- \\ \theta_+ \end{pmatrix}$$

超空間を特徴づけるためには，通常の時空座標に関してフェルミオン的場がどのように振る舞うかも理解する必要がある．これはつまり，交換関係と反交換関係に要約される．例として世界面に対して指し示すと，$\sigma^\alpha = (\tau, \sigma)$ によって世界面座標を表すと，これが通常の座標であることより，これらは

自身と交換する：

$$[\sigma^{\alpha}, \sigma^{\beta}] = \sigma^{\alpha}\sigma^{\beta} - \sigma^{\beta}\sigma^{\alpha} = 0 \tag{9.2}$$

またこれらはフェルミオン的座標とも交換する：

$$[\sigma^{\alpha}, \theta_A] = \sigma^{\alpha}\theta_A - \theta_A\sigma^{\alpha} = 0 \tag{9.3}$$

したがってここで見てきたのは，超対称性が単にボソンとフェルミオンからなる対というだけでなく，式 (9.1) から (9.3) までによって与えられる関係式によって特徴づけられる超空間を伴う通常の座標とフェルミオン的座標の対からなる時空の概念であるということである．そこで今から**超場**の概念を考えよう．

超空間上に関数を定義することは可能である．すなわち，時空座標とフェルミオン的座標の関数である場 $Y$ を導入することができる．この与えられた場 $Y$ は

$$Y \equiv Y(\sigma, \theta)$$

と書くことによって表すことができる．超空間の関数である場は**超場**と呼ばれる．超場は超対称理論を構成するために作用に導入することができる．

次に**超対称チャージ**を導入する．これは**超対称生成子**とも呼ばれることがある．世界面の超対称性の場合，これは

$$Q_A = \frac{\partial}{\partial \bar{\theta}_A} + i(\rho^{\alpha}\theta)_A \partial_{\alpha}$$

によって与えれる[*1]．超対称チャージは超対称生成子と呼ばれる．何故ならそれは超空間上の超対称変換を生成するからである．すなわち，それは

---

[*1] 訳注：ここで使用される $\rho^{\alpha}$ は『Green-Schwarz-Witten』で採用されているのと同様に，$\rho^0 = \begin{pmatrix} 0 & -i \\ i & 0 \end{pmatrix}, \rho^1 = \begin{pmatrix} 0 & i \\ i & 0 \end{pmatrix}$ によって定義される．またこのとき，$\bar{\theta}_A = (\theta_A)^{\dagger}\rho^0, \bar{\varepsilon} = \varepsilon^{\dagger}\rho^0$ のように $^{-}$ は定義される．一方，『Becker, Becker and Schwarz』の場合は $\rho^{\alpha}$ は全体を $i$ で割ったもので定義されるので，$\bar{\theta}_A = (\theta_A)^{\dagger}i\rho^0, \bar{\varepsilon} = \varepsilon^{\dagger}i\rho^0$ のように $^{-}$ は定義される．なお，これら 2 次のマヨラナスピノルは実スピノルなので，$\dagger$ は転置 $T$ と同じである．

次のように座標上に作用する．世界面の例を用いると，時空座標の役割は $\sigma^\alpha = (\tau, \sigma)$ によって果たされる．超対称生成子はそれらの上に次のように作用する[*2]：

$$\begin{aligned}
\bar{\varepsilon} Q \sigma^\alpha =& \bar{\varepsilon} \left( \frac{\partial}{\partial \bar{\theta}} + i \rho^\beta \theta \partial_\beta \right) \sigma^\alpha \\
=& \bar{\varepsilon} \left( \frac{\partial \sigma^\alpha}{\partial \bar{\theta}} + i \rho^\beta \theta \partial_\beta \sigma^\alpha \right) \\
=& i \bar{\varepsilon} \rho^\beta \theta \delta^\alpha_\beta = i \bar{\varepsilon} \rho^\alpha \theta \left( \begin{array}{l} \because \sigma^\alpha \text{座標はフェルミオン的座標} \theta \\ \text{の関数ではない} \end{array} \right)
\end{aligned}$$

それゆえ超対称変換の下では，

$$\sigma^\alpha \to \sigma^\alpha + i \bar{\varepsilon} \rho^\alpha \theta$$

となると結論づけられる．

これは $\sigma^\alpha \to \sigma^\alpha - i \bar{\theta} \rho^\alpha \varepsilon$ と書くこともできる．これは何故なら $\rho^\alpha \rho^\beta$ が対角行列になることとグラスマン数の性質を用いることにより可能となる (反交換グラスマン数からなるマヨラナスピノルが存在することに注意しよう)．この話題が初めての読者は詳細を書きだしてみると良い．そこで少々脱線してみよう．通常の量子力学でどのようにエルミート共役 $\dagger$ を用いて項を並べ替えるか思い出せるであろうか？　もし思い出せるなら $\bar{\varepsilon} \rho^\alpha \theta$ をどのように操作するか理解することができることになる．ただし，この場合は転置のみ用いる．読者はグラスマン数の通常の複素数倍もグラスマン数になることに注意しよう．すると $\theta$ を成分がグラスマン数の 2 成分スピノルとするとき，通常の数からなる 2 次行列を $A$ とすると，$A\theta (\theta^T A)$ も成分がグラスマン数となる縦ベクトル (横ベクトル) となる．また，$V, W$ をグラスマン数を成分とする縦ベクトルとすると，

$$V \cdot W = V^T W = \sum_i v_i w_i = \sum_i (-w_i v_i) = -W^T V = -W \cdot V$$

[*2] 訳注：スピノル添字やローレンツ添字はしばしば省略されることに注意しよう．

となることに注意しよう．また，簡単な成分計算で，任意の $\alpha, \beta$ に対して，$(\rho^\alpha\rho^\beta)^T = \rho^\alpha\rho^\beta$ が成り立つことも分かるので，

$$\begin{aligned}
\bar{\varepsilon}\rho^\alpha\theta =& \varepsilon^T\rho^0\rho^\alpha\theta \\
=& (\varepsilon^T\rho^0\rho^\alpha)\theta \\
=& -\theta^T(\varepsilon^T\rho^0\rho^\alpha)^T \qquad (\because \quad (V^TW)^T = -W^TV) \\
=& -\theta^T(\rho^0\rho^\alpha)^T\varepsilon \\
=& -\theta^T(\rho^0\rho^\alpha)\varepsilon \qquad (\because \quad (\rho^\alpha\rho^\beta)^T = \rho^\alpha\rho^\beta) \\
=& -\bar{\theta}\rho^\alpha\varepsilon
\end{aligned}$$

これより，$\bar{\varepsilon}\rho^\alpha\theta = -\bar{\theta}\rho^\alpha\varepsilon$ と書けることが分かった．

ここでの議論の主な動機に戻ると，超対称変換の下で一般的に時空座標が

$$x^\mu \to x^\mu + i\bar{\varepsilon}\gamma^\mu\theta$$

として変換するというものである．ここで $\gamma^\mu$ は通常のディラック行列である．さて，フェルミオン的または超世界面座標上の超対称生成子について考えよう．章末問題で読者が解くことができるようにここでは単に結果を記述しよう：

$$\delta\theta_A = \varepsilon_A$$

それゆえ超座標は

$$\theta_A \to \theta_A + \varepsilon_A$$

として変換する．この作用を書き下すために用いられる道具が**超共変微分**である．これは

$$D_A = \frac{\partial}{\partial\bar{\theta}^A} - i(\rho^\alpha\theta)_A\partial_\alpha$$

によって与えられる．超共変微分のカギとなる性質は，超対称変換の下で，超場 $F$ の超共変微分 $DF$ が $F$ と同じように変換するということである．

## 世界面超対称性に対する超場

超対称性が体現されているところで作用がどのように書き下せるかを描写するために世界面超対称性の場合を用いる．これを行うために，超場から開始する：

$$Y^\mu(\sigma^\alpha, \theta) = X^\mu(\sigma^\alpha) + \bar{\theta}\Psi^\mu(\sigma^\alpha) + \frac{1}{2}\bar{\theta}\theta B^\mu(\sigma^\alpha) \qquad *$$

この表式は一般的な表式で，これは超場のテイラー展開である[*3]．グラスマン変数の反交換的性質を経由すると，$\bar{\theta}\theta$ はこの表式の最も高位の次数の項である．$B^\mu$ に対する運動方程式が $B^\mu = 0$ によって与えられるので，これは物理学において何の役割も果たさない補助場であることが示せる．超場は

$$\delta Y^\mu = [\bar{\varepsilon}Q, Y^\mu] = \bar{\varepsilon}QY^\mu$$

として変換する．

さて今，ボソン場とフェルミオン場 $X^\mu$ および $\Psi^\mu$ の SUSY 変換を与える式 (7.9) を思い出そう：

$$\begin{aligned}\delta X^\mu &= \bar{\varepsilon}\Psi^\mu \\ \delta\Psi^\mu &= -i\rho^\alpha\partial_\alpha X^\mu \varepsilon\end{aligned}$$

これらの変換は $\delta Y^\mu$ を明示的に計算することによって導くことができる．$Q_A = (\partial/\partial\bar{\theta}_A) + i(\rho^\alpha\theta)_A\partial_\alpha$ を用いると，

$$\begin{aligned}&\delta Y^\mu(\sigma^\alpha, \theta) \\ &= \bar{\varepsilon}Q_A Y^\mu \\ &= \bar{\varepsilon}\left[\frac{\partial}{\partial\bar{\theta}_A} + i(\rho^\alpha\theta)_A\partial_\alpha\right]\left[X^\mu(\sigma^\alpha) + \bar{\theta}^B\Psi^\mu_B(\sigma^\alpha) + \frac{1}{2}\bar{\theta}^B\theta_B B^\mu(\sigma^\alpha)\right]\end{aligned}$$

[*3]訳注：本文にあるように，これはグラスマン変数 $\theta$ に関する最も一般的なテイラー展開である．$\theta$ の 3 次以上の項がないのは $\theta$ の反交換性で全部消滅してしまうからにすぎない．

$$
\begin{aligned}
=&\bar{\varepsilon}\left[\frac{\partial}{\partial\bar{\theta}_A}X^\mu+\frac{\partial}{\partial\bar{\theta}_A}\bar{\theta}^B\Psi^\mu_B(\sigma^\alpha)+\frac{\partial}{\partial\bar{\theta}_A}\frac{1}{2}\bar{\theta}^B\theta_B B^\mu(\sigma^\alpha)\right]\\
&+\bar{\varepsilon}\left[i(\rho^\alpha\theta)_A\partial_\alpha X^\mu+i(\rho^\alpha\theta)_A\partial_\alpha\bar{\theta}^B\Psi^\mu_B+i(\rho^\alpha\theta)_A\partial_\alpha\frac{1}{2}\bar{\theta}^B\theta_B B^\mu(\sigma^\alpha)\right]\\
=&\bar{\varepsilon}\left[\Psi^\mu_A(\sigma^\alpha)+\frac{\partial}{\partial\bar{\theta}_A}\frac{1}{2}\bar{\theta}^B\theta^B B^\mu(\sigma^\alpha)\right]\\
&+\bar{\varepsilon}\left[i(\rho^\alpha\theta)_A\partial_\alpha X^\mu+i(\rho^\alpha\theta)_A\partial_\alpha\bar{\theta}^B\Psi^\mu_B\right]
\end{aligned}
$$

が成り立つ．最後のステップを得るために，グラスマン変数の反交換的性質より 0 となる 3 次の順序項を落とし，$X^\mu$ が超座標に依存しないことより初項も落とした．フィルツ(Fierz)変換[*4]

$$\theta_A\bar{\theta}_B=-\frac{1}{2}\delta_{AB}\bar{\theta}_C\theta_C$$

を用いると，最終的にこれは

$$\delta Y^\mu=\bar{\varepsilon}\Psi^\mu+\bar{\theta}(B^\mu\varepsilon-i\rho^\alpha\partial_\alpha X^\mu\varepsilon)+\frac{1}{2}\bar{\theta}\theta(-\bar{\varepsilon}\rho^\alpha\partial_\alpha\Psi^\mu)$$

として書かれる[*5]．SUSY 変換を書き下すために，単に ∗ と比較し，$\theta$ 展開の中の対応する項を探す．これを行うと，

$$
\begin{aligned}
\delta X^\mu=&\bar{\varepsilon}\Psi^\mu\\
\delta\Psi^\mu=&-i\rho^\alpha\partial_\alpha X^\mu\varepsilon+B^\mu\varepsilon\\
\delta B^\mu=&-i\bar{\varepsilon}\rho^\alpha\partial_\alpha\Psi^\mu
\end{aligned}
$$

と求まる．この作用は超場に関して書くことができる．超場がグラスマン変数の関数であることより，**グラスマン積分**と呼ばれる新しい種類の積分を利用する必要がある．そこで今から簡単にこれを説明するために寄り道しよう．

---

[*4] 訳注：変換と書いてあるがこれはむしろ恒等式である．$\bar{\theta}=\begin{pmatrix}i\theta_+ & -i\theta_-\end{pmatrix}$ より，$\bar{\theta}_-=i\theta_+,\bar{\theta}_+=-i\theta_-$ に注意すると，$\theta_A\bar{\theta}_B=-\frac{1}{2}\delta_{AB}\sum_{C\in\{-,+\}}\bar{\theta}_C\theta_C$ が成り立つことが示せる．例えば $\theta_-\bar{\theta}_-,\theta_-\bar{\theta}_+$ を具体的に計算してみるとよい．

[*5] 訳注：これを得るには，関係式 $\bar{\theta}\rho^\alpha\varepsilon\bar{\theta}=\frac{1}{2}\bar{\theta}\theta\bar{\varepsilon}\rho^\alpha$ を用いる必要がある．

## グラスマン積分

超対称性の道具箱の別の道具としてグラスマン積分の技術がある．反可換なグラスマン変数の積分が実変数の関数の通常の積分とはかなり異なっている (そして実際にはやや直感的ではないにも関わらず，非常に単純である) ことが明らかとなる．それでも，積分の 1 つの重要な性質が保存されることを期待することによってグラスマン積分の概念を開発したい．いま，数直線全体に渡って実変数の関数を積分するなら，その積分は並進不変である．すなわち，$a$ をある実定数とすると，

$$\int_{-\infty}^{\infty} f(x)dx = \int_{-\infty}^{\infty} f(x+a)dx$$

が成り立たねばならないはずである．さて，$\phi(\theta)$ をグラスマン変数 $\theta$ の関数としよう．するとこのときこの積分も並進不変であることが望まれる：

$$\int d\theta\phi(\theta) = \int d\theta\phi(\theta+c)$$

ここで $c$ は定数 (この場合グラスマン数である) である．並進不変性を保ちながらグラスマン積分の性質を推論するために，$\phi(\theta)$ をテイラー展開する：

$$\phi(\theta) = a + b\theta$$

すると，

$$\int d\theta\phi(\theta) = \int d\theta(a+b\theta)$$

が成り立つ．ここで，$\theta \to \theta + c$ と置くと，

$$\begin{aligned}\int d\theta[a+b(\theta+c)] &= \int d\theta(a+b\theta+bc)\\ &=(a+bc)\int d\theta + b\int d\theta\theta\end{aligned}$$

が得られる．この積分が並進不変であるためには，$c$ に依存してはならないので，

$$\int d\theta = 0$$

となることが結論づけられる．ここで $\theta$ はグラスマン変数である．便宜のため，グラスマン積分は次のようにして規格化される：

$$\int d\theta\theta = 1$$

したがってまとめると，

$$\int d\theta(a + b\theta) = b$$

という規則が成り立つことになる．2 つのグラスマン座標に渡る 2 重積分に対しては，

$$\int d^2\theta\theta\bar{\theta} = -2i$$

という思い出すべき 1 つの規則しかない[*6]．これらの規則を手にした今，読者は超対称性の熟練者としての道を歩み始めていることになる．

## 明らかな超対称的作用

第 7 章 [式 (7.2)] で書かれた作用は，フェルミオン場を含むが超対称性は自明ではない．この状況は超場に関する作用について書き下すことによって

[*6] 訳注：グラスマン数の積分なので項の入れ替えに注意すると，

$$\int d^2\theta\theta\bar{\theta} = \int d\theta_- d\theta_+ \theta^\dagger \rho^0 \theta = \int d\theta_- d\theta_+ i(\theta_+\theta_- - \theta_-\theta_+) = \int d\theta_- d\theta_+ [-2i(\theta_-\theta+)]$$
$$= -2i \int d\theta_-\theta_- \int d\theta_+\theta_+ = -2i.$$

救済することができる．ここで使用する作用は

$$S=\frac{i}{8\pi\alpha'}\int d^2\sigma d^2\theta\bar{D}Y^\mu DY_\mu$$

によって与えられる．ここで

$$\begin{aligned}DY^\mu =&\Psi^\mu+\theta B^\mu-i\rho^\alpha\theta\partial_\alpha X^\mu+\frac{i}{2}\bar{\theta}\theta\rho^\alpha\partial_\alpha\Psi^\mu\\ \bar{D}Y^\mu =&\bar{\Psi}^\mu+B^\mu\bar{\theta}+i\bar{\theta}\rho^\alpha\partial_\alpha X^\mu-\frac{i}{2}\bar{\theta}\theta\partial_\alpha\bar{\Psi}^\mu\rho^\alpha\end{aligned}$$

である．今作用の中のグラスマン積分を実行すると，

$$S=-\frac{1}{4\pi\alpha'}\int d^2\sigma(\partial_\alpha X_\mu\partial^\alpha X^\mu-i\bar{\Psi}^\mu\rho^\alpha\partial_\alpha\Psi_\mu-B^\mu B_\mu)$$

という成分に関する形が得られる．以前触れた，$B^\mu$ に対する運動方程式は $B^\mu=0$ であり，これから補助場が棄却される．そしてこれにより第7章で説明した理論に立ち戻る．

このことに到達することを確かめるためには単にグラスマン積分の規則を適用して，独立変数 $\theta_-$，$\theta_+$ について $d^2\theta=d\theta_-d\theta_+$ を用いればよい．ここではいくつかの項を計算することによってこれを描写する．たとえば，

$$\begin{aligned}\int d^2\theta B^\mu\bar{\theta}\Psi_\mu =&B^\mu\int d\theta_-d\theta_+\theta^T\rho^0\Psi_\mu\\ =&B^\mu\int d\theta_-\int d\theta_+\begin{pmatrix}\theta_- & \theta_+\end{pmatrix}\begin{pmatrix}0 & -i\\ i & 0\end{pmatrix}\begin{pmatrix}\Psi_{-\mu}\\ \Psi_{+\mu}\end{pmatrix}\\ =&iB^\mu\int d\theta_-\int d\theta_+\left[\theta_+\Psi_{-\mu}-\theta_-\Psi_{+\mu}\right]\\ =&iB^\mu\int d\theta_-\int d\theta_+\theta_+\Psi_{-\mu}-iB^\mu\int d\theta_-\theta_-\int d\theta_+\Psi_{+\mu}\\ =&iB^\mu\int d\theta_-\Psi_{-\mu}-iB^\mu\int d\theta_+\Psi_{+\mu}=0\end{aligned}$$

となる．一方，

$$\int d^2\theta B^\mu\bar{\theta}\theta B_\mu=B^\mu\int d\theta_-\int d\theta_+(\bar{\theta}\theta)B_\mu=-2iB^\mu B_\mu$$

である[*7].

これらの形の計算を用いると，RNS 超弦の理論を回復するために明示的な超対称的作用を座標形式のそれに変換することができる.

## グリーン-シュワルツ作用

本節では時空座標に適用された超対称性の考えを用いる．世界面の超対称性に対しては，フェルミオン的超世界面座標を導入することによって世界面の座標 $\sigma^\alpha = (\tau, \sigma)$ を拡張した．さていま，ここではこの同じ考えを利用するが，実際の時空座標，つまりボソン的場 $X^\mu(\tau, \sigma)$ に適用する．これは慣例的には $\Theta^a(\tau, \sigma)$ によって示される世界面をフェルミオン的座標に写像する新しい場を付け加えることによって行うことができる．$X^\mu(\tau, \sigma)$ を $\Theta^a(\tau, \sigma)$ とともにとると世界面を超空間に写像することが可能となる．超弦理論に対するこのアプローチは，グリーン-シュワルツ (GS) 形式として知られる.

要約すると，世界面超対称性を適用するとき，

- 座標 $(\tau, \sigma)$ はフェルミオン的座標 $\theta^1$ および $\theta^2$ を導入することによって拡張される．これは超世界面座標を提供する.

いまの場合：

- 対，$X^\mu(\tau, \sigma)$ および $\Theta^a(\tau, \sigma)$ によって記述される超空間を生成する時空自体の拡張が展開される.
- $N = m$ の超対称的理論は $a = 1, \ldots, m$ あるいは $m$ 個のフェルミオン的座標を持つようになる.

[*7] これらの計算は一般に左右から掛かる係数を順序を変えずにサンドウィッチするように積分の外に出すと，比較的容易に計算できる.

## 超対称的点粒子

記述することのできるもっとも単純な場合である点粒子に戻ってこの定式化を導入しよう．ここから定式化によって行き詰まることなしに主要な考えを展開することができるようになる．なんにせよ，このアプローチは実際には弦理論と，ある直接的な関連性があることが判明する．現代的な用語では，点粒子は *D*0-**ブレーン**と呼ばれる．そのため，ここで展開する物理学は *D*0-ブレーン作用 (これは $p = 0$ の場合の $Dp$-ブレーンである) として知られる．この種の対象は IIA 型超弦理論で見つけることができる．

質量 $m$ を持つ相対論的点粒子に対する作用は

$$S = \frac{1}{2}\int d\tau \left(\frac{1}{e}\dot{x}^2 - em^2\right) \tag{9.4}$$

として書かれる．第2章で述べた通り，$e$ は補助場と呼ばれる．この形で書かれる作用はゼロ質量粒子の学習のためによく適している．$m \to 0$ と置くと，

$$S = \frac{1}{2}\int d\tau \frac{1}{e}\dot{x}^2 \tag{9.5}$$

が得られる．超空間に移るためには座標の対

$$x^\mu, \theta^{Aa} \tag{9.6}$$

によって定義される空間を考慮する必要がある．ここで $\theta^{Aa}$ は反交換スピノル座標である．ここで学んでいる状況の場合，点粒子に対しては，それらは $\tau$ の関数である．すなわち，$\theta^{Aa} = \theta^{Aa}(\tau)$ である．添字 $A$ はこの理論の超対称性の数に渡る範囲をとる．もし $N$ 個のそれらがあるなら，

$$A = 1, \ldots, N$$

である．それゆえ $N = 2$ の超対称性が存在するなら，2つのフェルミオン的座標 $\theta^{0a}$ および $\theta^{2a}$ が存在する．この記法はやや混乱するかもしれない．

というのもそこには実際第 2 の添字が存在するからである．第 2 の添字は**スピノル添字**である．一般的なディラックスピノルを考えよう．$D$ 次元では $2^{D/2}$ 個の成分を持つ．したがって

$$a = 1, \ldots, 2^{D/2}$$

が成り立つ．マヨラナスピノルに対しては，この数は半分に切り捨てられる．さて，ここでは実際，世界面上の超対称性に対して学んだものからさほど変わらない流儀で進めていく．再び定数マヨラナスピノルをそれが無限小であると強調するために $\varepsilon^A$(スピノル添字を省略した) によって表して考える．さていまから次の SUSY 変換を導入しよう：

$$\begin{aligned}\delta x^\mu =& i\bar{\varepsilon}^A \Gamma^\mu \theta^A \\ \delta\theta^A =& \varepsilon^A \\ \delta\bar{\theta}^A =& \bar{\varepsilon}^A\end{aligned} \tag{9.7}$$

付け加えると，補助場について気にする必要がある．この場合の SUSY 変換が

$$\delta e = 0 \tag{9.8}$$

であると仮定する．式 (9.5) の作用の拡張と考えることができるもっとも単純な超対称的作用は次のように書かれる：

$$S = \frac{1}{2}\int d\tau \frac{1}{e}(\dot{x}^\mu - i\bar{\theta}^A\Gamma^\mu\dot{\theta}^A)^2 \tag{9.9}$$

さて，$\varepsilon^A$ が定数であることより，それは $\tau$ に依存しないので $\dot{\varepsilon}^A = 0$ である．これと式 (9.7) を組み合わせると，式 (9.9) が SUSY 変換の下で不変であることが大変容易に分かる．まず，

$$\delta\dot{\theta}^A = \delta\left(\frac{d}{d\tau}\theta^A\right) = \frac{d}{d\tau}(\delta\theta^A) = \frac{d}{d\tau}(\delta\theta^A) = \frac{d}{d\tau}\varepsilon^A = 0$$

に注意しよう．

さていま，もちろんSUSY変換が式(9.8)であることより，作用の変分をとるとき$1/e$項は無視することができる．続けると，

$$
\begin{aligned}
\delta S =&\delta\frac{1}{2}\int d\tau\frac{1}{e}(\dot{x}^\mu - i\bar{\theta}^A\Gamma^\mu\dot{\theta}^A)^2\\
=&\frac{1}{2}\int d\tau\frac{1}{e}\delta(\dot{x}^\mu - i\bar{\theta}^A\Gamma^\mu\dot{\theta}^A)^2\\
=&\int d\tau\frac{1}{e}(\dot{x}^\mu - i\bar{\theta}^A\Gamma^\mu\dot{\theta}^A)\delta(\dot{x}^\mu - i\bar{\theta}^A\dot{\theta}^A)\\
=&\int d\tau\frac{1}{e}(\dot{x}^\mu - i\bar{\theta}^A\Gamma^\mu\dot{\theta}^A)\left[\delta\dot{x}^\mu - i\delta(\bar{\theta}^A\Gamma^\mu\dot{\theta}^A)\right]
\end{aligned}
$$

となる．いま

$$
\begin{aligned}
\delta(\bar{\theta}^A\Gamma^\mu\dot{\theta}^A) =&(\delta\bar{\theta}^A)\Gamma^\mu\dot{\theta}^A + \bar{\theta}^A\Gamma^\mu(\delta\dot{\theta}^A)\\
=&(\delta\bar{\theta}^A)\Gamma^\mu\dot{\theta}^A\\
=&\bar{\varepsilon}^A\Gamma^\mu\dot{\theta}^A
\end{aligned}
$$

が成り立つ．式(9.7)を用いると，

$$
\delta\dot{x}^\mu - i\delta(\bar{\theta}^A\Gamma^\mu\dot{\theta}^A) = i\bar{\varepsilon}^A\Gamma^\mu\theta^A - i\bar{\varepsilon}^A\Gamma^\mu\theta^A = 0
$$

が成り立つ．したがって$\delta S = 0$であり，作用はSUSY変換の下で不変である．

ここでいま時空座標の拡大を扱っていることより，立ち戻り，第2章で説明した作用を思い出そう：

- この作用は時空の並進$a^\mu$の下で不変である．
- この作用はローレンツ変換$\omega^\mu{}_\nu x^\nu$の下で不変である．

これら2つの結果はポアンカレ群として結合でき，式(9.4)の作用は

$$
\delta x^\mu = a^\mu + \omega^\mu{}_\nu x^\nu
$$

の下で不変である．超座標$\theta^A$と超対称変換の下で不変な式(9.9)の作用を含めるために時空座標を拡大すると，いま**超ポアンカレ群**が得られることが確かめられる．

例 9.1 では興味深い結果が描かれている．時空座標に適用された 2 つの無限小 SUSY 変換の交換子を計算し，その結果が時空の並進であることが示される．

例 **9.1**

$\delta_1$ および $\delta_2$ を $x^\mu$ 上の 2 つの無限小超対称変換と置く．このとき，$[\delta_1, \delta_2]x^\mu$ 計算せよ．

## 解答

これは実際かなり易しい．交換子は

$$[\delta_1, \delta_2]x^\mu = \delta_1\delta_2 x^\mu - \delta_2\delta_1 x^\mu$$

である．初項に対しては

$$\begin{aligned}\delta_1\delta_2 x^\mu =& \delta_1(i\bar{\varepsilon}_2^A\Gamma^\mu\theta^A)\\ =& i\bar{\varepsilon}_2^A\Gamma^\mu\delta_1\theta^A\\ =& i\bar{\varepsilon}_2^A\Gamma^\mu\varepsilon_1^A\end{aligned}$$

が成り立つ．第 2 項は

$$\begin{aligned}\delta_2\delta_1 x^\mu =& \delta_2(i\bar{\varepsilon}_1^A\Gamma^\mu\theta^A)\\ =& i\bar{\varepsilon}_1^A\Gamma^\mu\delta_2\theta^A\\ =& i\bar{\varepsilon}_1^A\Gamma^\mu\varepsilon_2^A\end{aligned}$$

である．したがって

$$[\delta_1, \delta_2]x^\mu = \delta_1\delta_2 x^\mu - \delta_2\delta_1 x^\mu = i\bar{\varepsilon}_2^A\Gamma^\mu\varepsilon_1^A - i\bar{\varepsilon}_1^A\Gamma^\mu\varepsilon_2^A$$

が成り立つ．一方の項を他方の項のように書き換えるのは単純な演習である．これは

$$[\delta_1, \delta_2]x^\mu = -i2\bar{\varepsilon}_2^A\Gamma^\mu\varepsilon_2^A$$

を与える．これは単なる数であるので，$[\delta_1, \delta_2]x^\mu = -a^\mu$ と書くことができる．

続けると，運動量項を定義することができる：

$$\pi^\mu_\alpha = \dot{x}^\mu - i\bar{\theta}^A \Gamma^\mu \partial_\alpha \theta^A \tag{9.10}$$

ここで，一般的な $p$-ブレーンに対して $\alpha = 0, 1, \ldots, p$ である．点粒子の場合，0-ブレーン，つまり $\alpha = 0$ のみなので，

$$\pi^\mu_0 = \dot{x}^\mu - i\bar{\theta}^A \Gamma^\mu \dot{\theta}^A \tag{9.11}$$

である．

実際，式 (9.11) が SUSY 変換の下で不変であることをすでに見てきた．

## 時空の超対称性と弦

これまで，点粒子 ($D0$-ブレーンとして知られる) を考察することによって，いくつかの時空の超対称性の考えを導入してきた．いまからボソン的弦理論の超対称的一般化の考察に移ろう．ボソン的弦に対する作用が

$$S_B = -\frac{1}{2\pi} \int d^2\sigma \sqrt{h} h^{\alpha\beta} \partial_\alpha X^\mu \partial_\beta X_\mu \tag{9.12}$$

と書くことができることを思い出そう．SUSY 変換の下で不変であるような $D0$-ブレーンの作用を書き下すために用いられた手続きに従って，新しい場を導入する：

$$\Pi^\mu_\alpha = \partial_\alpha X^\mu - i\bar{\Theta}^A \Gamma^\mu \partial_\alpha \Theta^A \tag{9.13}$$

このアプローチは第 7 章で議論した RNS 形式と異なる．$\Pi^\mu_\alpha$ は時空上の実際のフェルミオン場である．第 7 章では，スピノルが存在したが，$\Psi^\mu$ は時空のベクトルであり真のフェルミオン場ではない．

弦理論では，時空の超対称性の数は $N \leq 2$ に制限されることが判明する．$N = 2$ を持つ許される最も一般的な場合を考えると，2 つのフェルミオン的

座標

$$\Theta^{1a} \qquad \Theta^{2a} \tag{9.14}$$

が存在する．完全な作用を得るためには，2 つのステップで式 (9.12) を拡張する必要がある．最初のステップは単に式 (9.13) で定義されたフェルミオン場に対応する部分を加えることである．それは基本的に同じ形を持つ：

$$S_1 = -\frac{1}{2\pi}\int d^2\sigma\sqrt{h}h^{\alpha\beta}\Pi^{\mu}_{\alpha}\Pi_{\beta\mu} \tag{9.15}$$

さて，技術的な理由によってこれは困難である．超対称性では，$\kappa$（カッパ）対称性と呼ばれる局所フェルミオン的対称性が存在する．“Demystified” シリーズの本で数学的詳細に重点を置いて学ぶことを避けるために，より高度な扱いで $\kappa$ 対称性について読者が読むことを任せることにする．ここでは単にこの $\kappa$ 対称性を保存する必要があるものとし，以下の作用の扱いにくい追加項を加えることによってのみそれを行うことができるものとする：

$$\begin{aligned} S_2 =& \frac{1}{\pi}\int d^2\sigma\big[-i\varepsilon^{\alpha\beta}\partial_\alpha X^\mu(\bar{\Theta}^1\Gamma_\mu\partial_\beta\Theta^1 - \bar{\Theta}^2\Gamma_\mu\partial_\beta\Theta^2) \\ &+ \varepsilon^{\alpha\beta}\bar{\Theta}^1\Gamma^\mu\partial_\alpha\Theta^1\bar{\Theta}^2\Gamma_\mu\partial_\beta\Theta^2\big] \end{aligned} \tag{9.16}$$

# 光錐ゲージ

第 7 章で見てきたように，量子論は時空次元は $D = 10$ に制限する．一般的なディラックスピノルが $D$ 時空次元内で成分 $1, \ldots, 2^{D/2}$ を持つことより，一般的なディラックスピノルは 10 次元時空内で 32 成分を持つようになる．読者は場の量子論において 4 成分を扱うことが痛みを伴わないことを知っているに違いない．それでは 32 成分になるというのは何を意味するのであろうか？　幸いにもある種の制限は劇的にこの成分を切り落とす．まず最初に注意すべき点は，式 (9.15) と (9.16) を加えることによって与えられ

る完全な作用

$$S = S_1 + S_2$$

は，理論における時空次元の数とスピノルの種類を制限する非常に特殊な条件の下でのみ SUSY 変換と謎めいた局所 $\kappa$ 対称性の下で不変である．これらの条件は次のようにして与えられる：

- $D = 3$ とマヨラナフェルミオン．
- $D = 4$ とマヨラナあるいはワイルフェルミオン．
- $D = 6$ とワイルフェルミオン．
- $D = 10$ とマヨラナ-ワイルフェルミオン

我々が平面世界に住んでないことより，最初の場合が除外されることは明らかである．量子論は $D = 10$ を採るように強制するが，これは第 7 章で説明したことより別に驚くべきことではない．したがってここでの議論に関連するスピノルはマヨラナ-ワイルフェルミオンである．これは 2 つの方法で役に立つ：

- マヨラナ条件はスピノル成分を実数にする．
- ワイル条件は成分のうち半分を排除する．これにより 16 のスピノル成分が残される．

再び $\kappa$ 対称性は成分の数を半分に切り落とすことによってその正体を現す．そのため 8 つのマヨラナ-ワイルスピノルが残される．

これを心の留めておいて，光錐量子化のいくつかの側面とともに前進しよう．この手続きはいくつかの条件を課す．まず，ディラック行列の光錐成分を定義することから始めよう．これは次の定義をすることによって $\mu = 9$ 成分を選び出すことによって行われる：

$$\Gamma^+ = \frac{\Gamma^0 + \Gamma^9}{\sqrt{2}} \tag{9.17}$$

$$\Gamma^- = \frac{\Gamma^0 - \Gamma^9}{\sqrt{2}} \tag{9.18}$$

10 次元ガンマ行列は反交換関係

$$\{\Gamma^\mu, \Gamma^\nu\} = -2\eta^{\mu\nu} \tag{9.19}$$

に従う．その結果，

$$\begin{aligned}
(\Gamma^+)^2 =& \frac{1}{2}(\Gamma^0 + \Gamma^9)(\Gamma^0 + \Gamma^9) \\
=& \frac{1}{2}(\Gamma^0\Gamma^0 + \Gamma^9\Gamma^0 + \Gamma^0\Gamma^9 + \Gamma^9\Gamma^9) \\
=& \frac{1}{2}(\Gamma^0\Gamma^0 + \Gamma^9\Gamma^9 + \{\Gamma^0, \Gamma^9\}) \\
=& \frac{1}{2}(\Gamma^0\Gamma^0 + \Gamma^9\Gamma^9) \\
=& \frac{1}{2}(-\eta^{00} - \eta^{99}) = \frac{1}{2}(1-1) = 0
\end{aligned}$$

となることに注意しよう．この結果はまとめると，$\Gamma^+$ と $\Gamma^-$ が冪零，つまり，

$$(\Gamma^+)^2 = (\Gamma^-)^2 = 0 \tag{9.20}$$

であると主張している．$\kappa$ 対称性を保つためには，さらなる条件を課す必要がある．これが $\Gamma^+$ が $\Theta^A$ を消滅するという事実である：

$$\Gamma^+\Theta^1 = \Gamma^+\Theta^2 = 0 \tag{9.21}$$

通常通り，光錐ゲージでは

$$X^+ = x^+ + p^+\tau \tag{9.22}$$

が成り立つ．残りの 8 つのゼロでない成分を含むスピノルは，慣例上，$S^{Aa}$ によって表す．これらの対象は次のようにして定義される：

$$\begin{aligned}
\sqrt{p^+}\Theta^1 \to S^{1a} \\
\sqrt{p^+}\Theta^2 \to S^{2a}
\end{aligned} \tag{9.23}$$

IIA 型弦理論の場合ドット付きスピノルが存在することに注意しよう (読者がこれに不慣れなら『*Quantum Field Theory Demystified*』を参照すると良い).

定義

$$P_{\pm}^{\alpha\beta} = \frac{1}{2}(h^{\alpha\beta} \pm \varepsilon^{\alpha\beta}/\sqrt{h}) \tag{9.24}$$

を行うと，式 (9.15) と (9.16) を加えることによって導かれる運動方程式を書き下すことができる．これらは GS 超弦に対する運動方程式であり，それは一般的にやや複雑である：

$$\Pi_\alpha \cdot \Pi_\beta = \frac{1}{2} h_{\alpha\beta} h^{\gamma\delta} \Pi_\gamma \cdot \Pi_\delta \tag{9.25}$$

$$\Gamma \cdot \Pi_\alpha P_{-}^{\alpha\beta} \partial_\beta \Theta^1 = 0 \tag{9.26}$$

$$\Gamma \cdot \Pi_\alpha P_{+}^{\alpha\beta} \partial_\beta \Theta^2 = 0 \tag{9.27}$$

注目すべき点として，光錐ゲージでは運動方程式は非常に単純になることが判明する．これは表式

$$\Pi_\alpha^\mu = \partial_\alpha X^\mu - i\bar{\Theta}^A \Gamma^\mu \partial_\alpha \Theta^A$$

がほとんどの場合で項 $\bar{\Theta}^A \Gamma^\mu \partial_\alpha \Theta^A$ を落とすことができるので単純化できるからである．式 (9.21) を用いると，これは $\mu = +$ と採ったとき直ちに分かる：

$$\bar{\Theta}^A \Gamma^+ \partial_\alpha \Theta^A = 0$$

$\mu = -$ のときのみ消滅しない項が存在する．$\mu = i$ の場合に対しては，次のトリックを使用できる．まず，

$$\begin{aligned}
\Gamma^+\Gamma^- &= \frac{1}{2}(\Gamma^0 + \Gamma^9)(\Gamma^0 - \Gamma^9) \\
&= \frac{1}{2}(\Gamma^0\Gamma^0 + \Gamma^9\Gamma^0 - \Gamma^0\Gamma^9 - \Gamma^9\Gamma^9) \\
&= \frac{1}{2}(-\eta^{00} + \eta^{99} + \Gamma^9\Gamma^0 - \Gamma^0\Gamma^9)
\end{aligned}$$

$$=1+\frac{1}{2}(\Gamma^9\Gamma^0-\Gamma^0\Gamma^9)$$

という事実を考える．$\Gamma^-\Gamma^+$ に対する同様の計算を実行すると，次のものが恒等演算子の表現を提供することが示せる：

$$1=\frac{\Gamma^+\Gamma^-+\Gamma^-\Gamma^+}{2} \tag{9.28}$$

このため，$\mu=i$ に対しては，単に式 (9.28) を項 $\bar{\Theta}^A\Gamma^\mu\partial_\alpha\Theta^A$ に代入することによって運動方程式からそれを消去することができる．これは光錐ゲージでのみ可能であり，運動方程式が

$$\left(\frac{\partial^2}{\partial\sigma^2}-\frac{\partial^2}{\partial\tau^2}\right)X^i=0 \tag{9.29}$$

$$\left(\frac{\partial}{\partial\tau}+\frac{\partial}{\partial\sigma}\right)S^{1a}=0 \tag{9.30}$$

$$\left(\frac{\partial}{\partial\tau}-\frac{\partial}{\partial\sigma}\right)S^{2a}=0 \tag{9.31}$$

となることが示せる．

# 正準量子化

さていまここでは正準量子化とI型超弦について簡単に見ていこう．まず，通常のボソン的交換関係はボソン場ないしは時空座標 $X^\mu(\sigma,\tau)$ とそれらに関連するモードに対して課される．いま，フェルミオン場に対する量子化条件によって理論を拡張する必要がある．超座標がフェルミオン的 であることより，同時刻反交換関係が適用される．これらは

$$\{S^{Aa}(\sigma,\tau),S^{Bb}(\sigma',\tau)\}=\pi\delta^{ab}\delta^{AB}\delta(\sigma-\sigma') \tag{9.32}$$

によって与えられる．I型理論における開弦は

$$\begin{aligned}S^{1a}\big|_{\sigma=0}&=S^{2a}\big|_{\sigma=0}\\ S^{1a}\big|_{\sigma=\pi}&=S^{2a}\big|_{\sigma=\pi}\end{aligned} \tag{9.33}$$

によって与えられる境界条件を満足する．ここからフェルミオン場に対するモード展開を決定できる．これは

$$
\begin{aligned}
S^{1a} &= \frac{1}{\sqrt{2}} \sum_{n=-\infty}^{\infty} S_n^a e^{-in(\tau-\sigma)} \\
S^{2a} &= \frac{1}{\sqrt{2}} \sum_{n=-\infty}^{\infty} S_n^a e^{-in(\tau+\sigma)}
\end{aligned}
\tag{9.34}
$$

によって与えられる．このモードは

$$
\{S_m^a, S_n^b\} = \delta_{m+n,0}\delta^{ab} \tag{9.35}
$$

を満たす．

このスペクトルを書き下すとき，以前の理論で扱った正規順序定数がもはや問題ではないという点について注意することは興味深い．これは何故ならそれがボソン的とフェルミオン的モードについて打ち消し合うからである (これが結局超対称性である)．I 型開弦に対する質量殻条件は

$$
\alpha' m^2 = \sum_{n=1}^{\infty} (\alpha_{-n}^i \alpha_n^i + n S_{-n}^a S_n^a) \tag{9.36}
$$

である．基底状態はボソン的状態とそのフェルミオン的パートナーから構成される．その両方がゼロ質量である (タキオン状態は存在しない)．ボソン状態はゼロ質量状態で $|i\rangle$ $(i = 1, \ldots, 8)$ によって表される．ゼロ質量フェルミオンパートナーは同様に $|\dot{a}\rangle$ $(\dot{a} = 1, \ldots, 8)$ である．2 つの状態の間は次のようにして変換できる：

$$
\begin{aligned}
|\dot{a}\rangle &= \Gamma^i{}_{\dot{a}b} S_0^b |i\rangle \\
|i\rangle &= \Gamma^i{}_{ab} S_0^b |\dot{a}\rangle
\end{aligned}
\tag{9.37}
$$

これらの状態は

$$
\begin{aligned}
\langle i|j\rangle &= \delta_{ij} \\
\langle \dot{a}|\dot{b}\rangle &= \frac{1}{2}(h\Gamma^+)^{\dot{a}\dot{b}}
\end{aligned}
\tag{9.38}
$$

に従って規格化される．

## まとめ

本章では，超対称的弦理論の議論を拡張した．まず，超場の概念を導入し，超対称性が明らかであるような作用がどのようにして書かれるかということを示した．そののち，いくつかの時空の超対称性の中心成分を議論した．そこではまず，$D0$-ブレーン作用を与える点粒子の文脈で議論し，次に弦理論の場合について論じた．本章で現れた議論は完全からはほど遠い．きちんと超弦理論を学びたい読者は本書の参考文献を確かめることをお勧めする．

## 章末問題

1. $\delta\theta_A = [\bar{\varepsilon}Q, \theta_A]$ を計算することによって $\theta_A \to \theta_A + \varepsilon_A$ を確かめよ．
2. $\{D_A, Q_B\}$ を計算せよ．
3. $\Gamma^0\Gamma^\dagger_\mu\Gamma^0$ を求めよ．
4. $\{\Gamma_{11}, \Gamma^0\}$ を計算せよ．

Chapter

# 10

# 超弦理論のまとめ

超弦理論の詳細への最後の進出は大まかにいえば第 12 章における**ヘテロティック弦理論**を確かめることである．ヘテロティック弦理論は 26 次元のボソン的弦理論とフェルミオンを持つ 10 次元超弦理論の間の異種交配の一種である．これは恐らく扱い難いように思えることだろう．しかし，これが無矛盾な理論的枠組みとしてどのように機能することが可能であるかを直ぐに確かめる．ヘテロティック弦理論に入る前に，立ち戻って弦理論の全体的描像を定性的にまとめよう．

## 超弦理論の概要

ヘテロティック弦理論のいくつかの数学的概要に入る前に，弦理論の基本的構造について復習しよう．これは弦の異なる状態を伴う様々な弦理論が存在することより，良い方策である．5 つの理論は超弦理論であり，ボソンのみからなる理論を構築することが可能であることも見てきた．実際，4 つの異なるボソン的理論が存在し，それらはこれからここで行っていく．

## ボソン的弦理論

ここではボソン的弦理論を考察することによって弦の検討を開始する．これは非現実的な理論である．というのも現実の世界はフェルミオン粒子を含んでいることが明らかであるからである．それにも関わらず，ボソン的弦理論は弦理論の中心的概念や技術を描写するために使用することができるより易しい枠組みを提供する．

読者が思い出すべきボソン的弦理論のいくつかの重要な側面は

- ボソン的弦理論は余剰空間次元の概念を導入する．ゴースト (負のノルムを持つ状態) を除去するためには 26 時空次元の存在の導入を容認しなくてはならない．
- 基底状態 (弦の最低エネルギーあるいは最低励起モード) は負の自乗質量 ($m^2 = -1/\alpha'$) を持つ．この状態はタキオンと呼ばれる．この理論におけるタキオンの存在は基底状態あるいは真空が不安定であることを示唆する．相対論において，タキオンは光速より速く伝わる粒子であることに注意しよう．したがってタキオンは物理的に非現実的な粒子である．ボソン的弦理論からタキオン状態を取り除く方法は知られていない．
- ボソン的弦理論は常に重力を含む．これはグラビトンと呼ばれるスピン 2 状態の存在によって示される．これは弦理論がすべての物理的相互作用の統一に対する枠組みを提供することを暗示している．
- ボソン的弦理論はディラトンと呼ばれる状態も含む．これは $\varphi$ によって表されるスカラー場である．これは $g = \exp\langle\varphi\rangle$ を通して**結合定数** $g$ と関係する．ここで $\langle\varphi\rangle$ はディラトン場の真空期待値である．読者が場の量子論の理解を磨きたいなら，結合定数が相互作用の強さを決定することに注意しよう．ディラトン場 (それは時空依存である) は動的なので，弦理論では弦の結合定数が動的になり得るという劇的な結果をもたらす．ディラントンは**重力的スカラー場**として知られ，近年発見されたゼロでない宇宙定数の役割を果たすことができる．

弦は開弦でも閉弦でも取ることができ，同様に，有向の場合も無向の場合も取りうる．弦が有向の場合，これは弦に沿った (2 つの向きの) 方向がお互いに等価でないことを意味する．そのため，弦に沿ってどちらの向きを進むのかを指定することができる[*1]．開弦または閉弦あるいは有向または無向の弦を選ぶことにより，4 つの異なるボソン的弦理論を実際に構築することができる．

あるボソン的弦理論が開弦を含む場合，その弦理論は自動的に閉弦も含む．これは弦の動的な挙動に由来する．もし弦が開弦なら，2 つの端点が一緒につながって閉弦を形成することができる．ボソン的弦理論に対する 4 つの可能性をまとめよう．

もしあるボソン的弦理論が有向の閉弦のみを含むなら，その理論のスペクトルは以下の状態を含む：

- タキオン
- ゼロ質量反対称テンソル
- ディラトン
- グラビトン

さて，仮に今閉弦しか存在しないが，その理論がその代わり無向の弦を記述するものとしよう．つまり，弦に沿ってどちらの向きに移動しているのか分からないものとする．この場合，この理論はもはやゼロ質量ベクトルボソンを含まない．このスペクトルの重要な側面は，以下のようにまとめられる：

- タキオン
- ディラトン

---

[*1] 訳注：これはつまり，$X^\mu(\tau,\sigma)$ において，$\sigma$ の増加する方向が弦の向きであり，$\sigma' = -\sigma$ というパラメーターの付け替えは出来ないことを意味する．

- ゼロ質量状態としてのグラビトン

さて次に，閉弦と同様に開弦もまた含むボソン的理論に移ろう．再び，有向の弦か無向の弦を選ぶことができる．最初の場合である有向の弦は

- タキオン
- ディラトン
- グラビトン
- ゼロ質量反対称テンソル

によって特徴づけられる．

閉弦と開弦のタキオンは別々のものである．有向の開弦 + 閉弦に対するボソン的弦理論は

- タキオン
- ディラトン
- ゼロ質量グラビトン

をもたらす．

有向でも無向でもよい開弦に対するゼロ質量ベクトル状態もまた存在する．これより，すべてのボソン的弦理論がタキオン状態の存在に苦しめられることが分かる．それらは不安定な真空を持ち，フェルミオンを含まない．その結果，現実的な弦理論を考えるには，超弦理論を考察する以外にない．

## 超弦理論

超弦理論はフェルミオンを含むように拡張されたボソン的弦理論の一般化である．5 つの異なる超弦理論が存在する．それら 5 つすべての理論が超対称性として知られる物理学の理論を基礎とするため，**超**という単語をそれらを説明するために用いる．この理論は各フェルミオンがそのボソン的パート

ナーを持ち，またその逆も成り立つという考えによって特徴づけられる．いくつかの例を表 10.1 に与える．

図 10.1: 代表的な粒子と，仮定されるその超対称パートナー粒子

| パートナー | 超対称パートナー |
|---|---|
| 光子 (フォトン) (スピン 1) | フォティーノ (スピン 1/2) |
| 重力子 (グラビトン) (スピン 2) | グラビティーノ (スピン 3/2) |
| クォーク (スピン 1/2) | スクォーク (スピン 0) |
| 電子 (エレクトロン) (スピン 1/2) | セレクトロン (スピン 0) |
| グルーオン (スピン 0) | グルイーノ (スピン 1/2) |

超対称性の存在は非直接的ではあるものの弦理論の良い証拠である．弦理論が正しいためには，自然界に超対称性がなくてはならない．この原稿を書いている現在，超対称パートナー粒子は 1 度も検出されていない．したがって超対称性が存在しないか，それは (存在するものの) **破れている**かのいずれかである．超対称性が破れているための 1 つの方法として超対称パートナー粒子が非常に重いという可能性がある．これはそれらを検出するためには高いエネルギーが必要であることを意味する．大型ハドロン衝突型加速器 (LHC) が 2008 年中に運用を開始すれば，超対称性を検出するのに十分な力があるだろう*2.

したがって超弦理論は超対称性を含み，そこから超弦理論にフェルミオンを導入することができるようになる．さらに，超弦理論はゴースト状態を含むが，それは本書でボソン的弦理論で見てきたような方法で取り除くことができる．このゴースト状態が取り除かれたとき，超弦理論の第 2 の一般的特徴に到達する：

*2 訳注：残念ながらこの原書の翻訳をしている 2018 年 10 月現在，LHC を含むすべての実験結果で超対称パートナー粒子は検出されていない．

- 10 時空次元が存在する．

第 7 章および第 9 章で学んだように，弦理論に超対称性を導入する方法はそれぞれ 2 種類ある：

- RNS 形式は世界面に超対称性を導入する．
- GS 形式は時空に超対称性を導入する．

これらの超弦理論はそれ以外にも，それらが閉弦のみ含むか，閉弦と開弦両方含むかとそれらが有向か無向かによって特徴づけることができる．更に付け加えると，超弦理論はその理論で使用される超対称チャージの数によっても特徴づけることができる．これは $N = m$ 個の超対称チャージを持つ理論が $N = m$ 個の超対称性を持つと主張することによって実現される．最後に，各超弦理論はそれが許すゲージ対称性によって特徴づけることができる．すべての超弦理論はそのスペクトルからタキオンを排除し，グラビトンを含むので，超弦理論は自然に重力を記述する．

## I 型超弦理論

I 型超弦理論は以下のように特徴づけられる：

- この理論は開弦と閉弦の両方を含む．
- この理論は無向の弦を記述する．
- この理論は $N = 1$ 超対称性を持つ．
- この理論は $SO(32)$ ゲージ対称性を持つ．

これに加え，I 型超弦はその端点に接続された**チャン-パトン因子**と呼ばれるチャージを持つことができる．これについてはのちの章で探っていこう．

## II A 型

II A 型理論は閉じた，有向の超弦を記述する．この理論は以下のようにまとめられる：

- この理論は閉弦しか含まない．
- この理論は $N = 2$ 超対称性を持つ．
- この理論は $U(1)$ ゲージ対称性を持つ．

この理論は $U(1)$ ゲージ対称性しか持たぬことより，自然界で見られるすべての粒子状態を記述するための十分な大きさはない．この理論は重力を記述でき，電磁気を記述できるが，弱い力と強い力は記述できない．この理論は 2 つの超対称チャージを持ち，$\Theta^1$ と $\Theta^2$ は逆のカイラリティーを持つ．具体的にいえば，これは各フェルミオンが逆のカイラリティーを持つパートナーを持つということを意味する．

## II B 型

II B 型理論も閉じた有向の弦を記述する．この理論が超弦理論であることより，フェルミオン状態は含むが，この理論はゲージ対称性はなく，そのため重力しか記述できない．II A 型理論のように，この理論は $N = 2$ 超対称性を持つが，$\Theta^1$ と $\Theta^2$ は同じカイラリティーを持つ．これは II B 型理論において記述されるフェルミオンが逆のカイラリティーを持つパートナーを持たないという点で，II A 型理論の困難を救済する．しかし，ゲージ群の欠如はこの理論が物理学の統一理論からはかけ離れていることを示している．

## ヘテロティック $SO(32)$

閉じた，有向の閉弦を記述する 2 つのヘテロティック理論が存在する．ヘテロティック理論はボソン的弦理論と超弦理論の融合の一種である．左進と右進は異なる理論として扱われる．ボソン的弦理論を用いて 1 つの方向に運動するモードを記述し，$N = 1$ 超対称性を用いて逆方向に運動するモードを記述する．ボソン的弦理論の余分な16次元は，実際の時空座標ではなく，抽象的な数学的存在(超空間のような)として見なされる．2つのヘテロティック理論が存在し，その両方が自然界に存在するすべての粒子を記述できる大きなゲージ群を持つ．最初のものは $SO(32)$ を持つ．

### ヘテロティック $E_8 \times E_8$

ヘテロティック $SO(32)$ 理論と同様であるが，ゲージ群 $E_8 \times E_8$ を持つ．

## 双対性

この時点での弦理論の状態は，でたらめに見える．しかし，5つの理論の間を関係づける双対性の組の発見はそれを救った．事実は5つの理論はすべて他の理論と関係し，それらは互いに変換し合うことができるというものである．これは物理学者を，根底に存在する理論の存在の確信に導いた．5つの超弦理論は根底に存在する理論の異なる側面あるいは解として生じる．潜在的に根底に存在する理論のある側面が特徴づけられているとしても，実際に根底に存在する理論それ自体はまだ分かっていない．それは **M 理論**という名で呼ばれている．

### T-双対性

読者はすでに第8章で1つの双対性 **T-双対性**を学んでいる．T-双対性は小さなコンパクト化された次元を持つ理論をその同じ(空間添字を持つ)次元が大きい理論に関係づけるものであった．T-双対性は弦理論を以下のように関係づける：

- T-双対性は II A 型理論と II B 型理論を関係づける．
- T-双対性は2つのヘテロティック理論を関係づける．

T-双対性は小さな距離スケールから大きな距離スケールへ変換すると，運動量と巻き付きモードを交換する (あるいはその逆も) と主張することとしてまとめられる．T-双対性は，II A 型理論において小さな距離から大きな距離へと移行するとき，理論が II B 型理論に変換される (あるいはその逆も) として II A 型理論と II B 型理論を関係づける (あるいは，運動量と巻き付きモードを入れ替える)．同じことは 2 つのヘテロティック理論に対しても成り立つ．これは II A 型理論と II B 型理論が本当に同じ理論であり，2 つのヘテロティック理論も本当に同じ理論であることを意味する．

### S-双対性

発見された第 2 の大きな双対性が **S-双対性**である．結合定数が相互作用の強さを決定し，弦理論ではディラトン場が結合定数の値を決定することを思い出そう．異なる弦理論は異なる結合定数を持ち，それらは弱いか強いかである．$\varphi$ をディラトン場とするとき，$\varphi \to -\varphi$ と置くことにより，結合定数が $g = \exp\langle\varphi\rangle$ となることより，大きな結合定数を小さな結合定数に変換したり，またその逆をしたりすることができる．これが S-双対性というものである．S-双対性は I 型超弦理論を折りたたむ．すなわち，S-双対性の下で，

- I 型超弦理論はヘテロティック $SO(32)$ 超弦理論と関係する．
- II B 型理論はそれ自体で S-対称である．

したがって，I 型超弦理論はヘテロティック $SO(32)$ 理論における弱い相互作用と同じであり，逆もまた成り立つ．言い換えれば，2 つの理論は異なる結合の強さにおける全く同じ理論である．

## 章末問題

1. T-双対性は如何にして異なる弦理論を関係づけるか？

(a) それは II A 型理論における強い相互作用を II B 型理論における弱い相互作用と関係づける.
(b) それはヘテロティック理論における強い相互作用を I 型理論における弱い相互作用と関係づける.
(c) それは 2 つの異なる理論における大きな距離スケールと小さな距離スケール，及び運動量と巻き付きモードを関係づける.
(d) それは単に大きい距離スケールと小さい距離スケールのみを関係づける.

2. 超弦理論とボソン的弦理論の間の最も重要な違いは，
(a) ボソン的弦理論は 16 個の余分な時空次元を持つ.
(b) 超弦理論はタキオン状態を排除し，フェルミオンを理論に組み込む.
(c) ボソン的弦理論はタキオンを排除する.
(d) 超弦理論は不安定な真空を持つ.

3. II A 型理論と II B 型理論の違いは
(a) II A 型理論は非カイラル的であり，II B 型理論はカイラル的である.
(b) II A 型理論は開弦のみを記述する.
(c) II B 型理論はボソンのみを記述する.
(d) II B 型理論は非カイラル的であり，II A 型理論はカイラル的である.

4. ディラトン場は
(a) ボソン的弦理論にしか見当たらない.
(b) 結合定数に関係するが，それはヘテロティック弦理論の場合のみである.
(c) すべての弦理論において結合定数と関係する.
(d) 自然界では見つからない数学的トリックとして知られている.

5. 物理学者は双対性によって興奮した．というのも，
(a) それらはフェルミオンを理論に加えるからである.

(b) それらは 5 つの超弦理論が関係し，そのためそれらは根底に存在する未知の理論の異なる側面に過ぎないことを示すからである．

(c) それらはボソン的弦理論と超弦理論が関係し，そのためそれらは根底に存在する未知の理論の異なる側面に過ぎないことを示すからである．

6. 弦理論における時空次元の数は

(a) 特別な仮定によって 26 に固定される．

(b) 超弦理論に対しては 26 に固定され，ボソン的弦理論に対しては 10 に固定される．何故ならこれはゴースト状態を理論から排除するからである．

(c) 超弦理論に対しては 10 に固定され，ボソン的弦理論に対しては 26 に固定される．何故ならこれはタキオン状態を理論から排除するからである．

(d) 超弦理論に対しては 10 に固定され，ボソン的弦理論に対しては 26 に固定される．何故ならこれはゴースト状態を理論から排除するからである．

Chapter 11

# II 型弦理論

本章ではII A 型およびII B 型超弦の状態を検討していく．ここでは単純のため，世界面の超対称性とGliozzi-Scherk-Olive(GSO) 射影によるアプローチを用いて行う．そこで，第 7 章のいくつかの議論を復習することにしよう．次章ではヘテロティック超弦理論について簡単に議論する．

## R および NS セクター

世界面の超対称性を導入するために，作用 [式 (7.2)] から始めよう：

$$S = -\frac{T}{2}\int d^2\sigma(\partial_\alpha X^\mu \partial^\alpha X_\mu - i\bar{\Psi}^\mu \rho^\alpha \partial_\alpha \Psi_\mu)$$

光錐ゲージでは，作用のフェルミオン的部分は

$$S_F = iT\int d^2\sigma(\Psi_- \cdot \partial_+ \Psi_- + \Psi_+ \cdot \partial_- \Psi_+)$$

という形が仮定される．

II 型弦理論では，閉じた弦しか扱わない．それゆえ周期的境界条件が課せられる．これは実際 2 つの可能性がある．周期的境界条件はRamond(R) 境界条件として知られる：

$$\Psi^\mu_A(\sigma) = \Psi^\mu_A(\sigma + 2\pi) \tag{11.1}$$

反周期的境界条件はNeveu-Schwarz(ヌヴーシュワルツ)(NS) と呼ばれる：

$$\Psi_A^\mu(\sigma) = -\Psi_A^\mu(\sigma + 2\pi) \tag{11.2}$$

閉弦が独立な左進および右進モードを持つことを思い出そう．このため左進と右進モードは独立に周期的あるいは反周期的境界条件を適用することができるので，第7章で論じた通り，4つの可能性が与えられる．

## R セクター

これから R セクターについて詳しく検討していく．左 $\Psi_+^\mu$ および右 $\Psi_-^\mu$ のモード展開は

$$\begin{aligned}\Psi_+^\mu(\tau, \sigma) &= \sum_{n\in\mathbb{Z}} d_n^\mu e^{-2in(\tau+\sigma)} \\ \Psi_-^\mu(\tau, \sigma) &= \sum_{n\in\mathbb{Z}} \tilde{d}_n^\mu e^{-2in(\tau-\sigma)}\end{aligned} \tag{11.3}$$

である．

反交換関係を用いて量子化の手続きをしよう：

$$\{d_m^\mu, d_n^\nu\} = \left\{\tilde{d}_m^\mu, \tilde{d}_n^\nu\right\} = \eta^{\mu\nu}\delta_{m+n,0} \tag{11.4}$$

これらの関係はもちろん，通常のボソン的交換関係を拡張したものである．また数演算子も存在する：

$$N^{(d)} = \sum_{n=1}^\infty n d_{-n}\cdot d_n \quad \text{および} \quad \tilde{N}^{(d)} = \sum_{n=1}^\infty n \tilde{d}_{-n}\cdot \tilde{d}_n \tag{11.5}$$

左進および右進セクターに対する全数演算子は，ボソン的数演算子

$$N^\alpha = \sum_{n=1}^\infty \alpha_{-n}\cdot\alpha_n$$

を式 (11.5) に加えることによって得られる．すると，

$$\begin{aligned}N_L &= N^\alpha + N^{(d)} \\ N_R &= \tilde{N}^\alpha + \tilde{N}^{(d)}\end{aligned} \tag{11.6}$$

が得られる．

$n > 0$ と採ると，次のようにして生成および消滅演算子を定義することができる：

- $d_{-n}^{\mu}$ は，$N^{(d)}$ の固有値に $n$ を加えることによって生成演算子として振る舞う．
- $d_{n}^{\mu}$ は，$N^{(d)}$ の固有値から $n$ を引くことによって消滅演算子として振る舞う．

状態は，フォック空間 (あるいは数状態) を用いることによって通常の流儀で構成される．$n > 0$ と置くと，(右) 基底状態は右進モードに対するボソン的およびフェルミオン的消滅演算子によって消滅される：

$$\tilde{\alpha}_n^{\mu}|0\rangle_{\mathrm{R}} = \tilde{d}_n^{\mu}|0\rangle_{\mathrm{R}} = 0 \tag{11.7}$$

同様のことが左進についても成り立つ．任意の状態は，複数回基底状態に作用することによって構成することができる[*1]：

$$|n\rangle_{\mathrm{R}} = \prod_i \prod_j (\tilde{\alpha}_{-n_i})^{p_i} (\tilde{d}_{-m_j})^{q_j} |0\rangle_{\mathrm{R}} \tag{11.8}$$

左進セクターに対する表式は，右進セクターの状態に対するものと同様である．

さて，$d_0^{\mu}$ の特殊な場合を考えよう．反交換関係は

$$\{d_0^{\mu}, d_0^{\nu}\} = \eta^{\mu\nu} \tag{11.9}$$

である．これはガンマ行列が従う交換関係とほとんど一緒である (つまり，“ディラック代数”)：

$$\{\Gamma^{\mu}, \Gamma^{\nu}\} = -2\eta^{\mu\nu} \tag{11.10}$$

[*1] 訳注：ただし，$\tilde{d}_{-m_j}$ がグラスマン数であることより，$\tilde{d}_{-m_j}\tilde{d}_{-m_j} = 0$ なので，$q_j$ は 0 か 1 しか取れないことに注意しよう．また，$\tilde{\alpha}_{-n_j}$ が掛かっていることからも分かる通り，この基底は厳密にいえば R セクターの基底 $|0\rangle_{\mathrm{R}}$ とボソン的弦のモード $\tilde{\alpha}_n^{\mu}$ に関する基底 $|0,k\rangle$ とのテンソル積状態，つまり $|0\rangle_{\mathrm{R}} \otimes |0,k\rangle$ と表されるべきものである．

これはこれらの演算子が

$$\Gamma^\mu = i\sqrt{2}d_0^\mu \tag{11.11}$$

を用いることによってガンマ行列と関係することを示している．ここから R セクターの状態は時空のスピノルであることが分かる．この基底状態は

$$|0\rangle_{\mathrm{R}}^a$$

と書くことができる．ここで $a$ はスピノル添字であり，$a = 1, \ldots, 32$ の範囲をとる．すでにみてきたように，$D$ が時空次元の数であるとき，一般的なディラックスピノルは $2^{D/2}$ 成分を持つからである．超弦理論に対しては $D = 10$ であることより，32 個の成分が存在する．状態 $|0\rangle_{\mathrm{R}}^a$ は 32 成分マヨラナスピノルである．

さて，カイラル性演算子 $\Gamma_{11} = \Gamma_0\Gamma_1 \ldots \Gamma_9$ は，

$$\begin{aligned}\Gamma_{11}|0\rangle_{\mathrm{R}}^+ &= +|0\rangle_{\mathrm{R}}^+ \\ \Gamma_{11}|0\rangle_{\mathrm{R}}^- &= -|0\rangle_{\mathrm{R}}^-\end{aligned} \tag{11.12}$$

に従って，定まったカイラリティの状態 $|0\rangle_{\mathrm{R}}^\pm$ 上に作用することを思い出そう．

定まったカイラリティを持つ状態はマヨラナ-ワイルスピノルである．それは成分の半分の個数 (この場合 16) を持つ．状態 $|0\rangle_{\mathrm{R}}^a$ は正および負のカイラル状態の直和で書くことができる[*2]：

$$|0\rangle_{\mathrm{R}}^a = |0\rangle_{\mathrm{R}}^+ \oplus |0\rangle_{\mathrm{R}}^- \tag{11.13}$$

これは状態 [式 (11.13)] に，$16 \oplus 16 = 32$ 成分を与える．状態 $|0\rangle_{\mathrm{R}}^\pm$ は時空のフェルミオンである．しかしながら，それらは世界面上で $|0\rangle_{\mathrm{R}}^+$ がボソン的であり，$|0\rangle_{\mathrm{R}}^-$ がフェルミオン的であるという奇妙な性質を持っている．

---

[*2] 訳注：ここでの表式は右辺に直和 $\oplus$ が現れていることから分かるように両辺はある 1 つの状態ではなく集合としての等式になっている．今後も本書を読み進めるに当たり，それが 1 つの状態としての成分に関する等式か，あるいは集合としての等式かをはっきり認識しておく必要がる．

## NS セクター

NS セクターにおいて，

$$\begin{aligned}\Psi_+^\mu(\tau,\sigma) &= \sum_{r\in\mathbb{Z}+1/2} b_r^\mu e^{-2ir(\tau+\sigma)}\\ \Psi_-^\mu(\tau,\sigma) &= \sum_{r\in\mathbb{Z}+1/2} \tilde{b}_r^\mu e^{-2ir(\tau-\sigma)}\end{aligned} \tag{11.14}$$

によって与えられる左進および右進フェルミオン的状態のモード展開が存在する．展開係数は反交換関係を満たす：

$$\{b_r^\mu, b_s^\nu\} = \left\{\tilde{b}_r^\mu, \tilde{b}_s^\nu\right\} = \eta^{\mu\nu}\delta_{r+s,0} \tag{11.15}$$

数演算子は

$$N^{(b)} = \sum_{r=1/2}^{\infty} r b_{-r}\cdot b_r \qquad \tilde{N}^{(b)} = \sum_{r=1/2}^{\infty} r\tilde{b}_{-r}\cdot\tilde{b}_r \tag{11.16}$$

である．ここから右進および左進モードに対する数演算子が定義できる：

$$\begin{aligned}N_R &= \tilde{N}^\alpha + \tilde{N}^{(b)}\\ N_L &= N^\alpha + N^{(b)}\end{aligned} \tag{11.17}$$

$n > 0$ と置くと：

- $b_{-r}^\mu$ は生成演算子として振る舞い，$N^{(b)}$ の固有値を $r$ だけ増加させる．
- $b_r^\mu$ は生成演算子として振る舞い，$N^{(b)}$ の固有値を $r$ だけ減少させる．

もう一度言うと，ここではフォック空間を用いて状態を構築している．基底状態は次のようにして消滅される：

$$\alpha_n^\mu|0\rangle_{\mathrm{NS}} = b_r^\mu|0\rangle_{\mathrm{NS}} = 0 \tag{11.18}$$

任意の右進状態は基底状態に複数回作用させることによって与えられる：

$$|n\rangle_{\mathrm{NS}} = \prod_i \prod_j (\tilde{\alpha}_{-n_i})^{p_i} (\tilde{b}_{-r_j})^{q_j} |0\rangle_{\mathrm{NS}} \tag{11.19}$$

NS セクターは時空のボソンである状態をもたらす．

最も一般的な時空状態を得るために，左進セクターと右進セクターのテンソル積を形成する必要がある．各々のセクターは他方とは独立に NS 状態または R 状態をとることができるので，全体としては 4 つの可能な状態が存在する．両方のセクターが $|\mathrm{NS}\rangle$ 状態であるなら，弦の状態は

$$|\Psi\rangle = |\mathrm{NS}\rangle_{左} \otimes |\mathrm{NS}\rangle_{右}$$

である．この状態は時空のボソンである．もし両方が R 状態なら

$$|\Psi\rangle = |\mathrm{R}\rangle_{左} \otimes |\mathrm{R}\rangle_{右}$$

である．これもまた時空のボソンである (これは 2 つのスピノルから構築されるから双スピノルと呼ばれる)．

第 7 章で定性的に述べた通り，左進モードと右進モードを異なるセクターからとることもできる．もちろんこれは 2 つの可能性がある：

$$|\Psi\rangle = |\mathrm{R}\rangle_{左} \otimes |\mathrm{NS}\rangle_{右} \quad または \quad |\Psi\rangle = |\mathrm{NS}\rangle_{左} \otimes |\mathrm{R}\rangle_{右}$$

これらの状態は時空のフェルミオンである．

## スピン場

超対称性では，超対称チャージ演算子を用いてフェルミオン的状態とボソン的状態の間を行き来できる．ここでは NS 状態 (ボソン的) から R 状態 (フェルミオン的) への移行を許すような演算子を構築する．

$\phi^k$ $(1, \ldots, 5)$ を複素ボソン的場としよう．**ボソン化**と呼ばれる過程を用いてこれらのボソン的場に関するスピノル $\Psi^\mu$ を定義することができる．第 7 章から，$\Psi^\mu$ が時空のベクトルであるので，10 成分存在する (その各々がス

ピノルである) ことを思い出そう．これらは次のようにしてボソン的場に関して定義される：

$$e^{\pm i\phi^1} = \Psi^1 \pm i\Psi^2$$
$$e^{\pm i\phi^2} = \Psi^3 \pm i\Psi^4$$
$$e^{\pm i\phi^3} = \Psi^5 \pm i\Psi^6$$
$$e^{\pm i\phi^4} = \Psi^7 \pm i\Psi^8$$
$$e^{\pm i\phi^5} = \Psi^9 \pm i\Psi^{10}$$

これらの量の積をとることにより，スピン場演算子を構築することができる．すなわち，

$$S^a = e^{\pm i\phi^{1/2}} \cdots e^{\pm i\phi^{5/2}} \tag{11.20}$$

である．これは 32 成分 $SO(10)$ スピノルである．これは超対称チャージのように振る舞い，ボソン的状態 $|0\rangle_{\mathrm{NS}}$ をフェルミオン的状態 $|0\rangle_{\mathrm{R}}^a$ に変える：

$$|0\rangle_{\mathrm{R}}^a = S^a|0\rangle_{\mathrm{NS}} \tag{11.21}$$

こうしていま，II A 型と II B 型弦理論の間の違いを記述するために必要なすべてのものが出そろったことになる．

## II A 型弦理論

読者の心に留めておくべき II A 型弦理論の II B 型弦理論との違いとなる重要な側面として**逆のカイラル性**がある．すなわち，状態

$$|\mathrm{R}_1\rangle \otimes |\mathrm{R}_2\rangle$$

に対して，$|\mathrm{R}_1\rangle$ と $|\mathrm{R}_2\rangle$ が逆のカイラル性を持つようになるということである．

まず，全フォック空間が次のように構築されるということに注意しよう．最初に，直和を形成する：

$$(|\mathrm{NS}\rangle \oplus |\mathrm{R}\rangle)_{\text{左}} \qquad (|\mathrm{NS}\rangle \oplus |\mathrm{R}\rangle)_{\text{右}}$$

これよりテンソル積が形成される：

$$(|\mathrm{NS}\rangle \oplus |\mathrm{R}\rangle)_{左} \otimes (|\mathrm{NS}\rangle \oplus |\mathrm{R}\rangle)_{右}$$

物理的状態空間は GSO 射影を用いて構築される．それは時空内および以前述べた世界面上でのフェルミオンあるいはボソンとは異なる状態が存在してしまうという奇妙な問題を解消するとともに理論からタキオンを取り除く．まず，ある状態において $d^{\mu}_{-n}$ の励起の数を数え上げる演算子を構築する：

$$F = \sum_{n=1}^{\infty} d_{-n} \cdot d_n \tag{11.22}$$

$(-1)^F$ から状態が $d^{\mu}_{-n}$ の励起が偶数個か奇数個であるかを判断できることを確認するのは易しいことである[*3]．いま，$|\Psi\rangle$ が偶数個の $d^{\mu}_0$ 振動子を持つ状態と仮定し，$|\phi\rangle$ を奇数個の $d^{\mu}_0$ 振動子を持つ状態と仮定しよう．これは

$$\Gamma_{11}|\Psi\rangle = |\Psi\rangle \qquad \Gamma_{11}|\phi\rangle = -|\phi\rangle \tag{11.23}$$

だからこそ起こる[*4]．さて，いま

$$\tilde{\Gamma} = \Gamma_{11}(-1)^F \tag{11.24}$$

---

[*3] 訳注：$\{(-1)^{\mathrm{F}}, d^{\mu}_{-n}\} = 0$ より，全ての状態 $|\psi\rangle$ が唯一の真空状態 $|0\rangle_{\mathrm{R}}$ に任意の生成演算子 $d^{\mu}_{-n}$ をそれぞれ 1 回または 0 回掛けて得られるから，帰納法より，

$$\begin{aligned}(-1)^{\mathrm{F}} d^{\mu}_{-n}|\Psi\rangle &= \left[\{(-1)^{\mathrm{F}}, d^{\mu}_{-n}\} - d^{\mu}_{-n}(-1)^{\mathrm{F}}\right]|\Psi\rangle = -d^{\mu}_{-n}(-1)^{\mathrm{F}}|\Psi\rangle \\ &= -\, d^{\mu}_{-n}(-1)^{\mathrm{F}_{|\Psi\rangle}}|\Psi\rangle = (-1)^{\mathrm{F}_{|\Psi\rangle}+1} d^{\mu}_{-n}|\Psi\rangle\end{aligned}$$

が成り立つ．

[*4] 訳注：つまり $\Gamma_{11}$ は $|\text{真空}\rangle_{\mathrm{R}}$ にそれぞれ異なる $\mu$ に関する $d^{\mu}_0$ が全部で偶数回掛けられていれば固有値 $+1$ のカイラリティーで，奇数回掛けられていれば固有値 $-1$ のカイラリティーを持つことを識別するための演算子である．一般の R セクターの状態のフェルミオン性はこのゼロモードからの寄与も考慮する必要があるので，本文の続きでは，これら全部のフェルミオン性を考慮して NS セクターで定義された $(-1)^{\mathrm{F}}$ に対応する演算子として $\tilde{\Gamma} \equiv \Gamma_{11}(-1)^{\mathrm{F}}$ を定義する．

と定義しよう．すると

$$\tilde{\Gamma}|\Psi\rangle = +|\Psi\rangle$$

ならば，状態 $|\Psi\rangle$ は偶数個の $d^{\mu}_{-n}$ の励起を持つ．一方，

$$\tilde{\Gamma}|\Psi\rangle = -|\Psi\rangle$$

ならば，状態 $|\Psi\rangle$ は奇数個の $d^{\mu}_{-n}$ の励起を持つ．

II A 型理論は逆のカイラル性を伴う状態によって特徴づけられる．このため，右進の GSO 射影は左進の GSO 射影とは逆の符号を持つ．これは時空のフェルミオンのカイラル性が逆になって表れることを意味する．具体的にはII A 型理論では

$$(\Gamma_{11}|0\rangle_{\mathrm{R}})_{\text{左}} = -\,(\Gamma_{11}|0\rangle_{\mathrm{R}})_{\text{右}} \tag{11.25}$$

となることに注意しよう．さていま，スピン場 $S^a$ を考えよう．$\Gamma_{11}|0\rangle_{\mathrm{R}} = \pm|0\rangle_{\mathrm{R}}$ および $|0\rangle_{\mathrm{R}} = S^a|0\rangle_{\mathrm{NS}}$ において $|0\rangle_{\mathrm{NS}}$ はボソン的であることより，スピン場自体の上の $\Gamma_{11}$ の作用を考えることができる．II A 型理論では

$$\Gamma_{11}S^a = S^a \quad \text{および} \quad \Gamma_{11}\tilde{S}^a = -\tilde{S}^a \tag{11.26}$$

である．

GSO 射影の作用は 32 成分スピノルを 16 成分マヨラナ-ワイルスピノルにとることである．

## II B 型理論

これまで，II A 型理論が逆のカイラル性によって特徴づけられることを見てきた．II B 型理論は同じカイラル性によって特徴づけられる．すなわち，状態

$$|\mathrm{R}_1\rangle \otimes |\mathrm{R}_2\rangle$$

に対して $|\mathrm{R}_1\rangle$ と $|\mathrm{R}_2\rangle$ は同じカイラル性を持つようになる．左進および右進は同じ GSO 写像を持つようになる：

$$(\Gamma_{11}|0\rangle_{\mathrm{R}})_{\text{左}} = (\Gamma_{11}|0\rangle_{\mathrm{R}})_{\text{右}} \tag{11.27}$$

このとき，スピノル場は

$$\Gamma_{11}S^a = S^a \quad \text{および} \quad \Gamma_{11}\overline{S}^a = \overline{S}^a \tag{11.28}$$

を満たす．また，状態

$$|0\rangle_{\mathrm{R}}^{\text{左}} \otimes b^{\mu}_{-1/2}|0\rangle_{\mathrm{NS}}^{\text{右}} \quad \text{および} \quad b^{\mu}_{-1/2}|0\rangle_{\mathrm{NS}}^{\text{左}} \otimes |0\rangle_{\mathrm{R}}^{\text{右}}$$

も同じカイラル性を持つ．

## 異なるセクターのゼロ質量スペクトル

本章の締めくくりに，異なるセクターに見られる状態のスペクトルに注目し，これらが II A 型弦理論と II B 型弦理論でどのように異なるかを述べる．微分幾何あるいは一般相対論を背景に持つこれらは，奇数を形成するなら II A 型理論に含まれ，偶数を形成するなら II B 型理論に含まれる．

### $|\mathrm{NS}\rangle \otimes |\mathrm{NS}\rangle$ セクター

II A 型および II B 型弦理論は同じ NS-NS セクターを持つ．NS-NS セクターの状態のスペクトルは，

- スカラー場 $\varphi$．これは前章で述べたディラトンである．
- 反対称ゲージ場．これは 28 個の状態ある．
- ランク 2 の対称なゼロトレーステンソル $G_{\mu\nu}$(これはグラビトンである)．これは 35 個の状態がある．

## $|\mathrm{NS}\rangle \otimes |\mathrm{R}\rangle, |\mathrm{R}\rangle \otimes |\mathrm{NS}\rangle$ セクター

これらのセクターに含まれる状態はディラトンおよびグラビトンの超対称パートナーである．II A 型および II B 型理論は同じ状態を持つが，状態 $|\mathrm{NS}\rangle \otimes |\mathrm{R}\rangle, |\mathrm{R}\rangle \otimes |\mathrm{NS}\rangle$ の各々が II B 型理論では同じカイラル性を持ち，II A 型理論では逆のカイラル性を持つ．これらの状態は

- ディラティーノ．スピン 1/2 のディラトンの超対称パートナーで 28 個の状態がある．
- グラビティーノ．スピン 3/2 のフェルミオンでグラビトンの超対称パートナー．II A 型理論では 2 つのグラビティーノは逆のカイラル性を持つ．

## $|\mathrm{R}\rangle \otimes |\mathrm{R}\rangle$ セクター

これらは 2 つのマヨラナ-ワイルスピノルのテンソル積から形成される状態である．II A 型理論では，左および右の状態は逆のカイラル性を持つが，II B 型理論ではそれらは同じカイラル性を持つ．II A 型理論では 2 つの状態が存在する：

- ベクトルゲージ場
- “3-形式” ゲージ場 (形式についての説明は『*Relativity Demystified*』参照)

II B 型理論では状態は

- スカラー場
- 2-形式ゲージ場
- 4-形式ゲージ場

である．

## まとめ

本章では，第 7 章で最初に導入した R セクターと NS セクターを基本とする II A 型および II B 型弦理論の状態について要約した．II A 型理論は逆のカイラル性を持つ状態のテンソル積であるような状態から構成されるが，II B 型理論は同じカイラル性を持つ状態のテンソル積であるような状態から構成される．これは結果として異なる “粒子” 状態をもたらす．これらの理論は自然界ではまだ観測されていない超対称パートナー粒子の存在を予言する．

## 章末問題

1. II 型弦理論は，
   (a) 開弦しか含まない．
   (b) 開弦と閉弦を含む．
   (c) 閉弦しか含まない．
   (d) 向き付けられている場合に限り開弦を含む．
2. 時空内で記述することができる NS セクターに含まれる状態は，
   (a) NS セクター状態は，時空のフェルミオンを与えるために R セクター状態と結合する必要がある．そうでなければ時空内の状態を記述しない．
   (b) 時空のボソンである．
   (c) 時空のフェルミオンである．
   (d) 向き付けられた弦に対しては時空のボソンであり，無向の弦については時空のフェルミオンである．
3. スピン場演算子 $S^a = e^{\pm i\phi^{1/2}} \cdots e^{\pm i\phi^{5/2}}$ はどのような種類のスピノルであろうか？　一般にそれはいくつの成分を持つか？
   (a) $SO(10)$,16 成分

(b) $SO(10)$,32 成分

(c) $SO(32)$,10 成分

(d) $SO(10)$,10 成分

4. $|\mathrm{NS}\rangle \otimes |\mathrm{R}\rangle, |\mathrm{R}\rangle \otimes |\mathrm{NS}\rangle$ セクターに含まれる超対称パートナー状態は，

   (a) ディラティーノおよびグラビティーノ．II A 型理論に対しては 2 つのグラビティーノが逆のカイラル性を持つ．

   (b) ディラティーノおよびグラビティーノ．II A 型理論に対しては 2 つのグラビティーノは同じカイラル性を持つ．

   (c) ディラティーノおよびグラビティーノ．II A 型理論に対しては 2 つのディラティーノが逆のカイラル性を持つ．

   (d) ディラティーノおよびグラビティーノ．II A 型理論に対しては 2 つのディラティーノは同じカイラル性を持つ．

5. II B 型理論では GSO 射影は

   (a) $(\Gamma_{11}|0\rangle_{\mathrm{R}})_{左} = -(\Gamma_{11}|0\rangle_{\mathrm{R}})_{右}$ と書くことができる．

   (b) $(\Gamma_{11}|0\rangle_{\mathrm{R}})_{左} = (\Gamma_{11}|0\rangle_{\mathrm{R}})_{右} = 0$ と書くことができる．

   (c) $(\Gamma_{11}|0\rangle_{\mathrm{R}})_{左} = (\Gamma_{11}|0\rangle_{\mathrm{R}})_{右}$ と書くことができる．

   (d) $(\Gamma_{11}|0\rangle_{\mathrm{R}})_{左} = e^{-i\langle\Gamma_{11}\rangle}(\Gamma_{11}|0\rangle_{\mathrm{R}})_{右}$ と書くことができる．

# Chapter 12

# ヘテロティック弦理論

第 10 章では，左進および右進セクターで異なる扱いをする 2 つの弦理論が存在することを学んだ．これらの理論はこの意味で**ヘテロティック弦理論**と呼ばれている[*1]．各モードは次のように扱われる：

- 左進セクターはボソン的である．
- 右進セクターは超対称的である．

この考えは不合理に思える．というのも，ボソン的弦理論は 26 時空次元の世界に住んでいるが，超弦理論は 10 時空次元の世界に住んでいるからである．このような過激なことを行う理由は次のような理由である．まず，我々はすでにボソン的弦理論がフェルミオンを組み込んでいないため不完全であることが分かっている．一方，II 型超弦は非可換ゲージ対称性を組み込んでいない．これは標準模型がこれらの理論単独で定式化された超弦理論によっては記述できないことを意味する．それゆえ現実の世界が電弱理論と QCD(量子色力学) の相互作用を含むことより，これらの欠ける宇宙の記述を残す II 型理論は，受け入れがたい状況であるように思われる．この問題を回避する 1 つの方法が弦の端点にチャージを加えることで，これは第 15 章

---

[*1]訳注：ヘテロとは「異なる」という意味を持つギリシャ語由来の接頭辞で，たとえば遺伝学の場合，異型接合型をヘテロ型という．

で議論するが，本章ではより効果的かつ洗練されたアプローチを考察する．

ヘテロティック弦の考えは元々Gross(グロス), Harvey(ハーベイ), Martinec(マルチネク), およびRohm(ローム)によって提唱された．彼らは両方の理論の最良の側面を保存する分離した左進および右進モードを伴う閉じた超弦を提唱し，知られている特徴である標準模型を含むに違いない十分に大きく，かつ十分に洗練された理論を生成した．右進モードの超対称性を作ることによって，

- 理論にフェルミオンを含むことができる．
- タキオンを排除できるので，安定した真空を持つ．

ことができる．

また左進モードにおいては非可換ゲージ理論を組み込むことができる．これは超対称性を加えることなしにマヨラナ-ワイルフェルミオン $\lambda^A$ を左進セクターに加えることによって行うことができる．ここでボソン的理論からの寄与である 26 次元から余分な 16 次元を排除する必要がある．これは余分な 16 次元が時空次元であるという描像を棄却することによって理解できる．まず，

- 右進モードは超対称的である．そのため，右進モードの中に 10 個のボソン的場 $X^\mu$ が存在する．
- 左進モードを右進モードと一致するようにすることから 10 個のボソン的場 $X^\mu$ を保つ．

に注意しよう．$26 = 10 + 16$ であることより，左進セクターに存在する望ましくない $X^\mu$ からの残りの 16 の寄与を打ち消す必要がある．$\lambda^A$ がスピノルであることより，望ましい計算結果を得るためには 32 個のそれらが必要である．それゆえ $A = 1, \ldots, 32$ をとる．$\lambda^A$ の対称群はすべての $\lambda^A$ が同じ境界条件を持つとき $SO(32)$ になる．つまり，これは $SO(32)$ ヘテロティック理論である．

# $SO(32)$ 理論の作用[*1]

この作用は次のようにして書き下すことができる：

- この作用は 10 次元時空に対する左進および右進モードに対するボソン的寄与を含むべきである．
- この作用は 10 次元時空に対する超対称性を加えるためにフェルミオン的スピノルを含むべきである．これらは右進のみ成り立つ．
- この作用は左進 $\lambda^A$ スピノルからの寄与を含むべきである．

最初の 2 つの条件はお馴染みである．そこで，世界面の超対称性に対して使用されたもののように，時空のベクトルであるマヨラナ-ワイルフェルミオン $\Psi^\mu$ を用いる．したがって

$$S_1 = -\frac{1}{4\pi\alpha'}\int d^2\sigma(\partial_\alpha X^\mu \partial^\alpha X_\mu - 2i\Psi^\mu_- \partial_+ \Psi_{\mu-}) \tag{12.1}$$

が成り立つ．

右進セクターは超対称性を組み込まねばならない．これは第 7 章で行ったものと同様にして行える．そこで次の変換を組み込む：

$$\delta X^\mu = i\varepsilon\Psi^\mu_- \quad \text{および} \quad \delta\Psi^\mu_- = \varepsilon\partial_- X^\mu$$

$\lambda^A$ を組み込むために第 2 の作用を加える必要がある．この条件は $S_1$ で使用されたフェルミオン的条件と同様である．ただし，いま考えているのは左進モードであり，全 32 個の $\lambda^A$ を含める必要がある．したがってこの作用は

$$S_2 = -\frac{1}{4\pi\alpha'}\int d^2\sigma \left(-2i\sum_{A=1}^{32}\lambda^A_+\partial_-\lambda+^A\right) \tag{12.2}$$

---

[*1] 訳注：この節の議論の詳細を知りたい読者は，　たとえば，Becker, K., M. Becker, and J. Schwarz『*String Theory and M-Theory:A Modern Introduction*』(Cambridge) の Chaper 7.「The heterotic string」を参照すると良い．

となる．これより，ヘテロティック弦理論に対する作用は

$$
\begin{aligned}
S =& S_1 + S_2 \\
=& -\frac{1}{4\pi\alpha'}\int d^2\sigma\left(\partial_\alpha X^\mu \partial^\alpha X_\mu - 2i\Psi^\mu_- \partial_+ \Psi_{\mu-} - 2i\sum_{A=1}^{32}\lambda^A_+ \partial_- \lambda^A_+\right)
\end{aligned}
\tag{12.3}
$$

となる．

## $SO(32)$ 理論の量子化

ヘテロティック弦理論では，すでにお馴染みの R および NS セクターと同様の 2 つのセクターを記述する．これらは，

- 周期的セクター P
- 反周期的セクター A

である．

いま，理論に含まれるボソン的モードと右進フェルミオン的モードをどのように扱ったらよいのかはすでに分かっている．完全な理論に発展させるには，$\lambda^A$ を量子化する必要がある．ここには驚くようなことは何もない．必要な技術は以前使用したものと同じである．まず，モード展開を書き下す．P セクターに含まれるそれは，

$$
\lambda^A(\sigma) = \sum_{n=-\infty}^{\infty} \lambda^A_n e^{-2in\sigma} \tag{12.4}
$$

である．これらはフェルミオンであるので，展開係数 $\lambda^A_n$ は反交換関係を満たす必要がある：

$$
\left\{\lambda^A_m, \lambda^B_n\right\} = \delta^{AB}\delta_{m+n,0} \tag{12.5}
$$

A セクターは，すでに慣れ親しんだ NS セクターのように，半整数量に渡って和をとることを除けば P セクターと同様である．よって

$$\lambda^A(\sigma) = \sum_{r\in\mathbb{Z}+1/2} \lambda_r^A e^{-2ir\sigma} \tag{12.6}$$

が成り立つとともに，同様な反交換関係

$$\left\{\lambda_r^A, \lambda_s^B\right\} = \delta^{AB}\delta_{r+s,0} \tag{12.7}$$

が成り立つ．

次のステップは左進および右進モードに対する数演算子を構築し，それらを用いて質量スペクトルを書き下すことである．これは第 7 章で述べた GSO 射影と超ヴィラソロ演算子とともに NS および R セクターを用いることによって行うことができる．あるいは第 9 章で学んだ通り超対称的モードを記述するためには実際には 2 つの方法 が存在する：

- NS および R セクターに適用したように世界面超対称性を GSO 射影と一緒に使用する．
- 時空の超対称性を用いる (GS 形式)．

最初の場合，NS セクターに対しては右進モードに対する数演算子が存在する：

$$\tilde{N}_R = \sum_{n=1}^{\infty} \tilde{\alpha}_{-n}\cdot\tilde{\alpha}_n + \sum_{r=1/2}^{\infty} r\tilde{b}_{-r}\cdot\tilde{b}_r \tag{12.8}$$

$|\Psi\rangle$ を物理的状態としよう．NS セクターの質量殻条件は

$$\left(\tilde{L}_0 - \frac{1}{2}\right)|\Psi\rangle = 0 \tag{12.9}$$

である．付け加えると，$r, m > 0$ とするとき，

$$\tilde{G}_r|\Psi\rangle = \tilde{L}_m|\Psi\rangle = 0 \tag{12.10}$$

という制約条件が成り立つ．演算子 $\tilde{L}_0$ は

$$\tilde{L}_0 - \frac{1}{2} = \frac{p^2}{8} + \tilde{N}_R - \frac{1}{2} \tag{12.11}$$

によって与えられる．アインシュタインの関係式 $p^2 + m^2 = 0$ を用いると，

$$\begin{aligned} p^2 =& 4 - 8\tilde{N}_R \\ \Rightarrow \alpha' m^2 =& 8\tilde{N}_R - 4 \end{aligned} \tag{12.12}$$

が成り立つ[*2]．

さて，R セクターについて手早く確認してみよう．再び質量殻条件が成り立ち，今の場合

$$\tilde{L}_0 |\Psi\rangle = 0 \tag{12.13}$$

となる．これは $m \geq 0$ に対して，

$$\tilde{F}_m |\Psi\rangle = \tilde{L}_m |\Psi\rangle = 0 \tag{12.14}$$

によって補われる．R セクターの右進モードに対する数演算子は

$$\tilde{N}_R = \sum_{n=1}^{\infty} (\tilde{\alpha}_{-n} \cdot \tilde{\alpha}_n + n\tilde{d}_{-n} \cdot \tilde{d}_n) \tag{12.15}$$

である．演算子 $\tilde{L}_0$ は

$$\tilde{L}_0 = \frac{p^2}{8} + \tilde{N}_R \tag{12.16}$$

によって与えられる．というのも R セクターに対する順序定数が 0 だからである．それゆえ R セクターに対する質量殻条件は

$$\alpha' m^2 = 8\tilde{N}_R \tag{12.17}$$

---

[*2] 訳注：$c = 1$ としたときのアインシュタインの関係式，$E^2 = m^2 + \vec{p}^2$ より，$m^2 = -\left(-E^2 + \vec{p}^{\,2}\right) = -p^2$ が成り立つので，質量殻上で $\tilde{L}_0 - 1/2 = p^2/8 + \tilde{N}_R - 1/2 = 0$ となることに注意すれば良い．

を与える．

第 9 章では GS 形式を用いる超弦に対する，より単純で統一された説明を学んだ．左進と右進モードで異なる物理を扱っていることより，NS および R セクターを持ち出す代わりにこのアプローチを使わない手はない．GS 形式を用いると，右進モードに対する数演算子は

$$\tilde{N}_R = \sum_{n=1}^{\infty} \left( \tilde{\alpha}_{-n} \cdot \tilde{\alpha}_n + n S_{-n}^a S_n^a \right) \tag{12.18}$$

によって与えられる．

GS 形式において，質量殻条件は RNS 形式における R セクターに対して求めた質量の表式を与える：

$$\alpha' m^2 = 8 \tilde{N}_R \tag{12.19}$$

左進モードに対しては **2** つの数演算子が存在するようになる．1 つが P セクターに対するものであり，もう 1 つが A セクターに対するものである．第 11 章で学んだ通り，これらは $\lambda^A$ の場合に対して直ちに書き下すことができる：

$$\begin{aligned} N_L^{\mathrm{P}} &= \sum_{n=1}^{\infty} \left( \alpha_{-n} \cdot \alpha_n + n \lambda_{-n}^A \lambda_n^A \right) \\ N_L^{\mathrm{A}} &= \sum_{n=1}^{\infty} \alpha_{-n} \cdot \alpha_n + \sum_{r=1/2}^{\infty} r \lambda_{-r}^A \lambda_r^A \end{aligned} \tag{12.20}$$

左進モードはまたヴィラソロ条件も満たす必要がある．一般に質量殻条件は

$$(L_0 - a)|\Psi\rangle = 0 \tag{12.21}$$

である．

左進モードに対しては超対称性は存在しないので，条件 [式 (12.21)] は $m > 0$ に対して

$$L_m |\Psi\rangle = 0 \tag{12.22}$$

のみが付加される．これらの制約条件はPおよびAセクターに対して満足されなければならない．そのため，2つの正規順序定数を導入する必要がある．これらは$a_{\mathrm{P}}$および$a_{\mathrm{A}}$で表される．すると，式(12.21)は2つの条件になる：

$$\begin{aligned}(L_0 - a_{\mathrm{P}})|\Psi\rangle &= 0 \qquad (\text{P セクター}) \\ (L_0 - a_{\mathrm{A}})|\Psi\rangle &= 0 \qquad (\text{A セクター})\end{aligned} \tag{12.23}$$

したがって

$$\begin{aligned}L_0 - a_{\mathrm{P}} &= \frac{p^2}{8} + N_L^{\mathrm{P}} - a_{\mathrm{P}} \qquad (\text{P セクター}) \\ L_0 - a_{\mathrm{A}} &= \frac{p^2}{8} + N_L^{\mathrm{A}} - a_{\mathrm{A}} \qquad (\text{A セクター})\end{aligned} \tag{12.24}$$

が成り立つ．

今行うべき仕事は$a_{\mathrm{P}}$と$a_{\mathrm{A}}$の値を決定することである．これは超弦についてこれまでに分かっていることより，容易に行うことができる．すなわち，

- 周期的ボソンは正規順序に対して1/24の寄与をもたらす．
- 周期的フェルミオンは正規順序に対して$-1/24$の寄与をもたらす．

正規順序定数は実際，和

$$a = \text{ボソン的寄与} + \text{フェルミオン的寄与}$$

によって形成される．

光錐ゲージに移行すると，8つの横方向ボソン的成分が存在する．さらに32個のフェルミオン$\lambda^A$を存在する．このためPセクターに対する全順序定数は

$$a_{\mathrm{P}} = 8\left(\frac{1}{24}\right) + 32\left(-\frac{1}{24}\right) = -1 \tag{12.25}$$

となる．

さていまAセクターに対しては

- 反周期的フェルミオンは正規順序定数に対して 1/48 の寄与をもたらす．

ことを知っておく必要がある．

A セクターでは，ボソン的寄与は同じである．それゆえ

$$a_{\mathrm{A}} = 8\left(\frac{1}{24}\right) + 32\left(\frac{1}{48}\right) = 1 \tag{12.26}$$

が成り立つ．

正規順序定数に対するボソン的およびフェルミオン的寄与がそれらのモードの零点エネルギーに由来するものであることに注意すべきである．また，これらゼロエネルギーの寄与が有限であることにも注意しよう．

式 (12.24),(12.25), および (12.26) を用い，右進モードに対して得られる関係式を含めると，P および A セクターに対する質量公式が得られる：

$$\begin{aligned} \alpha' m^2 &= 8\tilde{N}_R = 8(N_L^{\mathrm{P}} + 1) \qquad (\text{P セクター}) \\ \alpha' m^2 &= 8\tilde{N}_R = 8(N_L^{\mathrm{A}} - 1) \qquad (\text{A セクター}) \end{aligned} \tag{12.27}$$

ここで，与えられた弦の状態に対して，右進モードを見るか，左進モードを見るかによらず質量は等しくなくてはならないという明らかな確信に基づく飛躍を行った．すると直ちに

- ゼロ質量状態は $\tilde{N}_R = 0$ を持つ．

であることが分かる．

別の言い方をすると，ヘテロティック弦理論におけるゼロ質量状態は右進モードにおいて基底状態を持つ．加えて $m = 0$ なら，

- P セクターにおける状態に対しては $N_L^{\mathrm{P}} = -1$ である．
- A セクターにおける状態は $N_L^{\mathrm{A}} = +1$ である．

が成り立つ．

さて読者は，通常の量子力学で数演算子が $N \geq 0$ を満たすことを学んだはずである．したがって最初の選択肢は破棄されるべきであるので，これは

- P セクターはゼロ質量状態を含まない．

という風に解釈できる．

## ゼロ質量スペクトル

理論のスペクトルを記述するために，左進モードと右進モードのテンソル積である状態を構築する通常の手続きに従おう：

$$|\Psi\rangle = |\,左\,\rangle \otimes |\,右\,\rangle \tag{12.28}$$

左進に対してはたった今学んだ通り P セクターはゼロ質量状態に何ら寄与しない．$N_L^{\mathrm{A}} = +1$ であることより，これは A セクター由来の状態は第1励起状態であることを意味する．これらは2つの可能性がある．ボソン的状態

$$|\,左\,\rangle = \alpha_{-1}^{j}|0\rangle_L \tag{12.29}$$

をとるか，あるいは $\lambda^A$ を同様に考慮する必要があることより，フェルミオン的状態

$$|\,左\,\rangle = \lambda_{-1/2}^{A}\lambda_{-1/2}^{B}|0\rangle \tag{12.30}$$

をとることができる．右進については $\tilde{N}_R = 0$ よりボソン的状態

$$|\,右\,\rangle = |i\rangle_R \tag{12.31}$$

あるいはフェルミオン的状態

$$|\dot{a}\rangle_R \tag{12.32}$$

をとることができる．

さていま，左進がボソン的状態であるような場合を考えよう．**ボソン的セクター**は右進のボソン的状態 [式 (12.31)] とのテンソル積によって与えられる：

$$|\Psi\rangle = \alpha^j_{-1}|0\rangle_L \otimes |i\rangle_R \tag{12.33}$$

状態 [式 (12.33)] は次のように要約できる．"粒子" のスペクトルは以下を含む：

- スカラー (ディラトン)(トレース部 $\alpha^i_{-1}|0\rangle_L \otimes |i\rangle_R$)
- 反対称テンソル状態 ($\alpha^j_{-1}|0\rangle_L \otimes |i\rangle_R - \alpha^i_{-1}|0\rangle_L \otimes |j\rangle_R$ によって与えられる)
- グラビトン (状態 $\alpha^j_{-1}|0\rangle_L \otimes |i\rangle_R + \alpha^i_{-1}|0\rangle_L \otimes |j\rangle_R$ のゼロトレース部)

さて，ゼロ質量状態に対するフェルミオン的セクターを確認してみよう．左進からボソン的状態をとり，右進からフェルミオン的状態をとって対を作ることによってこれを得ることができる．これは式 (12.33) の超対称パートナーを与えるようになる．この状態は

$$|\Psi\rangle = \alpha^j_{-1}|0\rangle_L \otimes |\dot{a}\rangle_R \tag{12.34}$$

と書くことができる．

ここでの "粒子" 状態は以下を含む：

- ディラトンの超対称パートナー，ディラティーノ
- グラビトンの超対称パートナー，グラビティーノ

粒子のスペクトルを確認することから想像できるように，超対称性は弦理論の生命線となる成分である．粒子加速器が永遠に超対称パートナーの証拠を検出できなければ，弦理論の状態は疑わしいものとなる．一方，超対称パートナーの発見は弦理論を立証しないが，想定している理論が正しい軌道に乗っていることの良い指標になる．

## コンパクト化と量子化された運動量[*3]

本節では，興味がある読者のために，簡単にGross（グロス）, Harvey（ハーベイ）, Martinec（マルチネク）, およびRohm（ローム）によって発展された異なるアプローチを述べる．そこではヘテロティック弦理論を構築するためにコンパクト化が用いられる．ここではミチオ・カク (加來 道雄) が敷いた路線の説明に従う (参考文献参照)．光錐ゲージでは，ヘテロティック弦は

$$S = -\frac{1}{4\pi\alpha'}\int d^2\sigma\left(\partial_\alpha X^i \partial^\alpha X_i + \sum_{I=1}^{16}\partial_\alpha X^I \partial^\alpha X_I + i\bar{S}\Gamma^-(\partial_\tau + \partial_\sigma)S\right)$$

と書くことができる[*4]．

ここで用いられるアプローチは群 $E_8 \otimes E_8$ を生成するために余分なボソン的次元をコンパクト化するというものである．このボソン的セクターの余分な 16 次元は格子上にコンパクト化される．前節で述べたように右進セクターは超対称的である．スピノル $S^a(\tau - \sigma)$ は 8 成分持つ (したがって $a = 1, \ldots, 8$ である)．今採用しているゲージが光錐ゲージであるので，横方向の成分のみを考慮すればよいことを思い出そう．添字 $i$ は時空成分のために使用され，光錐ゲージでは同様に $i = 1, \ldots, 8$ である．残りの添字 $I$ は余分な 16 をコンパクト化するために用いられる格子上を走るために使われる．そのため $I$ は 1 から 16 に渡って走る．

この物理は以前の解析と大分同じである．ボソン的状態 $X^i(\tau+\sigma)$ および $X^i(\tau - \sigma)$ はそれぞれ左進および右進セクターに含まれる．右進セクターはフェルミオン的成分 $S^a(\tau - \sigma)$ も含むが，状態 $X^I(\tau + \sigma)$ は左進セクター

[*3]訳注：ここでの議論はミチオ・カク著，太田信義訳『超弦理論と M 理論』の第 9 章「ヘテロティック弦とコンパクト化」に詳しい．

[*4]訳注：ここでは添字 $i$ は時空の添字であり，添字 $I$ は格子状にコンパクト化された 16 次元添字を意味する．したがって，仮に $X^1$ と書いたとき，この 1 が時空の添字としての $i = 1$ なのか，16 次元の格子状にコンパクト化された空間の添字としての $I = 1$ なのかをはっきりさせなければならない．

に含まれる．

この作用は超対称変換の下で不変である：

$$\delta X^i = (p^+)^{-1/2}\bar{\varepsilon}\Gamma^i S^a$$
$$\delta S^a = i(p^+)^{-1/2}\Gamma_-\Gamma_\mu(\partial_\tau - \partial_\sigma)X^\mu\varepsilon$$

以下の制約条件は各成分を左進または右進に適切に固定するために用いられる：

$$(\partial_\tau - \partial_\sigma)X^I = 0$$
$$\Gamma^+ S^a = 0$$

モード展開に対する通常の公式は

$$X^i(\tau-\sigma) = \frac{x^i}{2} + \frac{p^i}{2}(\tau-\sigma) + \frac{i}{2}\sum_{n=1}^{\infty}\frac{\tilde{\alpha}_n^i}{n}e^{-2in(\tau-\sigma)}$$
$$X^i(\tau+\sigma) = \frac{x^i}{2} + \frac{p^i}{2}(\tau+\sigma) + \frac{i}{2}\sum_{n=1}^{\infty}\frac{\alpha_n^i}{n}e^{-2in(\tau-\sigma)}$$
$$X^I(\tau+\sigma) = \frac{x^I}{2} + \frac{p^I}{2}(\tau+\sigma) + \frac{i}{2}\sum_{n=1}^{\infty}\frac{\alpha_n^I}{n}e^{-2in(\tau-\sigma)}$$
$$S^a(\tau-\sigma) = \sum_{n=-\infty}^{\infty}S_n^a e^{-2in(\tau-\sigma)}$$

を適用する．

このアプローチを用いると，2 つの数演算子を書き下すことができる．右進セクターに対する数演算子は

$$\tilde{N} = \sum_{n=1}^{\infty}\left(\tilde{\alpha}_{-n}^i\tilde{\alpha}_n^i + \frac{1}{2}n\bar{S}_{-n}\Gamma^- - S_n\right)$$

である．左進セクターに対しては

$$N = \sum_{n=1}^{\infty}\left(\alpha_{-n}^i\alpha_n^i + \alpha_{-n}^I\alpha_n^I\right)$$

が成り立つ．質量は正準運動量 $p^I$ に関して

$$\frac{1}{4}m^2 = N + \tilde{N} - 1 + \frac{1}{2}\sum_{I=1}^{16}\left(p^I\right)^2$$

と書くことができる．

さて，これらの結果にコンパクト化がどのように影響を与えるか確かめてみよう．これは第 8 章で行ったように 1 つの次元のコンパクト化に立ち戻ることによって最も簡単に理解することができる．カクはここで再掲する素晴らしい例を与えている．単一次元理論を採用し

$$x \sim x + 2\pi R$$

と置こう．この空間上で定義された場 $\phi(x)$ を考えよう．この座標が周期的であることより，この場も

$$\phi(x) = \phi(x + 2\pi R)$$

でなければならない．

さて，ご存知のように $\phi(x)$ はフーリエ級数に展開することができる．すなわち，$p$ が座標 $x$ に対する共役運動量であるとき，$\phi(x)$ は $p$ に関して展開することができる．この展開式は

$$\phi(x) = \sum_n \phi_n e^{ipx}$$

のように表せる．いま，もちろんこの指数関数は周期 $2\pi$ である．$\phi(x+2\pi R)$ を計算すると，

$$\phi(x + 2\pi R) = \sum_n \phi_n e^{ip(x+2\pi R)} = \sum_n \phi_n e^{ipx} e^{ip(2\pi R)}$$

となる．余分な項 $e^{ip(2\pi R)}$ の存在は

$$p = \frac{n}{R}$$

と採らねばならないことを意味する．

したがってこれより，コンパクト化についての重要な規則を学ぶことになる：

- コンパクト化は運動量を量子化する．

ヘテロティック弦に対しては，各々の余分なボソン的座標をコンパクト化する：

$$X^I \sim X^I + 2\pi L^I$$

ここで $L^I$ は格子間隔を表す．格子を基底ベクトル $e_i^I$ で渡るなら

$$L^I = \frac{1}{\sqrt{2}} \sum_{i=1}^{16} n_i e_i^I R_i$$

が成り立つ．ここで，$R_i$ はコンパクト化された次元の半径である．さて，ボソン的状態から共役運動量 $p^I$ を使用する．これは並進の生成子としてコンパクト化される．$2p^I$ を $I$ 番目の方向の格子に沿った並進の生成子にとろう．この周期条件 $X^I = X^I + 2\pi L^I$ は

$$e^{i2\pi p^I \cdot L^I} = 1$$

を意味する．これは正準運動量が

$$p^I = \sqrt{2} \sum_{i=1}^{16} a_i \frac{e_i^I}{R_i}$$

の形をした展開式を持つときに限り成立する．ここで $a_i$ はこの展開式の整数係数である．これは 1 次元の場合に得られるものと同じ形をしており，その場合は $p = n/R$ と求まった．したがって定義されたベクトルの格子に渡ってコンパクト化するには，各方向の半径で割ってすべての方向に渡って和をとればよい．

## まとめ

本章では，ヘテロティック弦の概要を示した．超対称性に対する通常のアプローチを用いて，作用を書き下し，反交換関係を適用し，数演算子を定義し，それから質量殻条件を適用した．その結果，ゼロ質量状態にディラトンとグラビトンおよびそれらの超対称パートナーを含む理論が求められた．より進んだ解析により，この理論が標準模型を含むのに十分大きいことが示されるだろう．この結果は以下のようにまとめられる：

- ヘテロティック理論は弦上に右進および左進カレントを持つ．
- 右進カレントは超対称チャージを伝播し，フェルミオン的状態を与える．
- 左進カレントはヤン-ミルズ理論の保存カレントを伝播する．

ヘテロティック弦理論の基本的な機構が記述されると，どのように左進ボソン的理論を含むことによって理論に付け加えられた望ましくない 16 次元を取り除くためにコンパクト化を使用することができるかを描くことができる．

## 章末問題

1. 状態 $\alpha_{-1}^{j}|0\rangle$ の形の左進セクターはいくつの状態が存在するか？
2. 状態 $\alpha_{-1}^{I}|0\rangle$ の形の左進状態はいくつの状態を持つか？
3. コンパクト化された断面における制約方程式を考える．
   $(\partial_\tau - \partial_\sigma)X^I = 0$ のみが余分な 16 次元に対するボソン的モード上の唯一の制約条件であるのはなぜか？
4. 作用

$$S = -\frac{1}{4\pi\alpha'}\int d^2\sigma \left( \partial_\alpha X^i \partial^\alpha X_i + \sum_{I=1}^{16} \partial_\alpha X^I \partial^\alpha X_I + i\bar{S}\Gamma^- (\partial_\tau + \partial_\sigma) S \right)$$

が与えられているとき，ボソン的モードによって満たされる交換関係は何か？

5. コンパクト化された断面におけるヘテロティック弦の記述を考慮し，$(1+\Gamma_{11})S^a$ を計算せよ．

Chapter

# 13

# D-ブレーン

最近 10 年ほどにかけての弦理論の最も興味深い発展のうちの 1 つは，この理論が組み込むことのできたより高次元に拡張された物体，すなわち 1 次元の弦を超えた物体の理解である[*1]．これらの物体がディリクレ境界条件に関連するとき，これらの拡張された物体は **D$p$-ブレーン**と呼ばれる．ここで $p$ はこれらの物体が持つ空間次元の個数である．用語 “ブレーン (brane)” は膜 (membrane) のアナロジーに由来する．3 空間次元の我々の日常世界において，膜の概念は慣れ親しんだものであろう．それは 2 次元面であり，(3 次元空間を)2 つの領域に分離することができるものである．D$p$-ブレーンの考えは，この概念を $p$ 次元に拡張された物体として考えるために一般化したものである．

D-ブレーンの空間次元の数が全時空の空間全体の次元の数に等しいならば，それは**空間を満たすブレーン**と呼ばれる．空間を満たすブレーンを理解するために直ちに考えることができる 3 つの例を挙げよう：

- 時空が我々の日常生活や特殊および一般相対論で慣れ親しんだちょうど 3 空間次元かつ 1 時間次元であるなら，D3-ブレーンは空間を満たすブレーンになる．

---

[*1] 訳注：本書の原書『*String Theory Demystified*』が出版されたのは 2008 年である．

- ボソン的弦理論では26時空次元が存在する．そのため，空間を満たすブレーンはD25-ブレーンである．
- 超弦理論では，10時空次元が存在する．そのため，空間を満たすブレーンは9空間次元を持つので，D9-ブレーンと呼ばれる．

読者が本書を読んでいるなら，微積分を完了していることになるので，超平面の概念に精通するという機会が得られる．最初に始めたとき，D-ブレーンについて考える最良の方法は，

- D-ブレーンは超平面のような物体である．
- 開弦の端点はD-ブレーンに接続されている．

である．これは図13.1に描かれている．

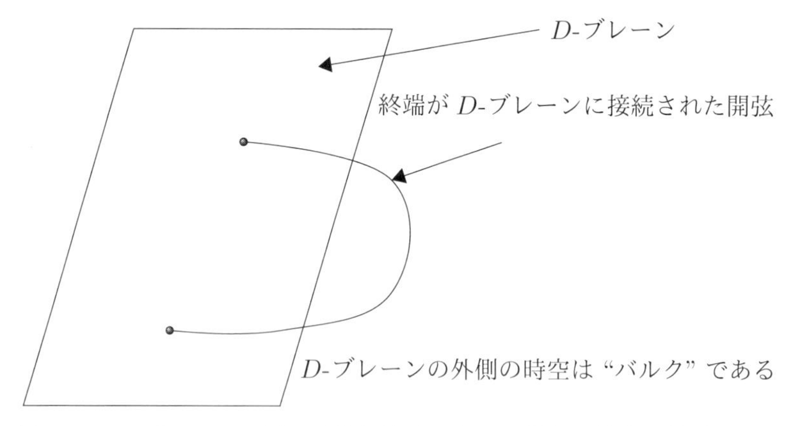


図13.1: D-ブレーンは超平面的な物体であり，開弦の端点は接続される．

ただし，すべてのD-ブレーンが超平面であるわけではないが，これは視覚化するのに便利な方法である．

ブレーンに関連しない空間次元は**バルク**と呼ばれる．ブレーンの領域は**世**

界領域と呼ばれる[*2]．ここで，時間はバルク内でも，D-ブレーン上でもどこでも流れていることに注意しよう．

我々の住んでいる宇宙の1つのモデルとして我々がD3-ブレーンに住んでおり，バルクは残りの余剰空間次元から構成されていると提唱するものがある．恐らく，D-ブレーンの研究から結論づけられる最も根本的な物理的洞察は，

- 標準模型の相互作用 (電磁力，強い力，弱い力) はブレーンに拘束されている．
- 重力はブレーンから漏れ出すことができる．重力的力はブレーンおよびより高い次元にもいたるところに分布している．それゆえより高次の次元によって重力は薄められる．これはその他の力の強さと重力の強さがこれほど異なる理由を説明する．

単純のため，ボソン的弦理論の場合についてブレーンを論じてみよう．

# 時空の舞台

D$p$-ブレーンを最も簡単に数学的に記述する方法は，光錐ゲージを利用する方法である．D-ブレーンを指定するためにはどの座標がノイマン (Neumann) 境界条件を満たし，どの座標がディリクレ (Dirichlet) 境界条件を満たすのかを選ばなければならない．光錐ゲージを利用するためにはノイマン境界条件を満たす光錐座標も定義する必要があり，これらは以下を含む：

- 時間．
- 1空間次元．ここでは $X^1(\tau,\sigma)$ に選ぶ．

---

[*2]訳注：ブレーンには3次元以上の体積のみならず，2次元 "面" などの場合のように体積とイメージしづらいものも含むので，原書の "volume of the brane"(ブレーンの体積) である "world-volume" を "世界体積" ではなく "世界領域" と訳出した．

光錐ゲージを採用したとき，D$p$-ブレーンに対しては，$i=2,\ldots,p$ もノイマン境界条件を満たすようにとる[*3]．すると，通常通り，

$$X^{\pm}(\tau,\sigma)=\frac{X^0\pm X^1}{\sqrt{2}} \tag{13.1}$$

と定義される．ノイマン境界条件は

$$\partial_\sigma X^\mu|_{\sigma=0,\pi}=0 \tag{13.2}$$

と書くことができる．したがってノイマン境界条件を満たすように選ばれた座標は

$$X^+(\tau,\sigma) \qquad X^-(\tau,\sigma) \qquad X^i(\tau,\sigma) \qquad i=2,\ldots,p \tag{13.3}$$

である．この D-ブレーンが $x^a=\bar{x}^a$ ($(d-p)$ 個の定数) に配置されているものと仮定しよう．これはつまり $a=p+1,\ldots,d$ と置くとき，

$$x^a=\bar{x}^a \tag{13.4}$$

であることを意味する．このとき，この残りの空間座標はディリクレ境界条件を満たすようになるので，これらの座標は添字 $a=p+1,\ldots,d$ によって表されることになる．ボソン的弦理論では，$d=25$ が採用されるが，超弦理論では $d=9$ である．このため一般にはディリクレ境界条件は

$$X^a(\tau,\sigma) \qquad a=p+1,\ldots,d \tag{13.5}$$

に対して適用される．$x^a=\bar{x}^a$ が与えられると，ディリクレ境界条件は

$$X^a(\tau,0)=X^a(\tau,\pi)=\bar{x}^a \qquad a=p+1,\ldots,d \tag{13.6}$$

として書くことができる．ディリクレ境界条件は次を定義することによっても指定することができる：

$$\delta X^a=X^a(\tau,\pi)-X^a(\tau,0) \qquad a=p+1,\ldots,d \tag{13.7}$$

[*3]訳注：このように採ると当然 D1-ブレーンが定義できないし，曲がっていたり，空間座標軸に対して斜めのブレーンも定義できないが，実際にはそのどれもが存在しうる．ここでは簡単のため，本文にあるような状況に制限している．

するとディリクレ境界条件は

$$\delta X^a = 0 \tag{13.8}$$

と書くことができる．座標は以下のように，適用される境界条件に応じて 2 つのグループに分かれ、それぞれラベルが与えられている：

- 添字 $\mu = \pm, i = 2, \ldots, p$ の座標は弦の両端でノイマン境界条件を満たすことより，NN 座標と呼ばれる．
- 添字 $a = p+1, \ldots, d$ の座標は弦の両端でディリクレ境界条件を満たすことより，DD 座標と呼ばれる．

境界条件の単純化された描像は図 13.2 で表す．

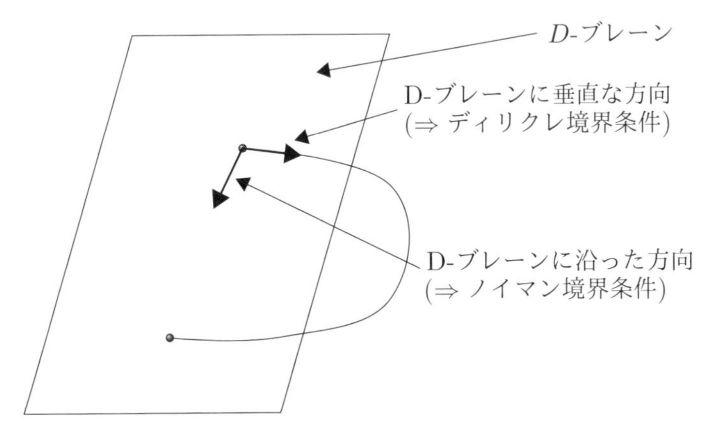


図 13.2: 境界条件と開弦の視覚化．

まとめると，D$p$-ブレーンは $\bar{x}^a$ に位置し，$x^i$ 方向に沿って広がりを持つ．

## 量子化

ここで再び量子化の手続きをボソン的弦理論の場合について適用しよう．最初のステップはモード展開を書き下すことである．これは NN 座標と DD 座標が存在しているため，着目している座標がどちらの座標かによって異なる．そこで最初のステップはモード展開を書きだすことである．

さていま，開弦のモード展開が次のように書くことができることを思い出そう：

$$X^{\mu}(\tau,\sigma)=x^{\mu}+2\alpha' p^{\mu}\tau+i\sqrt{2\alpha'}\sum_{n\neq 0}\frac{\alpha_n^{\mu}}{n}e^{-in\tau}\cos(n\sigma) \tag{13.9}$$

この表式の $\sigma$ に関する微分をとると，

$$\partial_{\sigma}X^{\mu}(\tau,\sigma)=-i\sqrt{2\alpha'}\sum_{n\neq 0}\alpha_n^{\mu}e^{-in\tau}\sin(n\sigma)$$

が求まる．明らかにこの表式は

$$\partial_{\sigma}X^{\mu}|_{\sigma=0,\pi}=0$$

を満たし，これはノイマン境界条件である．したがって $X^i$ に対するモード展開として

$$X^{i}(\tau,\sigma)=x^{i}+2\alpha' p^{i}\tau+i\sqrt{2\alpha'}\sum_{n\neq 0}\frac{\alpha_n^{i}}{n}e^{-in\tau}\cos(n\sigma) \tag{13.10}$$

を採ることにする．

DD 座標に対しては実際，満たすべき 2 つの要請が存在する．展開式におけるモードに渡る和 $\sum_{n\neq 0}$ が $\sigma=0,\pi$ で消滅する必要がある．これは通常の開弦の展開式で使用される $\cos(n\sigma)$ の代わりに $\sin(n\sigma)$ を使用すべきであるということを示している．しかしながら，今回は $X^a(\tau,0)=X^a(\tau,\pi)=\bar{x}^a$ も必要となる．このとき，通常のモード展開を確認することにより，

$$x_0^a\to\bar{x}^a$$

$$p^a \to 0$$

と採る必要があることが分かる．このためモード展開において運動量項の存在はディリクレ境界条件を満たすことができないことを意味する．すべてを一緒にすると，DD 座標のモード展開は

$$X^a(\tau, \sigma) = \bar{x}^a + \sqrt{2\alpha'} \sum_{n \neq 0} \frac{\alpha_n^a}{n} e^{-in\tau} \sin(n\sigma) \tag{13.11}$$

となる．量子化には通常の交換子に交換関係を課すことが必要である[*4]：

$$\begin{aligned} \left[X^a(\tau, \sigma), \dot{X}^b(\tau, \sigma')/2\pi\alpha'\right] = \left[X^a(\tau, \sigma), P^{\tau b}(\tau, \sigma')\right] = i\delta^{ab}\delta(\sigma - \sigma') \\ \left[\alpha_m^a, \alpha_n^b\right] = m\delta^{ab}\delta_{m+n,0} \end{aligned} \tag{13.12}$$

さていましばらくの間弦の一般的な光錐展開を考察しよう (したがってしばらくの間は $i = 2, \ldots, 25$ と置く)．さていま，$X^-$ と $X^i$ はともに NN 座標なので，

$$X^-(\tau, \sigma) = x^- + \sqrt{2\alpha'}\alpha^- \tau + i\sqrt{2\alpha'} \sum_{n \neq 0} \frac{\alpha_n^-}{n} e^{-in\tau} \cos(n\sigma), \tag{13.13}$$

$$X^i(\tau, \sigma) = x^i + \sqrt{2\alpha'}\alpha^i \tau + i\sqrt{2\alpha'} \sum_{n \neq 0} \frac{\alpha_n^i}{n} e^{-in\tau} \cos(n\sigma), \tag{13.14}$$

が成り立つ．すると，

$$\begin{aligned} \dot{X}^- \pm X^{-\prime} &= \sqrt{2\alpha'} \sum_{n \in \mathbb{Z}} \alpha_n^- e^{-in(\tau \pm \sigma)}, \\ \dot{X}^i \pm X^{i\prime} &= \sqrt{2\alpha'} \sum_{n \in \mathbb{Z}} \alpha_n^i e^{-in(\tau \pm \sigma)}, \end{aligned}$$

となる．ここで制約条件より，

$$(\dot{X} \pm X')^2 = 0$$

[*4] $P^{\tau a}(\tau, \sigma) = \dot{X}^a/2\pi\alpha'$ であり，通常の量子力学で，$[x^i, p^j] = i\delta^{ij}$ と置くことの自然な拡張である．また，モードに対する交換関係は上の交換関係より導ける．

が成り立つので，光錐座標における相対論的スカラーの定義式を用いると，

$$-2(\dot{X}^+ \pm X^{+\prime})(\dot{X}^- \pm X^{-\prime}) + (\dot{X}^i \pm X^{i\prime})^2 = 0$$

が成り立つ．ここで光錐ゲージ条件より，

$$X^+(\tau, \sigma) = 2\alpha' p^+ \tau \tag{13.15}$$

が成り立つので，

$$\dot{X}^+ \pm X^{+\prime} = 2\alpha' p^+$$

より，

$$\dot{X}^- \pm X^{-\prime} = \frac{1}{4\alpha' p^+}(\dot{X}^i \pm X^{i\prime})^2$$

が得られる．ここで両辺をそのモードに関する展開式を用いて表すと，

$$\sqrt{2\alpha'}\sum_{n\in\mathbb{Z}} \alpha_n^- e^{-in(\tau\pm\sigma)} = \frac{1}{4\alpha' p^+}\left(\sqrt{2\alpha'}\sum_{n\in\mathbb{Z}} \alpha_n^i e^{-in(\tau\pm\sigma)}\right)^2$$

より，

$$\begin{aligned}
\sqrt{2\alpha'}\sum_{n\in\mathbb{Z}} \alpha_n^- e^{-in(\tau\pm\sigma)} &= \frac{1}{2p^+}\left(\sum_{n\in\mathbb{Z}} \alpha_n^i e^{-in(\tau\pm\sigma)}\right)^2 \\
&= \frac{1}{2p^+}\sum_{n,m\in\mathbb{Z}} \alpha_n^i \alpha_m^i e^{-i(n+m)(\tau\pm\sigma)} \\
&= \frac{1}{2p^+}\sum_{m,\ell\in\mathbb{Z}} \alpha_{\ell-m}^i \alpha_m^i e^{-i\ell(\tau\pm\sigma)} \\
&= \frac{1}{2p^+}\sum_{\ell\in\mathbb{Z}}\left(\sum_{m\in\mathbb{Z}} \alpha_{\ell-m}^i \alpha_m^i\right) e^{-i\ell(\tau\pm\sigma)}
\end{aligned}$$

なので，つまり

$$\sqrt{2\alpha'}\sum_{n\in\mathbb{Z}} \alpha_n^- e^{-in(\tau\pm\sigma)} = \frac{1}{2p^+}\sum_{n\in\mathbb{Z}}\left(\sum_{m\in\mathbb{Z}} \alpha_{n-m}^i \alpha_m^i\right) e^{-i\ell(\tau\pm\sigma)}$$

が成り立つ．よって両辺のフーリエ係数を比較することにより，

$$\sqrt{2\alpha'}\alpha_n^- = \frac{1}{2p^+}\sum_{m\in\mathbb{Z}}\alpha_{n-m}^i\alpha_m^i \quad \left(= \frac{1}{2p^+}L_n^\perp\right)$$

が成り立つので，特に $n=0$ の場合，

$$\sqrt{2\alpha'}\alpha_0^- = \frac{1}{2p^+}\sum_{m\in\mathbb{Z}}\alpha_{-m}^i\alpha_m^i \quad \left(= \frac{1}{2p^+}L_0^\perp\right)$$

が成り立つ．ここでいま，$\alpha_0^- = \sqrt{2\alpha'}p^-, \alpha_0^i = \sqrt{2\alpha'}p^i$ より，

$$\begin{aligned}
2\alpha' p^- =& \frac{1}{2p^+}\sum_{m\in\mathbb{Z}}\alpha_{-m}^i\alpha_m^i \\
=& \frac{1}{2p^+}\left(\alpha_0^i\alpha_0^i + \sum_{m\neq 0}\alpha_{-m}^i\alpha_m^i\right) \\
=& \frac{1}{2p^+}\left(\sqrt{2\alpha'}p^i\sqrt{2\alpha'}p^i + \sum_{m\neq 0}\alpha_{-m}^i\alpha_m^i\right) \\
=& \frac{1}{2p^+}\left(2\alpha' p^i p^i + \sum_{m>0}\alpha_{-m}^i\alpha_m^i + \sum_{m<0}\alpha_{-m}^i\alpha_m^i\right) \\
=& \frac{1}{2p^+}\left(2\alpha' p^i p^i + \sum_{m>0}\alpha_{-m}^i\alpha_m^i + \sum_{m>0}\alpha_m^i\alpha_{-m}^i\right) \\
=& \frac{1}{2p^+}\left(2\alpha' p^i p^i + \sum_{m>0}\alpha_{-m}^i\alpha_m^i + \sum_{m>0}\left([\alpha_m^i, \alpha_{-m}^i] + \alpha_{-m}^i\alpha_m^i\right)\right) \\
=& \frac{1}{p^+}\left(\alpha' p^i p^i + \sum_{m>0}\alpha_{-m}^i\alpha_m^i + \frac{1}{2}\sum_{m>0}m\eta^{ii}\right) \\
=& \frac{1}{p^+}\left(\alpha' p^i p^i + \sum_{m=1}^{\infty}\alpha_{-m}^i\alpha_m^i + \frac{(D-2)}{2}\sum_{m=1}^{\infty}m\right) \\
=& \frac{1}{p^+}\left(\alpha' p^i p^i + \sum_{m=1}^{\infty}\alpha_{-m}^i\alpha_m^i + \frac{(D-2)}{2}\left(-\frac{1}{12}\right)\right)
\end{aligned}$$

$$
\begin{aligned}
&=\frac{1}{p^+}\left(\alpha' p^i p^i + \sum_{m=1}^{\infty}\alpha^i_{-m}\alpha^i_m - \frac{(D-2)}{24}\right)\\
&=\frac{1}{p^+}\left(\alpha' p^i p^i + \sum_{m=1}^{\infty}\alpha^i_{-m}\alpha^i_m - 1\right)
\end{aligned}
$$

なので，

$$
2\alpha' p^- = \frac{1}{p^+}\left(\alpha' p^i p^i + \sum_{m=1}^{\infty}\alpha^i_{-m}\alpha^i_m - 1\right)
$$

となる．これより，

$$
2p^+p^- = p^i p^i + \frac{1}{\alpha'}\left(\sum_{m=1}^{\infty}\alpha^i_{-m}\alpha^i_m - 1\right) = H \tag{13.16}
$$

が得られる．ただしここで，この方程式ではボソン的弦理論の臨界次元が $D=26$ であることに由来する正規順序定数 $a=\dfrac{D-2}{24}=1$ を導入した．D-ブレーンの場合に移行するために行わなくてはならないすべてのことは，NN 座標と DD 座標にモードを分けなくてはならないということである．これは

$$
\begin{aligned}
2p^+p^- &= p^i p^i + \frac{1}{\alpha'}\left[\sum_{n=1}^{\infty}\left(\alpha^i_{-n}\alpha^i_n + \alpha^a_{-n}\alpha^a_n\right) - 1\right] \qquad (\because p^a = 0)\\
&= H
\end{aligned}
$$

を意味する．ここから質量を書き下すことができる：

$$
\begin{aligned}
m^2 &= -p^2 = 2p^+p^- - p^i p^i\\
&= \frac{1}{\alpha'}\left[\sum_{n=1}^{\infty}\left(\alpha^i_{-n}\alpha^i_n + \alpha^a_{-n}\alpha^a_n\right) - 1\right]
\end{aligned} \tag{13.17}
$$

すると，生成および消滅演算子を定義することができる：

$$
a^i = \frac{1}{\sqrt{m}}\alpha^i_m \qquad a^{i\dagger} = \frac{1}{\sqrt{m}}\alpha^i_{-m}
$$

$$a^a = \frac{1}{\sqrt{m}}\alpha^a_m \qquad a^{a\dagger} = \frac{1}{\sqrt{m}}\alpha^a_{-m}$$
$$\left[a^i_m, a^{i\,\dagger}_n\right] = \left[a^a_m, a^{a\,\dagger}_n\right] = \delta_{mn}$$

ただし，上記以外のすべての交換子はゼロである．これより質量は次のように書くことができる：

$$m^2 = \frac{1}{\alpha'}\left(\sum_{n=1}^{\infty}\sum_{i=2}^{p} n a^{i\,\dagger}_n a^i_n + \sum_{m=1}^{\infty}\sum_{a=p+1}^{d} m a^{a\,\dagger}_m a^a_m - 1\right)$$

D-ブレーンの存在に由来して，質量の解釈は変わる．ローレンツ不変性は世界領域に制限されるので，この質量は $p+1$ 次元に住んでいる質量を表すものと解釈する．

さて，$a = p+1, \ldots, d$ に対してディリクレ境界条件が $p^a$ を消滅させるように拘束することを思い出そう．これは状態が

$$|p^+, p^i\rangle \tag{13.18}$$

という形になることを意味する．ここで，$i = 2, \ldots, p$ は NN 座標であった．状態が $p^i$ のみに依存することより，これは 2 つのことを意味する：

- ここで定義したいかなる場も運動量 $p^i$ の関数である．弦状態はブレーンに沿った NN 方向のみに運動量を持つ．
- フーリエ変換を書くことによって，それらが座標 $x^i$ の関数であることが分かる．

さてそれではこれは何を意味するか？　場は D$p$-ブレーンの領域を定義する座標上で定義され，それは $a = p+1, \ldots, d$ 上では座標に依存しないので，D$p$-ブレーンの外側の領域ではゼロである．これは場が **D$p$-ブレーン上に存在する**と主張することによって要約できる．

いま直ちに識別できる 3 つの状態が存在する．基底状態 $|p^+, p^i\rangle$ は項 $a^i_n$ および $a^a_m$ によって直に消滅する (つまり，$a^i_n|p^+, p^i\rangle = a^a_n|p^+, p^i\rangle = 0$) の

で，質量は

$$
\begin{aligned}
&m^2|p^+,p^i\rangle \\
=&\frac{1}{\alpha'}\left(\sum_{n=1}^{\infty}\sum_{i=2}^{p}na_n^{i\,\dagger}a_n^i+\sum_{m=1}^{\infty}\sum_{a=p+1}^{d}ma_m^{a\,\dagger}a_m^a-1\right)|p^+,p^i\rangle \\
=&\frac{1}{\alpha'}\left(\sum_{n=1}^{\infty}\sum_{i=2}^{p}na_n^{i\,\dagger}a_n^i|p^+,p^i\rangle+\sum_{m=1}^{\infty}\sum_{a=p+1}^{d}ma_m^{a\,\dagger}a_m^a|p^+,p^i\rangle-|p^+,p^i\rangle\right) \\
=&-\frac{1}{\alpha'}|p^+,p^i\rangle
\end{aligned}
$$

となる．ボソン的理論に対しては期待外れではないのであるが，基底状態はタキオンである．また 2 つのゼロ質量状態が存在する．これは第 1 励起状態の生成の選択肢が存在するからである．基底状態に $a_1^{i\,\dagger}$ を作用するか，あるいは $a_1^{a\dagger}$ を作用させることができる．まず，$a_1^{i\,\dagger}$ 用いるのを考えよう．状態は

$$
a_1^{i\,\dagger}|p^+,p^i\rangle
$$

である．この場合，

$$
\begin{aligned}
&m^2a_1^{i\,\dagger}|p^+,p^i\rangle \\
=&\frac{1}{\alpha'}\left(\sum_{n=1}^{\infty}\sum_{i=2}^{p}na_n^{i\,\dagger}a_n^i+\sum_{m=1}^{\infty}\sum_{a=p+1}^{d}ma_m^{a\,\dagger}a_m^a-1\right)a_1^{i\,\dagger}|p^+,p^i\rangle \\
=&\frac{1}{\alpha'}\left(\sum_{n=1}^{\infty}\sum_{i=2}^{p}na_n^{i\,\dagger}a_n^ia_1^{i\,\dagger}|p^+,p^i\rangle+\sum_{m=1}^{\infty}\sum_{a=p+1}^{d}ma_m^{a\,\dagger}a_m^aa_1^{i\,\dagger}|p^+,p^i\rangle\right. \\
&\left.-a_1^{i\,\dagger}|p^+,p^i\rangle\right) \\
=&\frac{1}{\alpha'}\left(\sum_{n=1}^{\infty}\sum_{i=2}^{p}na_n^{i\,\dagger}a_n^ia_1^{i\,\dagger}|p^+,p^i\rangle+\sum_{m=1}^{\infty}\sum_{a=p+1}^{d}ma_m^{a\,\dagger}a_1^{i\,\dagger}a_m^a|p^+,p^i\rangle\right. \\
&\left.-a_1^{i\,\dagger}|p^+,p^i\rangle\right)
\end{aligned}
$$

さていま，$a_m^a|p^+, p^i\rangle = 0$ なので，

$$\mathrm{m}^2 = \frac{1}{\alpha'}\left(\sum_{n=1}^{\infty}\sum_{i=2}^{p} n a_n^{i\,\dagger} a_n^i a_1^{i\,\dagger}|p^+, p^i\rangle - a_1^{i\,\dagger}|p^+, p^i\rangle\right)$$

である．いま，交換子 $[a_m^i, a_n^{i\,\dagger}] = \delta_{mn}$ を使用すると，$a_n^i a_1^{i\,\dagger} = \delta_{n1} + a_1^{i\,\dagger} a_n^i$ と書くことができる．そのため，

$$\begin{aligned} m^2 =& \frac{1}{\alpha'}\left(\sum_{n=1}^{\infty}\sum_{i=2}^{p} n a_n^{i\,\dagger}\left(\delta_{n1} + a_1^{i\,\dagger} a_n^i\right)|p^+, p^i\rangle - a_1^{i\,\dagger}|p^+, p^i\rangle\right) \\ =& \frac{1}{\alpha'}\left(\sum_{n=1}^{\infty}\sum_{i=2}^{p} \delta_{n1} n a_n^{i\,\dagger}|p^+, p^i\rangle - a_1^{i\,\dagger}|p^+, p^i\rangle\right) \\ =& \frac{1}{\alpha'}\left(a_1^{i\,\dagger}|p^+, p^i\rangle - a_1^{i\,\dagger}|p^+, p^i\rangle\right) = 0 \end{aligned}$$

が成り立つ．それゆえ状態 $a_1^{i\,\dagger}|p^+, p^i\rangle$ は質量 $m^2 = 0$ を持つ．これらの状態はブレーン上の座標を示す添字 $i$ によって特徴づけられる．$i = 2, \ldots, p$ であることより，全部で $(p+1) - 2$ 個の状態が存在する．$(3+1)$ 次元的理論における光子が 2 つの横方向状態を持つことを思い出そう．それゆえこれらの状態は光子状態である．

ゼロ質量状態に対する次の選択肢は基底状態に $a_1^{a\dagger}$ を作用させたものである．この状態 $a_1^{a\dagger}|p^+, p^i\rangle$ もまた $m^2 = 0$ を持つことが示せる．これらの状態は**南部-ゴールドストーンボソン**と呼ばれる．これらは時空において並進不変性を破る対称性から生じるスカラーボソンを表している．南部-ゴールドストーンボソン $a_1^{a\dagger}|p^+, p^i\rangle$ の励起は，座標 $x^a$ に沿った時空における D-ブレーンの変位に対応する．

ここまで見てきたように，D-ブレーンの存在下で求めた弦状態の教訓はゲージ場がブレーン上に存在するというものである．

実は重力は異なるということが分かる．重力はブレーンに束縛されずにバルク内を伝播することができる．

## 超弦理論における D-ブレーン

しばらくの間定性的な意味で超弦理論について考えると，異なる種類のブレーンは異なる超弦理論に潜むということが分かる．II A 型理論では，偶数空間次元のブレーンのみが可能である．超弦理論では $d = 9$ であることより，これは II A 型超弦理論には以下のような空間次元を持つブレーンが組み込まれるということを意味する：

$$p = 0, 2, 4, 6, 8$$

第 9 章では超対称的点粒子を議論したときに D0-ブレーンに遭遇した．さていま，II B 型弦理論を考えよう．$p$ の次元は奇数でなくてはならないので，この理論は次の空間次元を持つブレーンを含むことができる：

$$p = -1, 1, 3, 5, 7, 9$$

$p = -1$ の場合，少々奇妙に見えるだろう．この物体は**インスタントン**と呼ばれる．インスタントンは時刻において永遠に固定されている物体であり，インスタントンに対しては時空は流れない (それが名前の由来 Instant(瞬間)+-on(粒子) である)．$p = 9$ のとき，超弦理論において空間を満たすブレーンが存在する．空間を満たすブレーンは II B 型弦理論では可能であるが，II A 型理論では可能ではない．

## 複数の D-ブレーン

複数の D-ブレーンを配置することによって新しいことが起こる．開弦は片方のブレーンから始まり，もう片方のブレーンで終わることができる．これは興味深い結果を導き，質量スペクトルを変化させる．一般に空間次元 $p, q, r \ldots,$ を持つ様々な向きを持った D-ブレーンの組を考えることができる．しかしながら，ここではもっとも単純な例である異なる座標 $\bar{x}_1^a$ と $\bar{x}_2^a$

に位置する平行な D-ブレーンを考察の対象としよう．ここではこの状態についてしばらく説明し，ブレーンの間に伸びた弦によるエネルギーがどのように質量スペクトルを変化させるかを確認する．しかしながら，これを行う前に，少々脱線して**Chan-Paton**（チャン パトン）因子を導入する．

チャン-パトン因子はヤン-ミルズ理論が素粒子物理学の標準模型の粒子相互作用を記述するために必要であることから弦理論に導入された．D-ブレーンが知られる以前，開弦の端点の非可換自由度をくっつけるためにこの技術は使用された．これらの自由度はそれぞれ**クォーク**および**反クォーク**として示された．これらの名前は歴史的偶然によって決まり，弦理論は元々強い相互作用の記述として提唱されたが，それはのちに量子色力学 (QCD) によってその役割を奪われた．

弦の端点の状態は $i = 1, \ldots, N$ 個の可能な状態が存在する．開弦が 2 つの端点を持つことより，それは 2 つのチャン-パトン添字 $i, j$ を持つ．すると開弦の状態は

$$
|p; a\rangle = \sum_{i,j}^{N} |p; ij\rangle \lambda_{ij}^{a}
$$

と書くことができる．$\lambda_{ij}^{a}$ はチャン-パトン因子と呼ばれる行列である．チャン-パトン因子を含めたとき得られる振幅は $U(N)$ 変換の下で不変であり，それは時空の局所 $U(N)$ ゲージ対称性に変換することができることが分かった．これはまさにヤン-ミルズ理論に対して要求されるものであるので，これは弦理論における標準模型に含まれる基底を提供する．

D-ブレーンが発見されたのち，チャン-パトン添字は再解釈された．いま，整数の添字を持つ複数の D-ブレーンが存在し，弦の端点はたとえば D-ブレーン $i$ と $j$ に位置するものとする．複数の D-ブレーンは弦理論において素粒子物理学における標準模型を生み出す機構であるということが分かった．特に，時空内で重なり合う同一の D-ブレーンたちは以下のようにしてゼロ質量ゲージ場を生み出す：

- $N$ 個の重なり合う同一の D-ブレーンたちが存在するなら，$N^2$ 個の

ゼロ質量ゲージ場が存在する.

- これは $N$ 個の重なり合う同一の D-ブレーンたちの世界領域上の $U(N)$ ヤン-ミルズ理論を特徴づける.

すでに見てきたように，単一の D$p$-ブレーンは光子状態を持つ．これはここで展開した (複数の場合も含む)D-ブレーンの概要と無矛盾である．この場合，単一の D-ブレーンが存在し，電磁場のゲージ群は $U(1)$ である．このとき，上記の方法でさらに D-ブレーンを追加するなら，望まれた数のゲージ場を得ることができる.

しばらくのちに見るように，異なるブレーン上に端点を持つ弦は弦の引き伸ばしによって質量を獲得する．重なり合った複数個の同一の D-ブレーンを引き離すと，ゲージ場が質量を獲得することを可能にする機構を提供する．いま，電弱理論のゲージ群は $SU(2)$ である．したがって量子のゲージ場が 4 つ存在する：

- 光子
- $W^+$ および $W^-$
- $Z^0$

もし，2 つの重なり合う同一の D-ブレーンが存在するなら，$N = 2$ なので，$U(2)$ の下で変換する $N^2 = 4$ 個のゲージ場が存在する．これは電弱理論を記述するのに必要な正しい構成のように思える (さらに読者は強い相互作用を含むようにより多くのブレーンを追加すればよいと想像するかもしれない)．しかしながら，$W^+$ と $W^-$ と $Z^0$ は質量を持つ．場の量子論では，それらに質量を与えるには**ヒッグス機構**を用いる (この説明は『*Quantum Field Theory Demystified*』の第 9 章および第 10 章参照)．弦理論では 2 つの重なり合った同一の D-ブレーンを引き離すと，端点が 2 つのブレーンにくっついた 2 つの弦の状態に質量が発生する．これはもう 1 つだけ多くの質量を持つ状態が必要な今の場合，十分でない (そしてそのため本当にこのことが正しく機能するためにはより複雑な D-ブレーンたちの構成が必要である)．ただし，この過程がどのように機能するのか確認しよう．

さて，この議論を定量化しよう．D-ブレーンの位置座標は $\bar{x}_1^a$ および $\bar{x}_2^a$ によって与えられる．すると 4 つの可能性が開弦には存在する：

- 開弦の両方の端点が D-ブレーン 1 にくっついている．
- 開弦の両方の端点が D-ブレーン 2 にくっついてる．
- 開弦は D-ブレーン 1 から始まり D-ブレーン 2 で終わる．
- 開弦は D-ブレーン 2 から始まり D-ブレーン 1 で終わる．

チャン-パトン添字を $(i,j)$ によって表すと，これらの選択肢は

- $(1,1)$
- $(2,2)$
- $(1,2)$
- $(2,1)$

に対応する．読者はすでに $(1,1)$ と $(2,2)$ の場合がどのように機能するかを知っている．これらは両端が同じ D-ブレーンにくっついた開弦である．したがってそのスペクトルは不変になる．これはタキオン，光子，南部-ゴールドストーンボソンを含む．

$(1,2)$ および $(2,1)$ の場合はこれら 2 つの間に引き伸ばされた弦状態である．両方の場合の説明は (数字の $1,2$ が逆になる点を除いて) 等しいので，$(1,2)$ の場合に焦点を当てよう．まず，境界条件から始める．これらは弦が D-ブレーン 1 から始まり D-ブレーン 2 で終わるように構成されている．さて，第 1 の D-ブレーンから始まる弦がどのように指定できるか見てみよう．これは

$$X^a(\tau,0)=\bar{x}_1^a \tag{13.19}$$

と書くことによって定量化できる．この弦が第 2 の D-ブレーンで終わることを指定するには

$$X^a(\tau,\pi)=\bar{x}_2^a \tag{13.20}$$

とすれば良い．NN 座標に対する振動子展開は不変である．しかしながら，DD 座標に対する振動子展開には新しい境界条件を組み込む必要がある．それはいま

$$X^a(\tau,\sigma) = \bar{x}_1^a + \frac{1}{\pi}\left(\bar{x}_2^a - \bar{x}_1^a\right)\sigma + \sqrt{2\alpha'}\sum_{n\neq 0}\frac{\alpha_n^a}{n}e^{-in\tau}\sin(n\sigma) \tag{13.21}$$

として書かれる．

これが正しい境界条件を与えることを確認するのは $\sigma = 0, \pi$ と置くことによって容易に確かめられる．DD 座標について以前得たモード展開と，D-ブレーンが存在しないときの開弦に対するモード展開をこのモード展開を比較しよう．D-ブレーンが存在しないとき，運動量項 $p^\mu\tau$ が存在して，それはゼロモード $\alpha_0^\mu$ に関係する量だった．ここで与えた展開式では，$\frac{(\bar{x}_2^a - \bar{x}_1^a)\sigma}{\pi}$ によって与えられる運動量的項が存在する．これはゼロモードを記述するために使用する：

$$\alpha_0^a = \frac{1}{\pi\sqrt{2\alpha'}}\left(\bar{x}_2^a - \bar{x}_1^a\right) \tag{13.22}$$

ここでこのモードに，時間的座標 $\tau$ ではなく $\sigma$ が掛けられている点は特筆に値する．ここから，このモードは弦の巻き付き的モードであるが，実際には D-ブレーン 1 から D-ブレーン 2 へ引き伸ばされたものであるということが分かる．この追加的なエネルギーの存在を反映するために質量に対する表式に項を加える必要がある．これは

$$\frac{1}{2\alpha'}\sum_{a=p+1}^{d}\alpha_0^a\alpha_0^a = \sum_{a=p+1}^{d}\left(\frac{\bar{x}_2^a - \bar{x}_1^a}{2\pi\alpha'}\right)^2$$

を用いて行われる．以前の通り，単一の D-ブレーンのみの場合，質量は

$$m^2 = \frac{1}{\alpha'}\left(\sum_{n=1}^{\infty}\sum_{i=2}^{p} n a_n^{i\dagger}a_n^i + \sum_{m=1}^{\infty}\sum_{a=p+1}^{d} m a_m^{a\dagger}a_m^a - 1\right)$$

によって与えられる．引き伸ばしに伴う追加項によって質量は

$$m^2 = \frac{1}{2\alpha'} \sum_{a=p+1}^{d} \alpha_0^a \alpha_0^a + \frac{1}{\alpha'} \left( \sum_{n=1}^{\infty} \sum_{i=2}^{p} n a_n^{i\dagger} a_n^i + \sum_{m=1}^{\infty} \sum_{a=p+1}^{d} m a_m^{a\dagger} a_m^a - 1 \right) \tag{13.23}$$

になる．状態のスペクトルは次のように修正される．いま，基底状態は

$$m^2 = -\frac{1}{\alpha'} + \sum_{a=p+1}^{d} \left( \frac{\bar{x}_2^a - \bar{x}_1^a}{2\pi\alpha'} \right)^2$$

によって与えられる質量を持つ．この表式に関する興味深い点は2つのD-ブレーンの間の間隔 $\bar{x}_2^a - \bar{x}_1^a$ が基底状態の質量に対する3つの可能性に依存するということである：

- $|\bar{x}_2^a - \bar{x}_1^a| < 2\pi\sqrt{\alpha'}$ のとき．この場合，質量は負なので，タキオン状態を記述する．
- $|\bar{x}_2^a - \bar{x}_1^a| = 2\pi\sqrt{\alpha'}$ のとき．これはゼロ質量状態である．
- $|\bar{x}_2^a - \bar{x}_1^a| > 2\pi\sqrt{\alpha'}$ のとき．この場合，基底状態は質量を持つ．

このスペクトルは次の質量を持つ，1個のベクトルと $d-p-1$ 個のスカラーも含まれる[*5]：

$$m^2 = \sum_{a=p+1}^{d} \left( \frac{\bar{x}_2^a - \bar{x}_1^a}{2\pi\alpha'} \right)^2$$

さていま，2つのD$p$-ブレーンが重なり合うとき，何が起こるのかを考察することによって以前行った議論に関する説明を確かめてみよう．するとスペクトルは以下を含む：

---

[*5]訳注：$i$ の動く範囲は $i=2,\cdots,p$ であるが，質量のあるゲージ場では $p^2=0 \to p^2+m^2=0$ となるので，これらの状態 $a_1^{i\,\dagger}|p;1,2\rangle$ は質量を持つマクスウェルゲージ場ではなく，$p$ 個の状態を持つベクトルの $p-1$ 個の成分である．この1自由度は $\sum_a (\bar{x}_2^a - \bar{x}_1^a) a_1^{a\,\dagger}|p;1,2\rangle$ によって得られるので，ディリクレ方向の固定された位置を識別する添字 $a$ に関する状態 $a_1^{a\,\dagger}|p;1,2\rangle$ たちは，自由度が1下がり，$(d-p-1)$ 個のスカラーになる．

- 4 つのタキオン
- 4 つのゼロ質量ベクトル
- 4 組の $d-p$ 個のゼロ質量スカラー

これらの状態は $2\times 2$ 行列の下で変換するので，相互作用は $U(2)$ ゲージ理論によって記述される．これは望ましいものであるように思える．ここで与えた単純な記述がボソン的弦理論を用いているので，これは非現実的でタキオン状態に悩まされることを頭に留めておこう．ただし，人工的であるにも関わらず，ここから完全な超弦理論で使用可能な技術に関する着想を，より洗練された D-ブレーンの構成とともに，ブレーン上に存在する非可換ゲージ場を通して標準模型の物理学に導入することができる．

## タキオンと D-ブレーン崩壊

タキオンは実際，D-ブレーン崩壊を記述できる．それらは全体的な理論にどのように適合できるかを示しているので，これについて少々説明しよう．スカラー場に対する作用を考えてみよう．次を仮定する：

$$S=\int d^Dx\left(-\frac{1}{2}\partial_\mu\varphi\partial^\mu\varphi-\frac{1}{2}\lambda\varphi^2\right)$$

ポテンシャルの 2 次の項は**質量**項である．上の場合では，

$$\lambda=m^2$$

が成り立つ．さていま，2 次の項は調和ポテンシャルを示していることに注意しよう．これはタキオンの存在が真空の不安定性を示す理由を確かめるために用いることができる．$m^2>0$ とすると，ポテンシャル $V(\varphi)$ は下に凸となり，最小値は $\varphi=0$ に位置することになる．一方，$m^2<0$ ならば放物線は上に凸である．これは点 $\varphi=0$ は不安定であることを意味する．それは丘の頂上にボールを置いたのと似ている．小さな摂動がボールがその丘を転げ落ちる原因になる．これらのポテンシャルは図 13.3 に描いた．

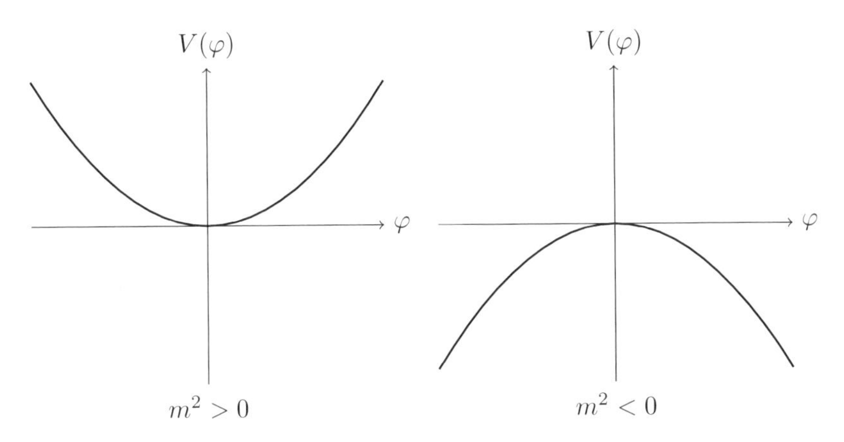


図 13.3: $m^2 > 0$ および $m^2 < 0$ に対するポテンシャルの比較.

このポテンシャルエネルギー $V(\varphi)$ はその臨界点を中心に展開できる．ここからその挙動を決定するために，どこに最大点および最小点が存在するかが分かる．第 2 次の項に対してはそれは

$$V(\varphi) = V(\varphi^*) + \frac{1}{2}\lambda(\varphi - \varphi^*)^2 + \cdots$$

という形をしていると仮定できる．ただしここで $\varphi^*$ は臨界点である．項 $\frac{1}{2}\lambda(\varphi - \varphi^*)^2$ は 2 次なので質量項である．D-ブレーンの場合，主要項は張力 $T$ によって与えられる．タキオンが D-ブレーン上に存在する場合，

$$V(\varphi) = T - \frac{1}{2\alpha'}\varphi^2 + \cdots$$

となる．したがって　そのポテンシャルが $\varphi = 0$ から遠く離れているなら，これは D-ブレーンが**エネルギーを失っている**ことを示す．何が起きているのかというと，D-ブレーンは閉弦状態に崩壊してしまうということである．一般的にいえば，これはボソン的弦理論の産物である．超弦理論では安定した D-ブレーンが存在する．しかしながら，超弦理論では反 D-ブレーンが存在し，それは D-ブレーンと重なり合うことができる．粒子と反粒子の場合

のように，それらは消滅する．これはなぜならそれらのブレーンの間には引き伸ばされたタキオン状態が存在するからである．

ここでは単純な例を考える．D1-ブレーンとそれに重なる反 D1-ブレーンに対するタキオンポテンシャルは

$$V(\varphi)=\frac{\lambda}{2}\left(\varphi^2-\varphi_0^2\right)^2$$

である．最初のステップは臨界点 $V'(\varphi^*)=0$ を求めることである．1 階導関数は

$$V'(\varphi)=2\lambda\left(\varphi^2-\varphi_0^2\right)\varphi$$

である．これが 0 に等しいと置くと

$$\varphi^*=0,\pm\varphi_0$$

が求まる．このポテンシャルの 2 階導関数は

$$V''(\varphi)=2\lambda\left(\varphi^2-\varphi_0^2\right)+4\lambda\varphi^2$$

である．$\varphi=a$ について 2 次まで展開すると，

$$V=V(a)+V'(a)(\varphi-a)+\frac{1}{2}V''(a)(\varphi-a)^2+\cdots$$

となる．臨界点 $\varphi^*=0$ を考えると，

$$V=\frac{\lambda\varphi_0^4}{2}-\lambda\varphi_0^2\varphi^2+\cdots$$

が求まる．展開式における 2 次の項に掛かっている質量項は，

$$m^2=-\lambda\varphi_0^2$$

となる．これは負の質量である．したがって臨界点 $\varphi^*=0$ はタキオンに対応する．

# まとめ

本章での D-ブレーンの魅力的な話題についての説明は，表面をかすめ取ったに過ぎないものであるが，それはより詳細，あるいはより発展的な扱いに対する準備として役立つだろう．本章では，ツヴィーバッハによって展開される議論に従ったので，より詳しい解析，特に交差する D6-ブレーンの議論および分かり易い D-ブレーン上の弦のチャージと電磁場は彼の本を確認することによって確かめられる (参考文献参照)．信頼できる別の良い本としては参考文献にある Szabo の教科書がある．本当に詳しい (かつ発展的な)D-ブレーンの説明は，Clifford(クリフォード) V.Johnson(ジョンソン)の『D-Brane Primer(D-ブレーン入門 (未邦訳の論文))』を参照するとよい．

# 章末問題

1. $V(\phi) = \dfrac{A}{6}(\phi^2 - 1)^2$ によって与えられるポテンシャルを考える．臨界点は何か？
2. $V(\phi) = \dfrac{A}{6}(\phi^2 - 1)^2$ を考え，2 次の項まで展開する．そののち，問題 1 で求めた各臨界点の場合について質量を同定せよ．それらの中にタキオンに関連するものはあるか？
3. 問 3,4 では $V(\phi) = \dfrac{\lambda}{2}(\phi^2 - \phi_0^2)^2$ とする．臨界点は何か？
4. どの臨界点がタキオンに対応するか？
5. 2 つの平行な D-ブレーンの間で弦が引き伸ばされたとき，基底状態は質量を獲得する．それは何故か？

Chapter

# 14

# ブラックホール[*1]

ブラックホール，つまり大きな星の崩壊した残骸物や多くの銀河の重い中心核は量子重力理論が重要になる領域を表している．ブラックホールの存在の可能性については，偉大な物理学者であり数学者でもあったラプラスによってはるか以前に認識されていたが，一般相対論におけるシュワルツシルト解からこれらの物体とそれらの真に奇妙な性質がそれら自体からやってくるということが提唱されるようになるのはずっと先である．近年では，観測的証拠によりブラックホールの存在は疑いようのないものとなった．

古典的にはブラックホールはわずか 3 つの特性により記述される極めて単純な物体である：

- 質量
- 電荷
- 角運動量

ここでスティーヴン・ホーキングが特筆に値する発見をした．その結果，本書の大半の読者がご存じで，今では有名かつ疑いのないことであるが，ホー

---

[*1] 訳注：本章の話は，Becker, K.,M. Becker, and J. Schwarz,『*String Theory and M-Theory:A Modern Introduction*』,Cambridge University Press の Chapter 11 “Black holes in string theory” に詳しい．

キングはブラックホールが放射することを発見した．しかし，これは単に物語の始まりに過ぎない．(直ちに判明するが) ブラックホールは，熱力学にそれらを結びつける顕著な性質を有している．ブラックホールはエントロピーと温度を持ち，熱力学の法則はホーキングとその仲間たちによって称された**ブラックホールの力学法則**と類似性を持つ．ホーキングの仕事の最も劇的な成果は，ブラックホールが情報の損失に関連するという指摘である．物理的に言えば，量子力学では純粋状態は情報と関連づけることができる．通常の量子物理では純粋な量子状態は混合状態に時間発展することができない．これは時間発展のユニタリー性に関連する．ホーキングが発見したのは，純粋量子状態が混合状態に発展するということだった．これは何故ならブラックホールによって放出される放射の特徴は熱的であり，それは純粋にランダムだからである．そのためブラックホールに落下する純粋状態は混合状態として放出される．これが意味するところは，恐らく量子重力理論では量子論が非ユニタリー時間発展に劇的に転換させられるということである．これは非ユニタリー変換が確率の保存を破るので問題がある．考えられるのはブラックホールが量子力学を破壊するか，失われた情報が，純粋状態が純粋状態のまま時間発展するという要請を保つような解析の側面を (量子論の理論に) 含めていないかのいずれかである．

しかしながら，ホーキングらによって行われたこのような解析が半古典的手法を用いて行われたということに気が付くことは重要である．すなわち，それは量子場を古典的な背景時空に持ち込むという方法で研究された．この事実により，この結果は必ずしも正しいものとは限らない．

弦理論は完全に量子論的であるので，時間発展はユニタリー的である．そしてブラックホール物理学に対する弦理論の応用により，この理論がこれまでで最も劇的な成果の 1 つを生み出したことが分かった．弦理論を用いると，ブラックホールの微視的状態を計算し，これをブラックホールの力学法則 を用いて得られた結果と比較することが可能となった (エントロピーが面積に比例すること)．その結果，2 つの方法の間には厳密な一致が存在することが分かった．これは弦理論の正しさを支持する素晴らしい成果である．

本章では一般相対論におけるブラックホールの研究を手早く学習し，ブラックホールの力学法則を述べ，それから弦理論を用いてエントロピーの計算を実演する．

## 一般相対論におけるブラックホール

ブラックホールの存在はアインシュタインの理論である一般相対論によって予言された．この意味でのブラックホールの詳しい説明に関心のある読者は，『*Relativity Demystified*』を参考にすると良いだろう．

アインシュタイン方程式は時空の曲率と物質-エネルギーを関係づける次の微分方程式の組である：

$$R_{\mu\nu} - \frac{1}{2}g_{\mu\nu}R + g_{\mu\nu}\Lambda = 8\pi G_4 T_{\mu\nu} \tag{14.1}$$

この方程式は以下の要素を含む：

- $R_{\mu\nu}$ はリッチテンソルである．しばらくのちにリッチテンソルは計量を通して時空の曲率と関係しているということを確かめる．リッチテンソルは**リーマン曲率テンソル**から $R_{\mu\nu} = R^{\rho}{}_{\mu\rho\nu}$ を用いて計算することができる．
- $g_{\mu\nu}$ は時空の幾何学を記述する計量テンソルである．
- $R$ はリッチスカラーであり，それはリッチテンソルの縮約によって計算される．
- $\Lambda$ は宇宙定数である．
- $G_4$ はニュートンの重力定数である．これは特に 4 次元時空での重力定数であるということを指摘する必要がある．というのも重力定数の形が時空次元の数に依存するからである．
- $T_{\mu\nu}$ はエネルギー-運動量テンソルである．

リーマン曲率テンソルは

$$R^{\alpha}{}_{\beta\gamma\delta} = \partial_\gamma \Gamma^{\alpha}{}_{\beta\delta} - \partial_\delta \Gamma^{\alpha}{}_{\beta\gamma} + \Gamma^{\varepsilon}{}_{\beta\delta}\Gamma^{\alpha}{}_{\varepsilon\gamma} - \Gamma^{\varepsilon}{}_{\beta\gamma}\Gamma^{\alpha}{}_{\varepsilon\delta} \tag{14.2}$$

である．ここで**クリストッフェル記号**は計量テンソルに関して

$$\Gamma_{\alpha\beta\gamma} = \frac{1}{2}(\partial_\gamma g_{\alpha\beta} + \partial_\beta g_{\gamma\alpha} - \partial_\alpha g_{\beta\gamma}) \tag{14.3}$$

として与えられている．

重力源の外側の重力場を研究するとき，エネルギー-運動量テンソルは 0 に置くことができ，これは**真空場の方程式**を考察していることになる．$T_{\mu\nu} = 0$ は空っぽの時空領域であり，物質もエネルギーもそこには存在しない．この方程式は

$$R_{\mu\nu} - \frac{1}{2}g_{\mu\nu}R = 0 \tag{14.4}$$

である．真空場の方程式は質量を持った物体の外側の時空構造を記述する．この形の方程式はブラックホールを研究するときに使用する．というのもすべての質量は**特異点**と呼ばれる中央にある単一の点に集中しているからである．この真空場の方程式はこの領域の外側の時空の構造を特徴づけるために使用することができる．

脱線するが，摂動的な弦理論は真空場の方程式に補正を加える．これらの補正は $O[(\alpha' R)^n]$ のオーダーである．この弦理論から第 1 次のオーダーの補正を取ると，式 (14.4) は次のように修正される：

$$R_{\mu\nu} - \frac{1}{2}g_{\mu\nu}R + O(\alpha' R) = 0 \tag{14.5}$$

ここではこれを無視することにし，単に情報の提供の目的のみに述べる．続けると，想像できる最も単純な場合が，質量 $m$ を持つ静的 (つまり，非回転) かつ球対称なブラックホールである．この形のブラックホールの外部の時空を記述する計量は**シュワルツシルト計量**と呼ばれている．この計量に到達するために用いられる真空場の方程式の完全な解は『*Relativity Demystified*』の第 10 章で求めることができる．ここでは単に計量を記述する：

$$ds^2 = -\left(1 - \frac{2m_B G_4}{r}\right)dt^2 + \left(1 - \frac{2m_B G_4}{r}\right)^{-1}dr^2 + r^2 d\Omega^2 \tag{14.6}$$

ここで $d\Omega^2 = d\theta^2 + \sin^2\theta d\phi^2$ である．点 $r_H = 2G_4 m_B$ は**地平面**と呼ばれる．これは一見特異点に見える．というのも，$r = 2G_4 m_B$ と置くと $dr$ の係数が発散するからである．ところが，この領域は真の特異点ではないことが示せる．この特異的挙動は単に人為的な座標系の選択によるものなのである．これは，座標変換で不変で，地平面の真の性質への洞察を与えるスカラーを計算することによって確かめることができる．そのような不変量の 1 つとして

$$R^{\mu\nu\rho\sigma}R_{\mu\nu\rho\sigma} = \frac{12r_H^2}{r^6} \tag{14.7}$$

がある．この表式から $r = 0$ の点で真の特異点が存在することが分かる．

$r_H = 2G_4 m_B$ が特異点でなくても，その領域は依然として重要な位置である．すでに示したこの位置は**事象の地平面**と言われる．これは $(3+1)$ 次元時空の場合，時空を，外部に広がる世界と帰ってくることが不可能な点に分割する球面としての境界領域である．いかなるものも光ですら事象の地平面を横切るなら外側の残りの宇宙に戻ることはできない．これがブラックホールが黒い理由である．というのも光ですら地平面の内側から逃れられないからである．

任意の時空次元 $D$ におけるブラックホールの研究は興味深いものとなる．これを念頭に次に紹介するブラックホールに移る前に，いくつかの基本的な量について定義しよう．最初に注目すべき対象は $d$ 次元の単位球面の体積である．これは

$$\Omega_d = \frac{2\pi^{(d+1)/2}}{\Gamma\left(\frac{d+1}{2}\right)} \tag{14.8}$$

によって与えられる[*2]．ここで $\Gamma$ はガンマ関数である．$D$ 次元時空におけ

[*2] 訳注：これより半径 $r$ の $d$ 次元球面の体積 $S^d(r)$ は，$S^d(r) = \Omega_d r^d$ となる．シュワルツシルト解は球対称時空の解なので，この $r$ を事象の地平面の半径 $r_H$ に選べば，$A = S^{D-2}(r_H) = \Omega_{D-2} r_H^{D-2}$ は $D$ 次元のシュワルツシルトブラックホールの事象の地平面の面積になる．

る地平面の半径は

$$r_H^{D-3} = \frac{16\pi m_B G_D}{(D-2)\Omega_{D-2}} \tag{14.9}$$

によって与えられる．ここで $G_D$ は $D$ 次元における重力定数である．弦理論ではこれはコンパクト化された空間の体積 $V$，弦の結合定数 $g_s$，および弦の長さのスケール $\ell_s$ に10次元重力定数を通して依存する：

$$G_D = \frac{G_{10}}{V} \qquad G_{10} = 8\pi^6 g_s^2 \ell_s^8 \tag{14.10}$$

いま，次を定義する：

$$h = 1 - \left(\frac{r_H}{r}\right)^{D-3} \tag{14.11}$$

すると，$D$ 次元におけるシュワルツシルト計量は

$$ds^2 = -hdt^2 + h^{-1}dr^2 + r^2 d\Omega_{D-2}^2 \tag{14.12}$$

と書くことができる．

## 電荷を帯びたブラックホール

導入部では古典的ブラックホールが質量，電荷，および角運動量によって完全に特徴づけられることに注意した．このため，相対論ではより複雑なブラックホールを学ぶために必要な多くの選択肢は存在しない．存在するのは

- 質量 $m_B$ を持つ静的なブラックホール (シュワルツシルト).
- 質量 $m_B$ と電荷 $Q$ を持つ静的なブラックホール.
- 回転するブラックホール.

である[*3].

[*3] 訳注：もちろん質量 $m_B$ で，回転し (角運動量 $P$)，電荷 $Q$ を持つブラックホールも理論上は存在する.

電荷を持った静的なブラックホールはReissner-Nordström（ライスナー・ノルドシュトルム）ブラックホールと呼ばれ，回転するブラックホールはKerr（カー）ブラックホールと呼ばれる．実際の天体としてのブラックホールはカーブラックホールによって最もうまく記述される．星たちは回転しているので，ブラックホールに崩壊するとき，角運動量保存則によりそのブラックホールもまた回転するようになる．この回転が非常に遅いとき，シュワルツシルト解は良い近似になる．実際の天体としてのブラックホールは，我々の知っている範囲では，電荷を帯びていない．しかしながらこの場合はカーブラックホールの場合より単純であり，弦理論における計算が単純化されるといういくらかの利点があるので，読者が弦理論に関心があるなら電荷を帯びたブラックホールに慣れておくと良い．弦理論において静的なブラックホールに電荷 $Q$ を付け加えると，超対称的なエキゾチックなブラックホールに到達することに注意すれば興味深い．

まず，次のように定義する：

$$\Delta = 1 - \frac{2m_B G_4}{r} + \frac{Q^2 G_4}{r^2} \tag{14.13}$$

ここで行っているのは，基本的にクーロン型の項を加えることによってシュワルツシルト解を拡張していることに注意しよう．静的な電荷を帯びたブラックホールに対する計量は

$$ds^2 = -\Delta dt^2 + \Delta^{-1} dr^2 + r^2 d\Omega^2 \tag{14.14}$$

によって与えられる．この計量は **2** つの座標特異点を持ち，それらは

$$r_\pm = m_B G_4 \pm \sqrt{(m_B G_4)^2 - Q^2 G_4} \tag{14.15}$$

によって与えられる．2 つの地平面は

- $r_+$ は外部地平面である．
- $r_-$ は内部地平面である．

によって表される．

外部地平面は事象の地平面であり，このブラックホールに接近したとき戻ってこれない点である．さて，ここで紹介する次の結果について述べる前に，特異点について少々説明しなければならない．スティーヴン・ホーキングとロジャー・ペンローズは古典的な一般相対論の意味で特異点について偉大な仕事をした．彼らは特異点についていくつかの興味深い結果を発見した．もし，特異点が地平面なしで時空内に存在したら，それは**裸の特異点**と呼ばれる．これは何故なら衣のようにまとわれた地平面はベールの向こう側の存在を隠すからである．この場合，光，およびそれゆえいかなる情報も地平面の向こう側から漏れ出すことができないという事実としてこのベールは存在する．特異点は基本的に残りの外側の宇宙から遮蔽される．ホーキングとペンローズは古典力学が裸の特異点の存在を許容しないということを推論した．

電荷を帯びたブラックホールは次のようにしてこの概念と関係する．質量 $m_B$ を持つ電荷を帯びたブラックホールはそれが帯びれる限界の総電荷量 $Q$ が存在する．裸の特異点は

$$m_B\sqrt{G_4} \geq |Q| \tag{14.16}$$

であるときに限り存在しなくなる．このブラックホールが単位質量当たりの最大電荷を持つとき，**極限ブラックホール**と呼ばれる特殊な種類のブラックホールとなる．もし読者が文献を調べ続けるなら，この用語が繰り返し使用されていることに気が付くだろう．極限ブラックホールは活発に研究されている領域なのである．極限ブラックホールの条件は

$$m_B\sqrt{G_4} = |Q| \tag{14.17}$$

である．この場合，内側と外側の地平面は等しい．この場合，

$$r_E = r_\pm = m_B G_4 \tag{14.18}$$

によって決定される位置を持つ唯一の事象の地平面が存在する[*4]．

[*4] 訳注：これを見ればわかる通り，極限ブラックホールの事象の地平面の半径は電荷の影響のため，その質量からシュワルツシルトブラックホールに対して想定される半径の丁度半分に

極限ブラックホールは重要である．というのも，それは未解明の超対称性を持つからである．極限ブラックホールの計量は

$$ds^2 = -\left(1-\frac{r_E}{r}\right)^2 dt^2 + \left(1-\frac{r_E}{r}\right)^{-2} dr^2 + r^2 d\Omega^2 \qquad (14.19)$$

という形が仮定される．

$D=5$ 次元における極限ブラックホールに対する微視的状態からのブラックホールエントロピーの導出は，弦理論とブラックホールに対するブレークスルーのための中心概念を含んでいる．この場合，計量は

$$ds^2 = -\left[1-\left(\frac{r_E}{r}\right)^2\right]^2 dt^2 + \left[1-\left(\frac{r_E}{r}\right)^2\right]^{-2} dr^2 + r^2 d\Omega_3^2 \qquad (14.20)$$

として書くことができる．

5 次元の極限ブラックホールに対しては，質量と電荷の間の関係式は

$$m_B = \frac{|Q|}{\sqrt{G_5}} = \frac{3\Omega_3}{8\pi G_5} = \frac{3\pi r_E^2}{4G_5} \qquad (14.21)$$

になる．ここで $G_5$ は 5 次元の重力定数である．この地平面の面積は

$$A = \Omega_3 r_E^3 = 2\pi^2 r_E^3 \qquad (14.22)$$

である．

## ブラックホールの力学法則

1970 年代初頭，James Bardeen（ジェームス バーディーン），Brandon Carter（ブランドン カーター），およびスティーヴン・ホーキングは熱力学の法則と大変近い一致がブラックホール力学を支配する法則に存在することを発見した[*5]．第 0 法則は，定常的なブラックホールの地平面での表面重力 $\kappa$ は定数であると主張するものである．

---

なっている．このため，式 (14.9) は $r_E^{D-3} = \dfrac{8\pi m_B G_D}{(D-2)\Omega_{D-2}}$ に修正される．

[*5] 原著者注 : Bardeen,J.M.,B. Carter,and S.W. Hawking, The four laws of black hole mechanics,*Comm.Math Phys.* vol. 31,(2), 1973, 161-170.

第1法則は，ブラックホールの質量 $m_B$, 地平面の面積 $A$, 角運動量 $J$ および電荷 $Q$ のブラックホールを次のように関連付ける：

$$dm_B = \frac{\kappa}{8\pi}dA + \Omega dJ + \Phi dQ \tag{14.23}$$

この法則はエネルギーとエントロピーに関連する法則と類似のものである．しばらくのちに，これをより精密に確かめておく．

ブラックホール力学の第2法則は，事象の地平面の面積が時間的に減少しないことを示す．これは

$$dA \geq 0 \tag{14.24}$$

と書くことによって定量化できる．これは熱力学の第2法則と直接的に類似するものであり，それは閉鎖系のエントロピーが時間の非減衰関数であるというものである．式 (14.24) の結果は，面積 $A_1$ および $A_2$ のブラックホールが合体して面積 $A_3$ の新しいブラックホールを形成するなら，

$$A_3 > A_1 + A_2$$

の関係式が成り立たねばならないということである．恐らく読者は類似の関係式がエントロピーに対して成り立つことを思い出したことだろう．最後にブラックホール力学の第3法則に到達する．この法則は表面重力 $\kappa$ が0に減少できないことを述べたものである．

ブラックホールの力学法則と熱力学の間の一致は単なるアナロジーではない．この類似性は事実であり厳密であるとさえ主張できるほど押し進められる．つまり，地平面の面積 $A$ はブラックホールのエントロピー $S$ であり，表面重力 $\kappa$ はブラックホールの温度に比例する．ブラックホールのエントロピーは質量ないしは面積で表すことができる．質量に関して述べると，ブラックホールのエントロピーはブラックホールの質量の自乗に比例する．面積の観点からはエントロピーはプランク長さの単位で地平面の面積の 1/4 になる：

$$S = \frac{A}{4\ell_p^2} \tag{14.25}$$

## ブラックホールの温度を計算する

シュワルツシルトブラックホールの場合について温度を計算してみよう．章末問題では，電荷を帯びたブラックホールの温度を求めるという機会を得ることができる．ここではP.R.Silvaによって発表された論文で概説された手続きに従う[*6]．

以下のように進める．まずウィック回転 $t \to -i\tau$ を実行し，シュワルツシルト計量を

$$ds^2 = \left(1 - \frac{2G_4 m_B}{r}\right) d\tau^2 + \left(1 - \frac{2G_4 m_B}{r}\right)^{-1} dr^2 + r^2 d\Omega^2 \qquad (14.26)$$

として書く．いま，

$$Rd\alpha = \left(1 - \frac{2G_4 m_B}{r}\right)^{1/2} d\tau$$

$$dR = \left(1 - \frac{2G_4 m_B}{r'}\right)^{-1/2} dr'$$

と置いて積分をしよう．ここで積分の範囲を

$$\alpha: \quad 0 \le \alpha \le 2\pi$$

$$\tau: \quad 0 \le \tau \le \beta$$

$$r': \quad 2G_4 m_B \le r' \le r$$

と採ろう．

[*6]原著者注：arxiv の http://arxiv.org/ftp/gr-qc/papers/0605/0605051.pdf で入手可能である．

これは 2 つの関係式を与える[*7] ：

$$2\pi R \simeq (2G_4 m_B)^{-1/2}(r - 2G_4 m_B)^{1/2}\beta \tag{14.27}$$

$$R \simeq 2(2G_4 m_B)^{1/2}(r - 2G_4 m_B)^{1/2} \tag{14.28}$$

式 (14.27) を式 (14.28) で割ると，

$$2\pi = \frac{\beta}{4G_4 m_B}$$
$$\Rightarrow \beta = 8\pi G_4 m_B$$

が得られる．ここで使用された $\beta$ は熱力学で使用されるものと同じで，そのためシュワルツシルトブラックホールの温度に対する次の表式が得られる：

$$T = \frac{1}{8\pi m_B G_4} \tag{14.29}$$

ブラックホールの温度を手にした今，そのエントロピーに対する表式を得るために前進できる．熱力学の第 1 法則が (退屈だと思うが)，$dE = TdS$ と記述されることを思い出すと，$E = mc^2$(ただし，$c = 1$ と採る) を用いて，静的かつ不変なブラックホールに対するブラックホール力学の第 1 法則が得られる：

$$dm_B = Tds \tag{14.30}$$

それゆえ，

$$m_B dm_B = \frac{1}{8\pi G_4} dS$$

---

[*7] 訳注：例えば，式 (14.28) は，$r' - 2G_4 m_B = \varepsilon$ と置くとき，

$$dR = \left(1 - \frac{2G_4 m_B}{r'}\right)^{-1/2} dr' = {r'}^{1/2}\left(r' - 2G_4 m_B\right)^{-1/2} dr'$$
$$= (2G_4 m_B + \varepsilon)^{1/2}\left(r' - 2G_4 m_B\right)^{-1/2} dr'$$

と置ける．あとは $\varepsilon$ について展開して先頭の項に対して近似計算すればよい．

が成り立つ．これを積分すると，

$$\frac{m_B^2}{2} = \frac{1}{8\pi G_4} S$$

が求まる．これより，シュワルツシルトブラックホールのエントロピーは

$$S = 4\pi G_4 m_B^2 \tag{14.31}$$

によって与えられる．これは，エントロピーが質量の自乗に比例するという以前の主張を確証する．

続ける前に，手早く記憶をリフレッシュしよう．エントロピーとはなんであったか？　ある微視的な系に対する状態の密度 $n(E)$ が与えられたものと仮定しよう．このとき，エントロピーは

$$S = k_B \ln[n(E)] \tag{14.32}$$

となる．ただし $k_B$ はボルツマン定数である．

## ブラックホールのエントロピーを弦理論で計算する[*8]

2 つの場合を考えよう．ある意味大雑把な発見的推定を用いてシュワルツシルトブラックホールを考えるのと，5 次元の電荷を帯びたブラックホールに対する計算である．

弦理論では，ブラックホールのエントロピーの計算は 5 次元が最も簡単である．これは超対称性から生じる素晴らしい性質に由来する．超対称性により弦の状態が数え上げられるが，弦の結合定数を $g_s = 0$ と採ると，相互作用をしない弦たちの組を考慮することになり，それは何かブラックホールの

---

[*8] 訳注：本節の詳しい解説は，Susskind, L., and J., Lindesay,『*An Introduction to Black Holes, Information and the String Theory Revolution: The Holographic Universe*』, World Scientific Publishing Company, Singapore, 2005. の Chapter 15 “Entropy of Strings and Black Holes” 参照.

中では実際に起こりえないことを意味することが分かる．これは大いに計算を単純化し，注目すべき点としては，非結合状態として得られる結果が任意の結合の強さ $g_s$ に対して有効であるという点である．

断熱定理を思い出せるであろうか？　ここで使用される手続きは通常の量子力学から読者がすでに知っていることである．量子力学では，エネルギー準位が攪乱されないように系を断熱的に攪乱することができる．断熱的手法はここで用いられ，弦の結合定数は断熱的に変化し，そのため大きな重力は弱い領域に遷移する．エントロピーはしかし，断熱不変である．そのため弦の結合を弱めたとき，断熱的な操作を行う限りエントロピーは同じままである．

弦理論では，始めに高く結合した弦たちの集まりを考え，それから結合を $g_s \to 0$ にゆっくり置く．通常の $D = 10$ の時空の超弦理論で考え，効果的な5次元時空を得るために，いくつかの余分な次元をコンパクト化することが必要である．超対称性はそれらをもし小さな円にコンパクト化するなら破壊されずに保たれる．ここでは次元 $x^5, \ldots, x^9$ をコンパクト化し，座標 $x^0, x^1, x^2, x^3, x^4$ によって記述される残りの5次元時空をそのままコンパクト化せずに残す．このブラックホールは実際2つの物体として考えることができる．電荷 $Q_1$ を伝える弦と電荷 $Q_2$ を持つ5-ブレーンである．これらの電荷は下で見るように巻き付きモードである．

まず，$D$ 次元におけるシュワルツシルトブラックホールに適用された断熱過程 $g_s \to 0$ を考える．ブラックホールの力学法則を用いた直接的な計算からエントロピーが

$$S = \frac{A}{4G_D} = \frac{\Omega_{D-2} r_H^{D-2}}{4G_D} = \frac{(2G_D m_B)^{\frac{D-2}{D-3}}}{4G_D}\Omega_{D-2} \tag{14.33}$$

によって与えられることが示せる[*9]．ここで $m_B$ はブラックホールの質量である．このエントロピーは弦理論的考察からかなり容易に見積もることが

[*9] 訳注：ここでは，ボルツマン定数 $k_B$ を1にとる自然単位系で考えている．SI単位系では，$S = \dfrac{k_B c^3 A}{4G_D \hbar}$ となる．以下，この自然単位系を使用する．

できる．励起した弦に対しては，エントロピーはその質量とその長さの積に比例する：

$$S \propto m_s \ell_s \tag{14.34}$$

さて，このエントロピーを求めるために，弦理論的考察を用いよう．これは断熱過程を弦の結合 $g_s \to 0$ に適用し，この過程の間エントロピーが不変性を保つということに注意することによって行われる．ここではSusskind(サスキンド)(参考文献参照)で概説された手続きに従う．何が求まるのかというと，$g_s \to 0$ にしたとき，このブラックホールは単一の弦に化けるがそれは元のブラックホールと同じエントロピーを持つということである．このブラックホールは地平面の半径が基本的な弦の長さ $\ell_s$ と等しくなったとき，単一の弦に遷移する．

プランク長さ $\ell_P$ は基本的な弦の長さと

$$\ell_P = g_s^{\frac{2}{D-2}} \ell_s \tag{14.35}$$

によって関係づけることができる．このブラックホールのシュワルツシルト半径のオーダーは，(14.9) 式より

$$r_S \sim (m_B G_D)^{\frac{1}{D-3}} \tag{14.36}$$

によってその質量に関して与えることができる．この重力定数は近似的に

$$G_D \approx g_s^2 \ell_s^{D-2} \tag{14.37}$$

ととることができる[*10]．これより，

$$\frac{r_S}{\ell_s} \approx \left(\ell_s m_B g_s^2\right)^{\frac{1}{D-3}} \tag{14.38}$$

となる．

[*10] 訳注：つまり，基本的な弦の長さ $\ell_s$ を固定して弦の結合定数 $g_s$ を変化させると，プランク長さ $\ell_P$ と重力定数 $G_D$ が変化することになる．

これから $r_S/\ell_s \to 1$ が興味深いものとなる．すなわち，シュワルツシルト半径が弦の長さに接近する点である．断熱過程の間，質量は弦の結合定数の関数 $m = m(g_s)$ になる．もし，初期の結合を $g_B$ ととると，$m_B = m_s(g_B)$ である．このエントロピーは積 $m_s(g_s)\ell_p$ の関数であり，エントロピーが断熱不変であることより，この積は一定でなければならない．式 (14.35) を用いると，

$$m_s(g_s) = m_B \left(\frac{g_B^2}{g_s^2}\right)^{\frac{1}{D-2}} \tag{14.39}$$

と書くことができる．さて，(14.9) 式より，

$$r_S^{D-3} \sim m_B G_D \approx m_B g_B^2 \ell_s^{D-2} = m_B \ell_P^{D-2}$$

だから，$r_S/\ell_s \to 1$ のとき，$\ell_s \approx r_S$ となるので，このとき，$m_B = m_s(g_B) \to m_s(g_s)$ となることに注意すると，$m_s(g_s)\ell_P^{D-2} \approx \ell_s^{D-3}$ より，

$$m_s(g_s)\ell_s \approx \frac{1}{g_s^2} \tag{14.40}$$

が得られる．

励起した弦のエントロピーがその質量と長さ [式 (14.34)] の積であることを思い出すと，ここから式 (14.39) および (14.37) を用いてこのブラックホールの質量と重力定数に関してエントロピーを書くことができる：

$$\begin{aligned}
m_s(g_s) =& m_B \left(\frac{g_B^2}{g_s^2}\right)^{\frac{1}{D-2}} && (\because (14.39)) \\
\approx& m_B (g_B^2 m_s(g_s)\ell_s)^{\frac{1}{D-2}} && (\because (14.40)) \\
\approx& m_B (g_B^2 \ell_s^{D-2} \ell_s^{-(D-2)} m_s(g_s)\ell_s)^{\frac{1}{D-2}} && (\because (14.37)) \\
=& m_B (G_B m_s(g_s) \ell_s^{-(D-3)})^{\frac{1}{D-2}}
\end{aligned}$$

これより，

$$m_s(g_s)^{D-2} \approx m_B^{D-2} G_B m_s(g_s) \ell_s^{-(D-3)}$$

なので，

$$m_s(g_s)^{D-3} \approx m_B^{D-2} G_B \ell_s^{-(D-3)}$$

より，

$$m_s(g_s) \approx m_B^{\frac{D-2}{D-3}} G_B^{\frac{1}{D-3}} \ell_s^{-1}$$

が得られるので，この単一の弦のエントロピーは

$$S \propto m_s(g_s)\ell_s \approx m_B^{\frac{D-2}{D-3}} G_B^{\frac{1}{D-3}}$$

となる．これは式 (14.33) に比例する結果を与える：

$$S \approx m_B^{\frac{D-2}{D-3}} G_D^{\frac{1}{D-3}} \propto \frac{A}{4G_D} \tag{14.41}$$

この計算はいかなる意味でも形式的なものではない．これは単に弦理論からのいくつかの考察に関連するものであるが，それは定数を法とする正しい結果を与えた．さて，5 次元ブラックホールの例に移ろう．

3 種類のチャージを帯びた 5 次元極限ブラックホールの幾何学の構造は次のようなものである．いま，半径 $R$ の円を $S^1$，4 次元トーラスを $T^4$ によって表すと，

$$T^5 = T^4 \times S^1$$

である．この $T^5$ の内部で $S^1$ を包む D1-ブレーンを $Q_1$ 枚，$T^5$ を包む D5-ブレーンを $Q_5$ 枚，同じ円に沿って $n$ 単位のカルツァ-クライン運動量をとったものが，弦理論的な意味でのこのブラックホールである．

このブラックホールを記述する 5 次元的計量は，上で述べた通り，対応するブレーンを包むことによって 10 次元の II B 型弦理論から得ることができるし，または古典論からも直接導くこともできるが，いずれにせよ出発点は

$$ds^2 = -\lambda^{-2/3}dt^2 + \lambda^{2/3}(dr^2 + r^2 d\Omega_3^2) \tag{14.42}$$

によって与えられる計量である．ここで，

$$\lambda = \prod_{i=1}^{3}\left[1+\left(\frac{r_i}{r}\right)^2\right] \tag{14.43}$$

である．

超弦理論から得られる結果は，BPS 条件が満たされるというここでの議論の範囲を超えているので単に与えられたものとする．これが意味することは電荷が加法的であるということである．この結末として，ブラックホールの質量は

$$m_B = m_1 + m_2 + m_3$$

と書くことができる．

エントロピーの計算は実際直接的にできる．式 (14.42) における計量より，地平面に関連した 3 つの半径がある．この半径を求めるため，それぞれの半径が一致する極限から発見的手法により導こう．極限ブラックホールの地平面の半径がシュワルツシルト半径，式 (14.9) の半分になることを用いると，$D=5$ のとき，$r_1 = r_2 = r_3 = r$ とすると，

$$r^2 = \frac{8\pi G_5 m_B}{3\Omega_3}$$

より，

$$3r^2 = \frac{8\pi G_5 m_B}{\Omega_3}$$

が得られる．ここで，今考えている計量では，地平面半径は 3 つに分離し，それは質量の加法性によって表せるから，

$$r_1^2 + r_2^2 + r_3^2 = \frac{8\pi G_5 m_1}{\Omega_3} + \frac{8\pi G_5 m_2}{\Omega_3} + \frac{8\pi G_5 m_3}{\Omega_3}$$

となるので，これらの各々は，(14.10) 式において $D=5$ を代入すると，

$$r_i^2 = \frac{8\pi G_5 m_i}{\Omega_3} = \frac{g_s^2 \ell_s^8}{RV} m_i \tag{14.44}$$

と書くことができる．ここで $R$ は円形次元の半径であり，$(2\pi)^4V$ はトーラス $T^4$ の体積であり，ここから (14.10) 式の $V$ が $(2\pi)^4V\times 2\pi R$ となることを用いた．それぞれの質量は弦理論的考察を用いて弱い結合にて計算できる．D$p$-ブレーンの張力は

$$T_{\mathrm{D}p}=\frac{1}{(2\pi\ell_s)^p\ell_s g_s}$$

となるので，$Q_1$ 枚の引き伸ばされた弦などの静止エネルギーを考えることにより，

$$\begin{aligned}
m_1 =&2\pi RT_{\mathrm{D1}}Q_1=\frac{Q_1R}{g_2\ell_s^2}\\
m_2 =&(2\pi)^5RVT_{\mathrm{D5}}Q_5=\frac{Q_5RV}{g_s\ell_s^6}\\
m_3 =&\frac{n}{R}
\end{aligned}$$

が得られる．さて，これらの半径の各々を計算しよう：

$$r_1=\frac{g_s\ell_s^4}{\sqrt{RV}}\sqrt{m_1}=\frac{\sqrt{g_s}\ell_s^3\sqrt{Q_1}}{\sqrt{V}} \tag{14.45}$$

$$r_2=\frac{g_s\ell_s^4}{\sqrt{RV}}\sqrt{m_2}=\sqrt{g_s}\ell_s\sqrt{Q_5} \tag{14.46}$$

$$r_3=\frac{g_s\ell_s^4}{\sqrt{RV}}\sqrt{m_3}=\frac{g_s\ell_s^4}{R\sqrt{V}}\sqrt{n} \tag{14.47}$$

いま，5 次元の面積は

$$A=2\pi^2r_1r_2r_3=2\pi^2\frac{g_s^2\ell_s^8}{RV}\sqrt{Q_1Q_5n}$$

である．このエントロピーは

$$S=\frac{A}{4G_5} \tag{14.48}$$

である．ここで，$G_5=\dfrac{G_{10}}{(2\pi)^5RV}=\dfrac{8\pi^6g_s^2\ell_s^8}{(2\pi)^5RV}=\dfrac{\pi g_s^2\ell_s^8}{4RV}$ であるので，すべてを一緒にすると，

$$S=2\pi\sqrt{Q_1Q_5n} \tag{14.49}$$

という結果が得られる.

## まとめ

弦理論の近年の成功の1つとして，ブラックホールの微視的状態を数え上げることが弦理論ではできるということよってそのブラックホールのエントロピーを計算することができるというものがある．この流儀で得られた成果は半古典的表式と一致し，弦理論を量子重力理論の候補として強力に支援する.

## 章末問題

1. $D=4$ の場合の電荷を帯びたブラックホールの温度を求めよ.
2. ハゲドン温度は複数の弦が単一の弦に合体される温度である．弦状態の密度を $n=\exp(4\pi m\sqrt{\alpha'})$ にとり，分配関数を書き下す．この分配関数が有限になるために必要な条件は何か？ これがハゲドン温度を与える.
3. 仮に上記の和がブラックホールに崩壊したとする．このとき何がその温度になるか？
4. 太陽の6倍の質量を持つブラックホールの寿命を見積もれ．これはホーキング過程によって蒸発する.
5. 以下の計量を持つ $D=5$ 次元における電荷を帯びた回転するブラックホールを考えよ：

$$
\begin{aligned}
ds^2 =& -\lambda^{-2/3}\left(dt - \frac{a}{r^2}\sin^2\theta d\phi + \frac{a}{r^2}\cos^2\theta d\Psi\right)^2 + \lambda^{2/3}\left(dr^2 + r^2 d\Omega_3^2\right)\\
J =& \frac{\pi a}{4G_5}
\end{aligned}
$$

   地平面の面積を計算することによってエントロピーを見積もれ．電荷を，本文で解析した静的な電荷を帯びたブラックホールに対するものと同じにとれ.

# Chapter 15 ホログラフィー原理と AdS/CFT 対応

本章では特に量子重力と弦理論の研究から浮かび上がってきた最も興味深いアイデアの１つ，**ホログラフィー原理**に触れる．これはエントロピーに密接に関係するアイデアであるので，前章でブラックホールとエントロピーの議論を完了させたのち，ここでそれを与えることにした．ホログラフィー原理は量子重力のかなり一般的な特徴として表れるが，ここでは弦理論の流れを汲んで議論する．ここでの議論はサスキンドとウィッテンの議論に大いに従う[*1]．焦点となるのは，ブラックホールに対して求めた種類のエントロピーの境界がどのようにしてホログラフィー原理から導かれるのかという点である．

---

[*1]原著者注：ここで議論される話題はかなり発展的なので，紹介する議論はより定性的で発見的手法である．詳細な解説は L. Susskind and E. Witten, “The Holographic Bound in Anti-de Sitter Space,”https://arxiv.org/abs/hep-th/9805114; および J. M. Maldacena, “The Large N Limit of Superconformal Field Theories and Super Gravity,” Adv. Theor. Math. Phys. 2:231-252, 1998 を参照すると良い．

## ホログラフィー原理の言明

ホログラフィー原理はGerard t'Hooft（ゲラルド トフーフト）によって 1993 に最初に提唱された．そしてそれはレオナルド・サスキンドによって広範囲にわたって研究された．それは2つの仮説によって主張することができる：

- 空間の体積にある全情報内容は，その領域を包み込む表面の面積にのみ存在する理論と等価である．
- 時空の領域の境界はせいぜいプランク面積当たりの単一自由度しか含まない．

ホログラフィー原理は真に重力に適用され，ブラックホールについて本書で述べたとき作用の中ですでに見てきた．情報の内容は，それは別の言い方をすればエントロピーであるが，系における状態の個数を数え上げることについてのものであるので，それは面積に比例する．読者は，エントロピーが事象の地平面の面積に比例するブラックホールの場合についてすでに見てきた：

$$S = \frac{A}{4G}$$

ここで $G$ はニュートンの重力定数である．面積 $A$ はプランク単位で測定される．

これは大変驚くべき結果である．というのも，直観的に考えれば，状態の個数はその包み込まれた領域の**体積**に比例することが期待されるからである．サスキンドに従うと，これは実際には重力を含まない場合と描写される．体積 $V$ が格子上にスピンの組を含むものと想像しよう．いま，格子間隔を $a$ と取り，この格子が体積全体を満たすものと想像しよう．すると体積 $V$ に含まれるスピンの全体の個数は

$$\text{全スピン数} = \frac{V}{a^3}$$

である．

この状態たちの全数として系は

$$N = 2^{V/a^3}$$

を持つ．

熱力学を用いると，状態の個数とエントロピー $S$ の間の次の関係式に到達する：

$$N \propto \exp S$$

それゆえ $2^{V/a^3} \propto \exp S$ ないしは両辺の対数をとって

$$S \propto \ln(2^{V/a^3}) = \frac{V}{a^3} \ln 2$$

が得られる．

これは直感的に期待したものである．領域のエントロピー (および情報の総量を拡張することによって) は体積に比例する．結局，体積を満たす格子のスピンが存在すると仮定することから開始した．それでは他に何を得ることができるであろうか？

ブラックホールに対しては，全く異なることが分かる．この場合，エントロピーは直接，事象の地平面の**面積**に比例する．そのため，ある意味重力はその他の相互作用と異なるに違いない．ブラックホールの場合は重力系の持てる**最大エントロピー**を提供する．

# AdS/CFT 対応の定性的説明

弦理論/M 理論から出てくるホログラフィー原理の枠組みは AdS/CFT 対応 (anti-de Sitter/conformal field theory correspondence) として知られる．時空は 5 次元の AdS 空間を用いて定量的に記述できる．5 次元 AdS モデルは 3 つの空間方向と 1 つの時間次元を持つ平坦空間として見える 4 次元の境界を持つ．

AdS/CFT 対応は超弦理論の学習から読者がすでに学んだことからご存知の双対性を含む．この双対性は 2 種類の理論の間に存在する：

- 5 次元的重力
- 境界上で定義された超対称ヤン-ミルズ理論

“超対称” ヤン-ミルズ理論という用語によって超対称性の粒子相互作用を意味する．ホログラフィー原理はこれら 2 つの理論の間の対応から生じる．なぜなら，境界上で起こるヤン-ミルズ理論は 5 次元 AdS 幾何学において起こる重力物理学と等価であるからである．このため，ヤン-ミルズ理論は 5 次元重力物理学が活躍する場である実際の 5 次元空間の境界上のホログラムとしていわば考えることができる．

## ホログラフィー原理と M 理論

さて，この説明をより定量的に行ってみよう．本書の最後の章では，弦の宇宙論を論ずる．そこでは我々の住む実際の宇宙のモデルを実際に記述するであろう弦/M 理論から生じる時空のモデルに遭遇する．同じモデルが同様に本章の話題において良い応用を持つ．このモデルは 5 次元 AdS 空間である．これは次のようにして述べられる．

まず，5 次元 AdS 空間から開始する．簡単にいえば，これは 4 次元空間的球と無限の時間軸である．球の半径は $0 \leq r \leq 1$ である．曲率半径は $R$ によって表され，単位 3 次元球面に変換される残りの空間次元はまとめて $\Omega$ によって表そう．AdS を記述する計量は

$$ds^2 = \frac{R^2}{(1-r^2)^2}\left[(1+r^2)dt^2 - 4dr^2 - 4r^2 d\Omega^2\right]$$

と書かれる．

読者がどこかで遭遇したであろうこの計量を書くための等価であるが異なる方法が存在することに注意しよう．AdS 空間は負の曲率を持ち，反射する壁を伴う大きさ $R$ の空洞として振る舞う．光あるいは物体はそしてこの境界

で反射し，中央に戻ってくる (AdSの一般読者向けの解説はJuan Maldacena(ファン マルダセナ) "The Illusion of Gravity"(*Scientific American*,2005年11月号参照)) *2.

いまここでは弦理論に関心がある．超弦理論における時空次元の数は $D = 10$ である．したがって空間全体は

$$AdS \otimes S^5$$

である．ここで $S^5$ は弦理論からの残りの次元を含む単位5次元球面である．余分な5つの座標を $y^5$ で表すと，それらは項 $R^2 dy_5^2$ によって計量に組み込まれる．これらの次元を非常に小さな大きさにコンパクト化することによってそれらが効果的に無視できることが想像できる．そのため，宇宙は効果的に5次元の "バルク" として扱うことができる．これは球面の内部であり，境界が表面になる．この面は3空間次元と時間を持つ．

M理論の描像では，我々が知っている世界は本質的により大きな次元の宇宙の境界上に存在する "影" あるいはホログラムである．物理学は以下に分けられる：

- 境界共形理論は $x = 1$ での球面上に存在する．これらは標準模型の粒子および相互作用に任意の超対称的拡張を加えたものである．
- 重力はいたるところ存在する．
- ただし，重力波はバルクに伝播できる．バルク，つまりAdS球面の内部の領域では，重力は単なる相互作用である．AdS幾何学の球の内部では，その理論は**超重力**である．本書ではこれ以上超重力には立ち入らないが，もし読者が学びたいならarXiv上でそれを調べることができる．

粒子とそれらの相互作用を記述する共形な理論は超対称的であり，**超対称ヤン-ミルズ理論** (*super Yang-Mills theory*) あるいは単にSYMと呼ばれ

*2 訳注：日本語版は日経サイエンス2006年2月号J. マルダセナ(プリンストン高等研究所)著「重力は幻なのか？　ホログラフィック理論が語る宇宙」参照

る．SYM に対するゲージ群は $SU(N)$ である．これより，AdS/CFT 対応は以下のように限定される：

- 球の表面上に $SU(N)$ を伴う超対称ヤン-ミルズ理論が存在する．
- 球の内部にはバルクの超重力理論が存在する．

弦理論では，SYM に対する自由度の数が以下の 3 つの因子によって制限される：

- 弦の基本長さ
- 弦の結合定数
- AdS 空間の曲率

SYM に対する自由度の数は $\sim N^2$ である．何故なら，ゲージ群が $SU(N)$ であり，それはゲージ結合定数 $g_{\mathrm{YM}}$ を持つからである．$N$ 上の制限は次の関係式で定量化できる：

$$R = \ell_s (g_s N)^{1/4}$$

ゲージ結合は弦の結合と次のように関係する：

$$g_{\mathrm{YM}}{}^2 = g_s$$

さて，いまからバルクのカットオフを導入したい．この球面を，この球面内の全セル数が，あるセル $\delta$ に対して $\sim \delta^{-3}$ となるような小さなセルに分割する．すなわち，

- 大きさ $\delta$ のセルによって空間連続体を置き換えることによって情報の記憶容量をカットオフする．
- 各セルには単一の自由度が存在する．

SYM 理論に対する全自由度の数が $N^2$ に比例することより，カットオフされた全自由度の数が

$$N_{dof} = \frac{N^2}{\delta^3} = A\frac{N^2}{R^3}$$

となることが分かる．さて，$R=\ell_s(g_sN)^{1/4}$ であることより，

$$N_{dof}=\frac{AR^5}{\ell_s^8 g_s^2}$$

と書くことができる．5 次元ではニュートンの重力定数は

$$G_5=\frac{\ell_s^8 g_2^2}{R^5}$$

である．これより，

$$N_{dof}=\frac{A}{G_5}$$

が求まる．

この結果はホログラフィー原理と一致し，それは因子 1/4 を除けばブラックホールに対する結果として得られたものと同じである．

## さらなる対応

この節では，バルクの超重力と境界の SYM の間の関係を記述する．これはバルクの変数と，SYM の変数の間を次のように変換できる．$E_{\mathrm{SYM}}$ を境界上のエネルギーとし，$M$ をバルクのエネルギーとする．これらは

$$E_{\mathrm{SYM}}=RM$$

として関係する．温度は同じように関係する：

$$T_{\mathrm{SYM}}=RT$$

ここで $T$ はバルクの温度である．さていま，温度 $T_{\mathrm{SYM}}$ を持つ熱的ヤン-ミルズ状態を考える．このエントロピーは

$$S=N^2(T_{\mathrm{SYM}})^3$$

である．温度 $T_{\mathrm{SYM}}$ の熱的状態は AdS 球の中心で AdS シュワルツシルトブラックホールと対応する．

$T_{\mathrm{SYM}} = RT$ および $R = \ell_s (g_s N)^{1/4}$ を用いると

$$(TR)^3 = \frac{S g_s^2 \ell_s^8}{R^8}$$

が得られる．いま，$S = A/4G$ ととるなら，

$$T_{\mathrm{SYM}}^3 = \frac{A}{R^3}$$

と求まる．

いま，SYM を正則化して，最大の $T_{\mathrm{SYM}}$ を $1/\delta$ にする．すると最大面積は

$$A_{\max} = \frac{R^3}{\delta^3}$$

になる．

この境界上の超対称ヤン-ミルズ理論の正則化はプランク面積当たり 1 ビットを持つホログラフィー的記述を持つ．

サスキンドとウィッテンによって導かれた興味深い成果が *IR-UV* **関係**である．これはバルクの IR 発散とその境界上の UV 発散を関係づけるものである．境界上に端点を持つバルク内の弦を考えよう．弦の端点はヤン-ミルズ理論における点電荷に対応する．さて，単に電子の自己エネルギーに戻って考えてみると，ヤン-ミルズ理論における点電荷が発散する無限大の自己エネルギーを持つことに気が付くであろう．これが UV 発散である．バルクの弦の発散は $1/\delta$ に比例するが，$\delta$ は SYM 理論における UV 発散に対する短距離正則化の役割を演じる．

弦のエネルギーはこの境界上で線形に発散する．この発散が緩やかであることより，これは IR 発散と呼ばれる．バルクにおける質量 $m$ の粒子に対するプロパゲーター (伝播関数) は

$$\Delta = \frac{\delta^m}{|X_1 - X_2|^m}$$

によって与えられる．ただし，ここでは $A \approx R^3/\delta$ および $\delta \ll 1$ によって面積を正則化した．超対称ヤン-ミルズ理論は共形場理論である．第 5 賞が

思い出せるであろうか？　そこでは演算子積展開を計算する方法を学んだ．超対称ヤン-ミルズ理論に対しては

$$Y(X_1)Y(X_2) = \mu^{-p}\,|X_1 - X_2|^{-p}$$

が成り立つ．

これら 2 つの表式の間の変換が行えることは確かめられるであろう．これは，バルク内の質量 $m$ の粒子に対するプロパゲーターは，境界上の共形場理論におけるべき乗則に変換することができるということを意味する．

## まとめ

本章では，弦理論から生じる 2 つの興味深いアイデアに対する簡単かつ発見的入門を提供した．ホログラフィー原理と AdS/CFT 対応である．これら 2 つのアイデアは関係しあっている．ホログラフィー原理から，包み込まれた体積には，この領域の情報的内容は境界領域の表面面積上の存在する等価な理論によって記述することができることが分かる．この概念は，ブラックホールのエントロピーが，地平面が包む体積ではなくそのの面積に比例するというブラックホール力学において体系化された．AdS/CFT 対応は，バルクにおける 5 次元超重力が境界上の超対称ヤン-ミルズ共形場理論に対して等価であるという 5 次元宇宙を記述する．

## 章末問題

超重力の解は D-ブレーンに対する計量を与える：

$$ds^2 = F(Z)(dt^2 - dx^2) - F(z)^{-1}dz^2$$

ただし，$F(z) = \left(1 + \dfrac{ag_sN}{z^4}\right)^{-1/2}$ である．

1. $F(z)$ に対する表式を極限 $\frac{ag_sN}{z^4} \gg 1$ の下で求めよ．

2. 問題 1 の解答を用いてこの計量に対する新しい表式を求めよ.
3. ホログラフィー原理は
   (a) 領域の情報的内容はその体積に符号化されるとして最もよく説明できる.
   (b) 領域の情報的内容は表面の面積によって完全に記述できるとして最もよく説明できる.
   (c) バルクに存在する場は境界面上の場とは等価ではない.
4. AdS/CFT 対応において，境界上の超対称ヤン-ミルズ理論に対して利用可能である自由度の数は
   (a) AdS 幾何学と独立である.
   (b) 弦の結合の強さのみに関係する.
   (c) 弦の結合の強さと基本的な弦の長さに関係する.
   (d) 基本的な弦の長さのみに関係する.
5. AdS/CFT 対応において，自由度の数は
   (a) 境界面の面積とニュートンの重力定数に比例する.
   (b) 境界面の面積に比例し，ニュートンの重力定数に反比例する.
   (c) 境界面の面積と基本的な弦の長さに比例する.
   (d) 境界面の面積と弦の結合定数に比例する.

Chapter

# 16

# 弦理論と宇宙論

一般相対論，天文物理学，および場の量子論から発展してきた従来の宇宙論は，有限時刻の過去に“ビッグバン”からインフレーションによって始まり，宇宙が沈黙して死ぬまで永遠に膨張し，その結果，増加するエントロピーは結局有用な寿命を終えてしまうと提唱する．弦理論/M 理論は異なる宇宙モデルを導くように提唱する．これらのモデルはビッグバン以前の宇宙を記述するための予想外の衝撃的なモデルを持っている．ブレーンワールド型宇宙を基礎とすると，それらは 2 つのブレーンの衝突を含み，それはビッグバン理論から“特異点”を取り除き，“周期的な”で永遠な宇宙を記述することができる．本章では弦理論/M 理論から生じるいくつかの宇宙モデルの概要を与える．残念ながら弦理論/M 理論を用いたこれらのモデルの詳細は本書の範囲を超えるので，ここでの説明はより定性的性質になる．詳細に関心のある読者は参考文献をお勧めする．宇宙論は近年間違いなく活発な研究領域である．そこには数多くの新しい予想外の発展が存在する．

## アインシュタイン方程式

前章では重力の古典的説明をするアインシュタイン方程式を導入した．本章では宇宙論へのアインシュタイン方程式の応用を議論する．一般相対論の流れにおける宇宙論の研究の詳細は『*Relativity Demystified*』とそこで含まれる参考文献を参照するとよい．

宇宙論は宇宙全体の時間発展の研究である．この開始点はロバートソン-ウォーカー計量 である：

$$ds^2 = -dt^2 + a^2(t)d\Sigma^2 \tag{16.1}$$

ここで，$d\Sigma^2$ はこの計量の空間部分を表している．関数 $a(t)$ は**スケール因子**と呼ばれる．それは宇宙の空間的大きさとどのようにそれが時間変化するかを特徴づける．**ハッブル定数**は

$$H = \frac{\dot{a}}{a} \tag{16.2}$$

によって与えられる．

**曲率定数** $K$ によって宇宙の空間的構造を特徴づけることができる．もし空間が平坦，負曲率 (鞍型)，正曲率なら，それぞれ $K = 0, -1, +1$ である．観測事実はこの宇宙が平坦であることを示している．

時間に伴う宇宙の挙動は，宇宙の全体的構造を記述すると考えられる計量を与え，それからそれを用いて曲率テンソルの成分を求め出すことによって決定される．そののち，真空か，あるいはそうではなく物質などが存在する下でアインシュタイン方程式を解くことができる．これはまた宇宙定数を含んでも含まなくても実行できる．

標準的な宇宙論では，空間は**等方的**であり，これはすべての方向が同じに見えるという仮定である．弦理論ではこの仮定は望ましくなく，そこではいくつかの空間次元は異なる扱いをする．

文献等でかなり頻繁に現れる宇宙論的モデルとして次の 2 つが存在する．**ド・ジッター宇宙**は物質を含まない (アインシュタイン方程式の真空解) 正の宇宙定数と正の曲率スカラーを持つものである．**反ド・ジッター宇宙** (しばしば AdS と表す) はアインシュタイン方程式の真空解であり，負の宇宙定数と負の曲率スカラーを持つ．

# インフレーション

相対論的理論で学ぶ宇宙論的モデルは現代宇宙論のほんの一部にすぎない．次の部品が**インフレーション**として知られる情報を説明するために必要である．標準的なビッグバンモデルは宇宙が特異点から始まり，アインシュタイン方程式に従って動的な時間発展をしながら膨張し冷えてゆくとするものである．興味深いことに，宇宙は標準的なビッグバンモデルでは説明困難な大きなスケールでの非常に高い一様性を示している．

今話した種類の一様性を理解するためには，日常生活を例に考えるとよい．ティーカップに注がれた紅茶を電子レンジで温めてそれからカウンターの上に置いたものとしよう．時間が経つとティーカップの紅茶は冷えてくるが，もし十分に長い間そのままにしておくと，それは周囲の気温と同じ温度で平衡点に到達するだろう．

これと同様の挙動が宇宙の最も大きなスケールで発生する．もし，宇宙を，1 億光年の長さの辺を持つ立方体に分割からなる大きなスケールで検討するなら，

- **一様性**：宇宙は大きなスケールでは，平均的に (エネルギーや物質の分布などが) どこでも一緒である．つまり，各立方体は同じ銀河密度，同じ質量密度，同じ光度を持つ．
- **等方性**：すでに触れたように，標準的な宇宙論では宇宙は等方的であり，すべての方向で同じである．これは観測により非常に高い精度で確かめられている．

が確かめられる．

標準的なビッグバン理論とそれらの観測事実の問題は，宇宙が，ティーカップの紅茶で発生した例で述べたのと同じ意味で，あまりにも急激に時間発展したという点である．これらの異なる空間領域同士を接続するのに光の信号では十分な時間が存在しないのに，どうやってそれらは “通信して” 全

く同じ状態になるようにできたのであろうか？

標準的なビッグバン宇宙論の別の問題として，**平坦性問題**として知られるものがある．宇宙は平坦であり，初期宇宙の質量密度は見かけ上，観測された平坦性を与えるために想像を絶するほど正確に調整されなければならなかった．**臨界質量密度**はハッブル定数に関して次のように定義される：

$$\rho_c = \frac{3H^2}{8\pi G} \tag{16.3}$$

ここで $G$ はニュートンの重力定数である．さて，

$$\Omega = \frac{\rho}{\rho_c} \tag{16.4}$$

と定義する．ここで $\rho$ は宇宙の実際の質量密度である．さて，$\Lambda$ を宇宙定数としよう．もし，

$$\Omega + \frac{\Lambda}{3H^2} \tag{16.5}$$

が 1 より大きいなら，宇宙は球面のように閉じている．もし，1 より小さいなら，宇宙は負の曲率の開いた空間である (無限に延長した鞍型のように)．もし，**厳密に** 1 ならば宇宙は平坦で開いた空間である．観測によれば，宇宙は平坦で開いた空間なので平坦性問題は，宇宙の初期条件がその質量密度が臨界質量密度に非常に近いように固定された理由の方程式に帰着するだろう．

古典物理，一様性，等方性，および平坦性問題によって説明できない問題は**インフレーション**として知られる理論によって説明できる．これは，初期宇宙が短い時間の間，指数的膨張を通過したと提唱する理論である．指数的膨張の時期，宇宙のすべての領域は因果的につながっていた．これは一様性と等方性の問題を説明する．この膨張はスカラー場 $\phi$(インフレーションと呼ばれる量子場) によって駆動され，これは負の圧力を持っている．これは反重力場として振る舞い，宇宙の異なる領域同士を反発させ，外側に膨張させる原因になる．

このインフレーション場は偽の真空を持つと考えられ，それは真の真空(より低いエネルギー状態) よりも高いエネルギーである準安定点である．短い間，インフレーションは偽の真空にあり，インフレーションを引き起こすことができた．それから“丘を転がり落ちる” ようにして真の真空あるいはより低いエネルギー状態へ落ちた．この膨張の間，宇宙全体のエネルギーは(そうでなければならないように) 一定であり続ける．インフレーションの間，物質のエネルギーは，それは正であるが，指数関数的に増加する．インフレーション場からのエネルギーは，アインシュタインの関係式 $E = mc^2$ を通して実際に物質を生成するために使用することができる．

物質が宇宙に追加されることにより，重力場もまたより強くなる．重力場は負のエネルギー密度を持つ．そのため負のエネルギーの重力場は増加する正のエネルギーの物質と均衡をとって宇宙の全エネルギーが一定になるように働く．

宇宙が非常に小さかった頃のインフレーション場における量子変動は指数的膨張の間，全体として宇宙に対する種子のようなものの構造を提供しながら拡大した．これらの種子は銀河たちの形成を導いた．これは宇宙大規模構造と量子論の素晴らしい関係である．

インフレーション理論は今日まで観測と無矛盾な様々な予言を行った．

## カスナー計量

**カスナー計量**は弦理論の観点から便利な興味深い性質を持ったアインシュタイン方程式の解である．**等方性**の概念を考察することによってカスナー計量は特徴づけることができる．空間が等方的な場合，それはすべての方向で同じである．これは合理的な仮定であり，我々が住んでいるように見える $3+1$ 次元時空を考察するときしばしば宇宙論で使用される．大きなスケールではどちらの方を向いているかに関係なく，宇宙は同じに見える．

それとは対照的に，カスナー計量は**異方的**であり，その意味は必ずしもすべての空間次元が同じようには時間発展しないということである．時間が増加すると，宇宙は $n$ 個の方向で膨張するが，$D-n$ 個の方向では縮小する．そのため，この計量は宇宙の時間発展において どの方向たちが小さくなる (コンパクト化される) かを記述できる．読者が想像するように，これは弦理論の流れで計量に現れる．カスナー計量は次のようにして書くことができる：

$$ds^2 = -dt^2 + \sum_{j=1}^{D-1} t^{2p_j}(dx^j)^2 \tag{16.6}$$

各空間方向 $dx^j$ に掛けられている項 $t^{2p_j}$ の存在は，時間の経過上の各方向の挙動を起こしている．$p_j$ はカスナー**指数**と呼び，それらはカスナー**条件**と適切に呼ばれる 2 つの条件を満たさなくてはならない：

$$\begin{aligned} \sum_{j=1}^{D-1} p_j &= 1 \qquad (\text{第 1 カスナー条件}) \\ \sum_{j=1}^{D-1} (p_j)^2 &= 1 \qquad (\text{第 2 カスナー条件}) \end{aligned} \tag{16.7}$$

カスナー条件は $p_j$ 上に制約を強制する．これらから，$p_j$ たちすべてが同じ符号を持つことはできないということが分かる[*1]．計量項が，$t^{p_j}$ に依存する各空間次元に依存することより，これからいくつかの次元が時間の増加とともに膨張し，また別の他の次元は時間の増加に応じて収縮したということが分かる．すなわち，

- $p_j$ が正なら，$t^{p_j} > 1$ であり，時間の増加につれて方向 $x^j$ は増加する．
- $p_j$ が負なら，$t^{p_j} < 1$ であり，時間の増加に方向 $x^j$ はつれて収縮する．

[*1] 訳注：1 つの $p_j$ だけ 1 で残りが 0 という自明な解を除くと，(第 1 カスナー条件)$^2$ − (第 2 カスナー条件) $= 2\sum_{i\neq j} p_i p_j = 0$ より，少なくとも 3 つの $j$ で $p_j \neq 0$ であるので，そのうちの少なくとも 1 つは符号が逆である．

これを確かめるために，単純な描像を述べてみよう．$p = 0.2$ と置こう．すると $t_1 = 5$ では $t^{p_j} = 5^{0.2} \approx 1.38$ になる．よりのちの時刻 $t_2 = 15$ では，$t^{p_j} = 15^{0.2} \approx 1.72$ が成り立つので，次元は $1.72/1.38 \approx 1.25$ の因子で増加する．さていま，代わりに $p_j = -0.2$ と仮定しよう．$r_1 = 5$ の時点では $t^{p_j} = 5^{-0.2} \approx 0.72$ が成り立つ．よりのちの時刻 $t_2 = 15$ では $t^{p_j} = 15^{-0.2} \approx 0.58$ が成り立つので，明らかにカスナー指数が負のとき次元は収縮する．

弦理論においてカスナー計量が研究されるとき，それはディラトン場 $\phi$ に対する方程式によって補われなければならない．ディラトン場はカスナー指数 $p_j$ を通して計量と関係する．特に，

$$\phi = -\left(1 - \sum_{j=1}^{D-1} p_j\right) \ln t \tag{16.8}$$

ととることが可能である．

興味深いことに，ディラトン場はこのモデルに，ある種の双対性を導入する．実際，この双対性は T-双対性と関係する．何故ならそれは大きい距離と小さい距離を関係づけるからである．カスナー指数 $p_j$ とディラトン場 $\phi$ の組が与えられると，双対解

$$p'_j = -p_j \qquad \phi' = \phi - 2\sum_{j=1}^{D-1} p_j \ln t = -\left(1 - \sum_{j=1}^{D-1} p'_j\right) \ln t \tag{16.9}$$

が存在する．$p'_j = -p_j$ がこの理論において膨張している次元であることより，これらの次元は双対な理論においては収縮している次元になり，また逆も成り立つことに注意しよう．

プレビッグバン宇宙論はこの双対性に関して記述することができる．宇宙は以下の時間発展の段階を通過することが許される：

- 宇宙は大きくて，平坦で，冷たい状態から始まる．

- 宇宙は自己双対な点に収縮する．宇宙は小さくて大きく曲がった非常に熱い状態に入る．これが“ビッグバン”である．
- 宇宙は我々が住んでいる膨張期の宇宙に入る．

これが弦理論を用いた宇宙モデルの第一歩であった．しかしながら，これは，ブレーンを基礎に置く宇宙モデルのために棄却された．これは何故なら，このモデルには解決不能の様々な問題が存在したが，宇宙のブレーンモデルは，標準模型と重力の場がどのように働くかを記述できたため説得力があったからである．ブレーンワールド宇宙論に移行する前に，カスナー計量がどのようにして加速していく宇宙を記述できるのか確認してみよう．

いくつかの次元が収縮していて，その他が膨張している場合を考察するときに生じることができる興味深い効果として，収縮する次元が実際に膨張する次元の加速を引き起こすということである [*2]．$n > 1$ 個の収縮する次元と 3 つの膨張する空間次元が存在するものと仮定しよう．これらの収縮する次元が単に 3 つの空間次元を膨張させるだけでなく，宇宙定数無しでインフレーション的な膨張を引き起こすことが示せる．

ここでは時空次元の数を $D = n + 4$ と書こう．ここで $n$ 個の収縮する次元はすべて空間的であり，残りの次元は $3 + 1$ の時空であるものとする．この計量は一般的な形で書け，それらは時間，膨張する次元，収縮する次元として次のように書ける：

$$ds^2 = -dt^2 + a^2(t)\left(\sum_{i=1}^{3} dx_i^2\right) + b^2(t)\left(\sum_{m=4}^{D-1} dx_m^2\right) \tag{16.10}$$

ここで，$a(t)$ はスケール因子であり，これは 3 つの膨張する空間次元に関するものである．また $b(t)$ は収縮する空間次元に関するスケール因子である．真空中のアインシュタイン方程式を解くことにより，以下が与えられる：

$$3\frac{\ddot{a}}{a} + n\frac{\ddot{b}}{b} = 0$$

[*2] 原著者注：Levin,Janna,“Inflation from Extra Dimensions,” *Phys.Lett.*vol. B343, 1995,69-75.

$$\frac{\ddot{a}}{a} + 2(H_a + nH_b)H_a + 2\frac{k^{(3)}}{a^2} = 0$$
$$\frac{\ddot{b}}{b} + (3H_a + (n-1)H_b)H_b + \frac{n-1}{b^2}k^{(n)} = 0$$

ここで，2 つのハッブル定数を導入した．1 つが通常の膨張する宇宙に関連したハッブル定数 $H_a$ である：

$$H_a = \frac{\dot{a}}{a} \tag{16.11}$$

2 つ目のハッブル定数 $H_b$ は縮小する余剰次元に関連するものである：

$$H_b = \frac{\dot{b}}{b} \tag{16.12}$$

定数 $k^{(3)}$ と $k^{(n)}$ は局所曲率に対して関連しており，そのため $+1, 0, -1$ を取りうる．ここでは局所的に平坦な場合を選ぶので，$k^{(3)} = k^{(n)} = 0$ と置く．これからこれらの方程式はいくらか単純化されハッブル定数に関する 3 つの関係式を与える：

$$\begin{aligned} H_a^2 + nH_aH_b + \frac{n(n-1)}{6}H_b^2 =& 0 \\ \dot{H}_a + (3H_a + nH_b)H_a =& 0 \\ \dot{H}_b + (3H_a + nH_b)H_b =& 0 \end{aligned}$$

比 $H_b/H_a$ はすると

$$\frac{H_b}{H_a} = -\left(\frac{3n \pm \sqrt{3n^2 + 6n}}{n(n-1)}\right) \tag{16.13}$$

と書くことができる．

符号の選択肢は宇宙が加速するか減速するかに対応する (膨張する余剰次元に対して)．もちろん，ここでの符号の選び方は任意であり，このモデルはどのように一方の符号を採用するかは指示していない．それは単に加速する宇宙のみが可能であることを記述している．ここでは加速する場合に対し，

$+$ の符号を採用する．$\dot{H}_a + (3H_a + nH_b)H_a = 0$ を用いると，この方程式から $H_b$ を消去して $H_a$ のみに対する方程式を書くことができる：

$$\frac{\dot{H}_a}{H_a^2} = \left(\frac{3+\sqrt{3n^2+6n}}{n-1}\right) \tag{16.14}$$

$\dot{H}_a > 0$ より膨張の加速度的性質は明らかである．この積分は

$$-\frac{1}{H_a(t)} + \frac{1}{H_a(0)} = \left(\frac{3+\sqrt{3n^2+6n}}{n-1}\right)t$$

を与える．

ここでいま

$$\bar{t} = \frac{n-1}{3+\sqrt{3n^2+6n}}\frac{1}{H_a(0)}$$

と定義しよう．すると，ハッブル定数が

$$H_a(t) = \frac{H_a(0)}{1-t/\bar{t}} \tag{16.15}$$

によって与えられることが示せる．さらなる積分によりスケール因子が与えられる：

$$a(t) = \frac{\bar{a}}{(1-t/\bar{t})^p} \tag{16.16}$$

ここで $\bar{a}$ は積分定数であり，

$$p = \frac{-3+\sqrt{3n^2+6n}}{3(n+3)} \tag{16.17}$$

と定義した．宇宙の 3 つの膨張する次元の加速はすると，

$$\frac{\ddot{a}}{a} = \left(\frac{p}{\bar{t}}\right)\frac{p+1}{\bar{t}}\frac{1}{(1-t/\bar{t})^2} > 0$$

となる．$\dot{H}_b + (3H_a + nH_b)H_b = 0$ を用いると，

$$b(t) = \bar{b}(1-t/\bar{t})^q \tag{16.18}$$

となることが示せる．ここで $\bar{b}$ は積分定数であり，

$$q = \frac{n + \sqrt{3n^2 + 6n}}{n(n+3)} \tag{16.19}$$

である．この解はカスナー型計量である．明示的に書くと，

$$ds^2 = -dt^2 + \bar{a}^2 \left(1 - \frac{t}{\bar{t}}\right)^{-2p} \left(\sum_{i=1}^{3} dx_i^2\right) + \bar{b}^2 \left(1 - \frac{t}{\bar{t}}\right)^{2q} \left(\sum_{m=4}^{D-1} dx_m^2\right) \tag{16.20}$$

が成り立つ[*3]．

## ランドール-サンドラムモデル

前節で述べたアプローチはもはや事実に即さないと考えられる．弦理論/M-理論の展望からの宇宙論に対する現行の研究の流れは，**ランドール-サンドラムモデル**と呼ばれるブレーンを基礎に置くものである[*4]．このモデルは弦理論/M-理論的アプローチ自体からのものではない．その代わりに，それは単に余剰次元の存在とブレーンの存在に頼ったモデルである．さらに言えば，このモデルは宇宙論の目的のために開発されたものではない．このモデルは素粒子物理学の**階層性問題**の可能な解として提唱されたものである．これを確かめるには，階層性問題が自然あるいは基本的な重力のエネルギースケールと電弱理論の間の巨大なエネルギーの隔たりであるという事実を押えなければならない．電弱のスケールはちょうど 100GeV のオーダー

---

[*3]訳注：この計量から，$a$ が $t \to \bar{t}$ に向かうにつれてインフレーションを起こしながら大きくなると，$b$ が加速度的に小さくなるので，3 空間次元がインフレーションを起こしながら膨張すると，余剰次元は加速度的に収縮することが分かる．なお，このモデルは当然，$-\infty < t \leq \bar{t}$ で考えているトイモデルである．

[*4]原著者注：リサ・ランドールとラマン・サンドラム (Lisa Randall and Raman Sundrum) によって "A Large Mass Hierarchy from a Small Extra Dimension", *Phys.Rev.Lett.* 83 (1999):3370-3373 にて最初に提唱された．この論文は arXiv の https://arxiv.org/abs/hep-ph/9905221 で閲覧可能である．

であるが，重力のスケールはとてつもなく大きい $10^{18}$GeV のオーダーである．ランドール-サンドラムモデルの美しさは，それが，ブレーンと高次元の時空を基礎とする単純なモデルで階層性問題を解決するという点である．ここではランドール-サンドラムモデルを論じる．というのもこのモデルは 2 つの 3-ブレーンが余分な空間次元に沿って接続されているという基本的な設定を指定しており，これが弦理論においてビッグバン宇宙論にどのように迫るかというアイデアの開始点となるからである．

さて，このモデルの基本を述べよう．それはより直接的に弦理論に結びついた宇宙モデルの基本を形成する．まず，**可視的ブレーン** (我々の住んでいる宇宙) と呼ばれるブレーンと**隠れたブレーン**と呼ばれる 2 つのブレーンを持った 5 次元時空を考える．これらのブレーンはブレーンたちの外側の領域であるバルクと呼ばれる 5 次元時空の領域に境界を形成する．これらのブレーンたちは通常，$3+1$ 次元時空を持つ．ゲージ相互作用はブレーン上に制限されるが，重力は余剰次元に沿って伝わることができるので，ブレーン同様，バルクに入ってゆくことができる．

余分な空間次元は $y$ によって表され，それ以外の時空座標は $x^\mu$ として表す．5 次元計量は $g_{AB}$ によって表される．これら 2 つのブレーンたちは $h^i_{\mu\nu} = g_{\mu\nu}(x^\mu, y_i)$ によって与えられる．ただし，$i = 1, 2$ をそれぞれ可視的ブレーンと隠れたブレーンに割り当てる．ランドール-サンドラム作用は

$$S = \int dy d^4x \sqrt{-g} \left( \frac{M_5^3}{2} R - \Lambda \right) + \sum_{i=1}^{2} \int_i d^4x \sqrt{-h^{(i)}} \left( \Lambda_i + L^{(i)}_{\text{物質}} \right) \tag{16.21}$$

である．

2 番目の積分の添字 $i$ は各ブレーンを別々に積分することを示している．ここで付加された項は

- $M_5$ : 5 次元のプランク質量，
- $\Lambda$ : バルクにおける宇宙定数，
- $\Lambda_1$ および $\Lambda_2$ : 可視的ブレーンと隠れたブレーン上の宇宙定数，

- $R$ : 5 次元におけるスカラー曲率
- $L^{(i)}_{\text{物質}}$ : 可視的ブレーンと隠れたブレーン上の物質場に対するラグランジアン．可視的ブレーン上では，それは標準模型の場であるが，隠れたブレーン上では異なっていてもよい，

を含む．

次元 $y$ は範囲 $0 \leq y \leq \pi r_c$ をとる．ここで $r_c$ は定数であり，2 つのブレーンは (2 つの) 境界に位置する．可視的なブレーンは $y_1 = \pi r_c$ に位置するが，隠れたブレーンは $y_2 = 0$ に位置する．ポアンカレ不変性が尊重されるという要請が課され，次の計量が反ド・ジッター空間のスライスであるように選ばれる：

$$ds^2 = e^{-2ky}\eta_{\mu\nu}dx^\mu dx^\nu + dy^2 \tag{16.22}$$

指数項 $e^{-2ky}$ は**ワープ因子** (*warp factor*) と呼ばれる．このワープ因子が質量スケールを我々の住む宇宙の $3+1$ 次元宇宙を 4 次元質量パラメーターに結びつけることを見るつもりである．

バルクと各々のブレーン上の宇宙定数は

$$\begin{aligned} \Lambda &= -\,6M_p^3 k^2 \\ \Lambda_1 &= -\,\Lambda_2 = -6M_p^3 k \end{aligned} \tag{16.23}$$

によって与えられることが示せる．もし $k < M_p$ なら，これからバルクの時空曲率がプランクスケールと比較して小さいことが分かる．

指数的ワープ因子は観測されたプランクスケールと電弱スケールとは大きな隔たりがある．効果的な 4 次元理論に移行すると，ランドールとサンドラムは 4 次元のプランク質量が

$$M_p^2 = M_5^3 \int_{-\pi r_c}^{\pi r_c} dy e^{-2k|y|} = \frac{M_5^3}{k}(1 - e^{-2k\pi r_c}) \tag{16.24}$$

を通して 5 次元プランク質量から導けることを示した．

可視的な 3-ブレーン (我々の住む $3+1$ 次元世界) 上の物理的質量 $m$ は

$$m = m_0 e^{-k\pi r_c} \tag{16.25}$$

によって根底にある高次元理論における基本的な質量パラメーター $m_0$ に関係している．ここから $k\pi r_c \approx 37$ ならプランク質量 $m_0 \sim 10^{18}$GeV から $m \sim 100$GeV の電弱スケールを得ることができる．これからランドール-サンドラムモデルからワープ因子から体系された電弱相互作用のスケールは時空の曲率の結果であることが分かる．

ランドール-サンドラムモデルは素粒子物理学のスケールに新しい希望をもたらした．しかしながら，2つのブレーンの領域と余剰次元を設定しただけで，宇宙論については全く何も主張できない．しかし，これは境界のブレーンたちが余剰次元に沿って動くことができるという M-理論を基礎とする宇宙論に対する舞台を設定する．次節ではこのシナリオを議論する．

## ブレーンワールドとエキピロティック宇宙

M-理論を基礎とする宇宙モデルはNeil Turok（ニール トゥロック）とPaul Steinhardt（ポール スタインハート）によって提唱された[*5]．ランドール-サンドラムモデルでは境界上で固定された2つのブレーンを伴う5次元宇宙が存在する．さて代わりに，ブレーンたちがバルクを通して5次元に沿って移動することができると想像しよう．このアイデアは**エキピロティック宇宙**の起源である．これは完全に弦理論/M-理論に基づくモデルである．特に，エキピロティックなシナリオは5次元ヘテロティック M-理論を基礎とする．このモデルは5次元時空で研究された．というのも，M-理論では11時空次元から始めたが6つの次元が小さな大きさにコンパクト化されたが，これらの次元は宇宙論的スケールでは無視できるからである．

このモデルでは，常に存在しているが，時間周期的なパターンを持つ宇宙を想像している．このパターンは平坦，空っぽ，かつ冷たい状態にある境界ブレーンによって特徴づけられる初期状態から始まる．上で触れたように，エキピロティックなシナリオでは，ブレーンたちは運動しているので，それ

[*5]原著者注：形式的でない議論は http://lanl.arxiv.org/abs/astro-ph/0204479 参照．

らは一方から他方へ運動して衝突する．ブレーンたちの衝突である**エキピロシス**と呼ばれる過程は“ビッグバン”として確認される．衝突からくるエネルギーはブレーン内に物質を生成する．衝突の後，ブレーンは一方から他方へ離れて冷えてゆく．最終的にはそれらは冷えた，空っぽの，平坦な初期状態に戻り，この過程は何度も何度も繰り返す．

この背景にある駆動力は**放射子場** (***radion field***) と呼ばれるスカラー場 $\phi$ であり[*6]，ブレーンたち同士の間の間隔を決定する．

それは宇宙が遅い加速の段階を通して進化する原因になり，そして減速と収縮が続く．そののち，それらは宇宙の反発と再加熱の引き金となる．

ここで描写したシナリオは，そう考えれば数多くの宇宙論的謎を解明する．まず，インフレーションによって解明された 2 つの主要な謎を考察しよう．それは一様性と等方性である．インフレーションは，宇宙が指数関数的に膨張するごくわずかの間に働く場の存在を仮定することによって，この問題 (宇宙が一様的かつ等方的である理由を説明する) を解決しようとしている．このシナリオは妥当な方法で定量化されているとはいえ，それは，宇宙の全歴史の中で二度と起こらない，瞬くほどの瞬間に対して働き，すぐになくなる場を記述する理論について疑問を持つことは不合理ではない．それでは何をエキピロティックなシナリオが提供するべきなのか？

エキピロティックなシナリオでは，いわば 2 つのほぼ完全に平坦な金属製の板のような 2 つの平坦かつ平行なブレーンたちが存在し，それらが衝突する．これらのブレーンたちが平行であるため，それらはブレーンに沿ってすべての点が同時に衝突する (とにかく，量子論的に相互作用する)．この作

---

[*6] 訳注：理論物理学において，グラビスカラーあるいは放射子 (radion) と呼ばれる仮説上の粒子は，一般相対論の計量テンソル，つまり重力場の励起から発生するが，カルツァ-クライン理論において示されるように 4 次元のスカラーとは区別できない．このスカラー場 $\phi$ は計量テンソルの成分 $g_{55}$ からやってくる．ここで添字の 5 は余剰の 5 次元である．このスカラー場の唯一の変動はこの余剰次元の大きさの変化を表す．また，複数の余剰次元を持つモデルでは，このような粒子がいくつも存在する．さらには拡張された超対称性を持つ理論では，グラビスカラーは通常グラビトンの超対称パートナーであり，スピン 0 を持つ粒子として振る舞う．この概念はゲージ化されたヒッグスボソンモデルと密接に関わる．

用は可視化できるブレーンのすべての点に同じエネルギー密度の**エキピロティック温度**と呼ばれる一定の初期温度を与える．この説明により，宇宙がすべての方向に対してどこでも同じように見えることと，宇宙背景放射がどこでも同じ理由が分かる．つまり，宇宙はすべての点で同じ初期状態から始まったのである．

平坦性問題はブレーンたちの初期状態を真空状態と置くことによって解決された．真空状態では，ブレーンたちは平坦であり，かつ空っぽであるので，宇宙が平坦であることは何ら不思議なことではなく，物質密度の微調整は必要ない．ブレーンたちが真空状態から始まったという合理的な仮定はそれらを平坦に拘束する．

さて，もちろん量子論は，すべてのものがこれまで述べてきたようには厳密ではないことを意味する．ブレーンにおける量子論的変動は**ブレーンの波紋** (*brane ripple*) と呼ばれる．これはブレーンたちの5次元に沿った運動の結果として起こる．これらの変動はブレーン上のすべての点がもう一方のブレーンに厳密に同時に衝突するわけではないことを意味する．その代わりに，ほとんどが同じ平均時刻に衝突するが，ある点は平均時刻よりやや早く衝突し，また別の点は平均時刻よりやや遅れて衝突する．それゆえ，宇宙は完全に一様な温度を持たず，衝突はある領域を平均温度よりわずかに冷えた状態にし (何故ならそれらはより早く衝突したから)，また別の領域を平均温度よりわずかに熱くする (何故ならそれらはより遅く衝突したから)．これらは，銀河のような宇宙の大規模構造を生成するために必要な宇宙の種子である．繰り返すと，量子効果は大きなスケールでの宇宙論的構造の誕生を与え，宇宙における非常に大きなスケールと非常に小さなスケールの間のつながりを提供する．

一般相対論のまずい点はこの理論が“特異点”を持つという点である．これらは曲率 (重力場) や温度が無限大に発散してしまう時空上の点である．“ビッグバン特異点”もそのような例である．

エキピロティックモデルでは古典的一般相対論より特異点ははるかに軽傷で済む．2つのブレーンがお互いに近づいてゆき，衝突し，それから跳ね返ってそれらの初期位置に戻る．“ビッグバン”は大きいが**有限の**温度を持って発生する事象である．そこには無限大の曲率に対応する特異点は存在しない．ブレーンたちの物質と放射の密度は有限である．そして，すべての物質，空間，および時間は不思議な命令にによって跳ね返ると想定され無限小の点は存在しない．しかしながら，2 つのブレーンたちが衝突したときの“ビッグクランチ”での特異的な挙動は存在する．なぜならその衝突の間，それらの間の余剰次元が消滅するからである．ブレーンたちが分離し，互いに離れて行くと余剰次元が再度現れる．もちろん，このモデルが一般相対論の数多くの特異的挙動を不要のものとするにも関わらず，時間と空間が常に存在するということを信じるのは困難だろう．結局，実験と観測がどちらのシナリオが真実に近いか科学的方法で決定して我々を案内するであろう．

エキピロティックなシナリオは宇宙論の別の謎にも答える．それは物質の起源である．衝突の間，ブレーンたちの運動の運動エネルギーは熱エネルギーに変換される．これは車の衝突とようなものである．車の運動のエネルギーの一部は熱に変換される．ブレーンの場合，熱エネルギーはアインシュタインの関係式 $E = mc^2$ を介して物質を生成するために使用することができる．

現在の形のエキピロティックなシナリオは宇宙の**サイクリックモデル**と呼ばれている．それは

- ビッグバンは時間の起源ではない．
- 宇宙は常に存在し，ブレーンたちの衝突のサイクルを繰り返し続けている．

を課す．

宇宙の歴史のサイクルは以下のように機能する：

- 2 つのブレーンたちは衝突してビッグバンを提供する．それはサイクルの間の遷移として振る舞う．物質と放射は生成される．
- 熱いビッグバンの期間は宇宙の大規模構造を生成する．

- これに続いて，宇宙が冷えてきて密度が下がって薄くなってゆく，ゆっくりとした，だが加速した膨張の期間が続く．

エキピロティックなシナリオは数多くの宇宙論的謎を説明するために使用されるインフレーションの代案となるものである．驚くべきことに，それらは実験的検出により区別することができる (少なくとも原理的には)．インフレーションは重力波がスケール不変であると予言する．これはエキピロティックモデルでは成り立たない．

## まとめ

本章ではカスナー計量を考えることによって宇宙論的シナリオを説明することから始めた．これはいくつかの次元が収縮し，それ以外は宇宙の時間発展として膨張するものだった．この種のモデルは満足のいかないものであり，そのため棄却された．ランドール-サンドラムモデルは 2 つのブレーンたちから構築された宇宙を想定し，それらが高次元のバルクで結びついたものと想定した．この考えはエキピロティックモデルに応用され，それはブレーンたちが運動および衝突することによってビッグバンとインフレーションの代案となる弦理論を提供した．エキピロティックなシナリオではビッグバンは二度と起こらないものではなく，むしろそれは特異点を引き起こすことなしにビッグバンを説明する．ひとたびブレーンの衝突が起こると，宇宙はブレーン上の標準的なビッグバン理論に従って時間発展する．

## 章末問題

1. $g_{\mu\nu}$ をカスナー計量とし，$g = \det g_{\mu\nu}$ と置こう．第 1 カスナー条件を用いて，$\sqrt{-g}$ に対する表式を求めよ．
2. カスナー計量ですべての $j$ に対して $p_j = \dfrac{1}{D-1}$ と仮定する．これは第 2 カスナー条件を満たすか？

3. 本文で導かれた計量を考えよ：

$$ds^2 = -dt^2 + \bar{a}\left(1 - \frac{t}{\bar{t}}\right)^{-2p}\left(\sum_{i=1}^{3} dx_i^2\right) + \bar{b}\left(1 - \frac{t}{\bar{t}}\right)^{2q}\left(\sum_{m=4}^{D-1} dx_m^2\right)$$

これがカスナー条件を満たすことを示せ.

# 巻末問題

1. 古典弦に対するラグランジアン $L = \dfrac{1}{2\pi\alpha'}\sqrt{(\dot{X}_\mu X^{\mu\prime})^2 - \dot{X}_\mu^2 X^{\mu\prime 2}}$ を考えよ．このとき正準運動量を求めよ．
2. 角速度 $\omega$ で原点の周りを回転している剛体棒によって記述される形状をする古典弦を考えよ．$E = \dfrac{1}{2\pi\alpha'}\displaystyle\int_{-\ell}^{\ell} d\sigma \frac{1}{\sqrt{1-\omega^2\sigma^2}}$ からこの元のエネルギーを求めよ．
3. 宇宙定数を伴う $p$-ブレーンに対する作用
$S = -\dfrac{T}{2}\displaystyle\int d^{p+1}\sigma\sqrt{-h}h^{\alpha\beta}\partial_\alpha X\cdot\partial_\beta X + \Lambda\int d^{p+1}\sigma\sqrt{-h}$
を考えよ．この計量の古典的な運動方程式を求めよ．
4. 前問の作用を用いて，$h^{\mu\nu}h_{\mu\nu} = p+1$ を使って宇宙定数 $\Lambda$ の制約条件を求めよ．
5. 古典弦を考え，ポリヤコフ作用を用いてその動力学を記述せよ．世界面計量が平坦に取られるとき，この作用はどんな形をとるか？
6. 問題 5 の作用を用いよ．このとき，正準運動量は何か？
7. 古典開弦の質量は $M^2 = \dfrac{1}{\alpha'}\displaystyle\sum_{n=1}^{\infty}\alpha_{-n}\cdot\alpha_n$ である．それでは閉弦の質量はどのように異なるか？
8. 古典弦を考えよ．ヴィラソロ生成子によって満たされる代数は何か？
9. 正規順序化の処方を用いると，$L_m = \dfrac{1}{2}\displaystyle\sum_{n=-\infty}^{\infty} :\alpha_{m-n}\cdot\alpha_n:$ である．このとき，$L_0$ を求めよ．
10. ヴィラソロ演算子に関して書かれるボソン的弦理論の状態に対する質量殻条件は何か？

問題 11-14 では，ボソン的弦を考察する．

11. 角運動量演算子 $J^{\mu\nu}$ を求めよ．

12. 問題 11 の結果を用いて，$\left[p_0^\mu, J^{\rho\lambda}\right]$ を求めよ．
13. $\left[J^{\mu\nu}, J^{\rho\lambda}\right]$ を求めよ．
14. ヴィラソロ演算子 $L_m$ に対して，$[L_m, J^{\mu\nu}]$ を求めよ．
15. ボソン的開弦の第 1 励起状態を考えよ．$\xi_\mu$ を偏極ベクトルとし，状態 $\xi \cdot \alpha_{-1}|0, k\rangle$ 上の $L_1$ の作用を考えよ．物理的状態 $|\Psi\rangle$ に対するヴィラソロ条件 $L_1|\Psi\rangle = 0$ に従う偏極と運動量の条件は何か？
16. ボソン的弦に対する共形なアノマリーを打ち消す条件は何か？
17. 共形ゲージにおけるポリヤコフ作用を考える．エネルギー-運動量テンソルの成分の条件を述べよ．
18. ボソン的古典開弦に対するノイマン境界条件を述べよ．
19. 時空座標 $x^\mu(\tau)$ および作用 $S = -m \int d\tau \sqrt{-\dot{x}^\mu \dot{x}_\mu}$ を伴う相対論的点粒子を考えよ．ただし $\dot{x}^\mu = \dfrac{dx^\mu}{d\tau}$ である．通常の変分の手続きを用いて，運動方程式を求めよ．また，共役運動量に関してこれらの方程式を書き下せ．
20. 問題 19 に対する読者の解答を考えよ．$p^\mu$ 上の条件は何か？
21. 問題 19 に対する読者の解答を考えよ．静的ゲージ $x^0 = t$ をとれ．通常の粒子の速度 $\vec{v} = \dfrac{d\vec{x}}{dt}$ を用いた場合，何が作用になるか？
22. この場合の運動量は何か (問題 21 の作用を使用せよ)？
23. ローレンツ変換の下で，RNS 形式においてスピノル $\Psi_\mu$ はどのように変換するか？

問題 24-26 において，$\Gamma^\mu$ を $D = 10$ 時空次元のガンマ行列とし，本文に従い，$\Gamma_{11} = \Gamma_0 \Gamma_1 \cdots \Gamma_9$ と置く．

24. $\{\Gamma_{11}, \Gamma^\mu\}$ を計算せよ．
25. $\Gamma_{11}\Gamma^0$ を計算せよ．
26. $\Gamma^0 \Gamma_\mu \Gamma^0$ に対する単純な表式を求めよ．
27. 超対称性の統一原理は何か？
28. 超対称変換は何が特徴づけるか？

29. 弦理論では，この理論に導入するための 2 つの一般的なアプローチが存在する．それらは何か？
30. RNS 形式における超対称変換は何か？

問題 31-33 では，RNS 形式における上向きのカレント

$$J_a = \frac{1}{2}\rho^b \rho_a \Psi^\mu \partial_b X_\mu \ (a, b = 0, 1)$$

を考察する．

31. $\partial_a J^a$ を計算せよ．
32. “昇降演算子” 型の表式 $J_\pm = \dfrac{1}{2}(J_0 \pm J_1)$ を書き下せ．
33. $J_\pm = \dfrac{1}{2}(J_0 \pm J_1)$ によって満たされる方程式を求めよ．
34. ラモン境界条件は何か？
35. ヌヴー-シュワルツ境界条件は何か？
36. ラモン境界条件からはどんな種類の時空状態が生ずるか？
37. NS セクターからはどんな種類の時空状態が生ずるか？
38. マヨラナ条件は何か？
39. マヨラナ-ワイルスピノルは一般的なディラックスピノルとどのように異なるか？
40. R セクターと NS セクターに対するモード展開はどのように異なるか？
41. 閉弦を考えよ．左進と右進の境界条件がそれぞれ NS 型と R 型のとき，どのような種類の時空状態が記述されるか？
42. 閉弦を考えよ．左進と右進の境界条件がともに NS 型のとき，どのような種類の時空状態が記述されるか？
43. 閉弦を考えよ．左進と右進の境界条件がともに R 型のとき，どのような種類の時空状態が記述されるか？
44. ボソン的弦理論のヴィラソロ演算子 $L_m$ はどのようにして RNS 形式に一般化されるか？

45. R セクターにに関連した演算子 $F_m = \sum_n \alpha_{-n} \cdot d_{m+n}$ を考えよ．10 時空次元での反交換関係 $\{F_m, F_n\}$ を決定するための明白な計算を実行せよ．

46. 弦理論に超対称性を加えると，沢山の粒子状態が排除される．特に，どの粒子状態が，ボソン的理論を不安定にするために取り除かれるか？

47. 通常の変分手続きに従う作用

$$S = -\frac{T}{2} \int d^2\sigma (\partial_\alpha X^\mu \partial^\alpha X_\mu - i\bar{\Psi}^\mu \rho^\alpha \partial_\alpha \Psi_\mu)$$

を用いて，$\Psi_0^\mu$ および $\Psi_1^\mu$ が従う運動方程式を導け．

48. RNS 形式を考えよ．エネルギー-運動量テンソル上のどのような条件がこの理論から負のノルム状態を取り除くと言えるか？

49. $[\rho_0, \rho_1]$ を計算せよ．

50. $a$ と $b$ を 2 つのグラスマン数とする．何がそれらの特徴を定義するか？

51. ディラックのデルタ関数 $\delta(\sigma - \sigma')$ は何故弦理論の交換関係に含まれるか？

52. 共形場理論では，弦の座標 $(\tau, \sigma)$ は複素変数 $z$ とその複素共役 $\bar{z}$ に関して定義される．これはどのようにして行われるか？

53. $\langle X(w)X(z)\rangle \sim \log(w-z)$ が与えられたとき，$\langle e^{ikX(w)} e^{-ikX(z)}\rangle$ を求めよ．

54. 場 $\phi(z)$ は共形加重 $h$ を持つので，$z \to z_1(z)$ は $\phi(z) = \tilde{z_1}\left(\frac{dz_1}{dz}\right)^h$ のように変換する．第 2 の変換 $z_1(z) \to z_2[z_1(z)]$ の下でそれはどのように変換するか？

55. 共形変換の下で，その挙動を検討することによってボソン場 $X^\mu$ の共形加重を求めよ．

56. $\partial X$ の共形加重を求めよ．

57. $\partial X \cdot \partial X$ の共形加重を求めよ．

58. $T(z)T(w)$ を計算せよ．
59. 問題 58 の読者の計算結果から何が結論できるか？
60. $\theta$ をグラスマン変数とし，超対称導関数 $\dfrac{\partial}{\partial\theta} + \theta\dfrac{\partial}{\partial z}$ を定義する．$D^2$ を求めよ．
61. RNS 形式で用いられるマヨラナ-ワイルフェルミオンは左進あるいは右進を記述するか？
62. R セクターに対する正規順序定数は何か？
63. NS セクターに対する正規順序定数は何か？
64. 巻き数 $n$ が与えられているとき，巻き量 $w$ は何か？
65. ボソン的弦理論を考えよ．25 番目の次元がコンパクト化されているとき，何が巻き付きモードか？
66. 単一の空間次元が半径 $R$ の円にコンパクト化されているとき，レベル整合条件はどのように修正されるか？
67. 単一の空間次元が半径 $R$ の円にコンパクト化されているとき，何が閉弦に対する質量公式になるか？
68. 単一の空間次元が半径 $R$ の円にコンパクト化されているとき，質量の状態を決定するために用いられる表式の余分な項が存在する．これらはどのような因子か？　質量は増えるか減るか？
69. 重心運動量に対するコンパクト化の影響は何か？
70. 単一空間次元の半径 $R$ の円へのコンパクト化を考え，$R \to 0$ の極限的挙動を考察せよ．巻き付き状態は何故連続的な極限になるか？
71. T 双対性はどのように巻き付き状態と運動量状態を関係させるか？
72. T 双対性は異なる理論においてどのように距離スケールを関係づけるか？
73. どんな弦理論が T 双対性に関係づけられるか？
74. ある弦理論は向き付け可能な弦を持つという．これはどういう意味か？
75. ボソン的弦理論におけるタキオン状態の質量は何か？
76. I 型弦理論はどのように他のすべての超弦理論と異なるか？

77. ヘテロティック弦理論に関連する対称群は何か？
78. カスナー計量はどのようにして宇宙の時間発展として時空の挙動を記述するか？
79. カスナー計量上のディラトンの効果は何か？
80. 自己双対点とは何か？
81. Horava-Witten（ホラバ ウィッテン）モデルにおいてコンパクト化されない次元はどのように配置されるか？
82. ディラトン場のベータ関数のどのような条件が，スケール不変性のために満たされなければならないか？
83. どのような時空の特性がディラトン場に関連する共形不変性によって示唆されるか？
84. 一般相対論に対して関連するベータ関数の消滅はどのようなものか？
85. アインシュタインの相対論から電荷を帯びた“極限”ブラックホールの記述が得られる．これはどのように弦理論に拡張できるか？
86. $K$ をカルツァ-クライン励起とし，$n$ を巻き数とする．T 双対性の下で変換した半径 $R$ にコンパクト化した次元を伴う理論における状態 $(K, n)$ はどのようなものか？
87. T 双対性の下で変換された数演算子はどのようなものか？
88. ある状態は質量 $m$ を持つ．T 双対性の下で質量はどのように変わるか？
89. ある理論とその双対の間の T 双対性の下でコンパクト化された次元に対する運動方程式はどのようなものか？
90. T 双対性変換の下でのボソン的開弦を考える．コンパクト化された次元に沿った双対な弦の運動量に何が起こるか？
91. ある空間方向に沿った弦のモーメントは分数になる．その双対な理論では，場はどのように記述されるか？
92. $\partial_\sigma X^\mu|_{\sigma=0,\pi} = 0$ はどのような種類の境界条件か？
93. II A 型超弦理論では，D$p$-ブレーンに対して許される次元は何か？
94. 場 $X^\mu$ の値が境界上で指定されている場合，どのような種類の問題が配置されるか？

問題 95-96 では，$D = 10$ と置き，純粋な背景電場 $F_{0i} = E_i$ が存在するものと仮定する．

95. Born-Infeld（ボルン インフェルド）作用の形は何か？
96. 電場の最大値は何か？
97. ディラトン場 $\phi$ はどのように弦の結合定数 $g_s$ に関係するか？

最後の問題は多くの読者にとって大変難解であろう．問題 98,99, および 100 では，$\mu = 0, 1, \ldots, 24$ に対しては周期的境界条件を持つが，$X^{25}(\tau, \sigma) = -X^{25}(\tau, \sigma + \ell_s)$ である閉弦を仮定する．光錐ゲージを使用せよ (Polchinski（ポルチンスキー） 1.9 に基づく)．

98. $X^{25}$ に対してモード展開は，どのようにボソン的閉弦に対する通常のモード展開とは対照的に変更されるか？
99. $\Pi^\mu = \dfrac{p^+}{\ell_s}\partial_\tau X^\mu$ および $\displaystyle\sum_{n=1}^{\infty}(n-\theta) = \frac{1}{24} - \frac{1}{8}(2\theta-1)^2$ を用いて $H = \dfrac{\ell_s}{4\pi\alpha' p^+}\displaystyle\int_0^{\ell_s}\left(2\pi\alpha'\Pi^i\Pi^i + \frac{1}{2\pi\alpha'}\partial_\sigma X^i\partial_\sigma X^i\right)$ からハミルトニアンを求めよ．
100. 質量スペクトルは何か？　レベル整合条件は依然として満たされていることに注意せよ．

# 章末問題の解答

## 1 章

1. b
2. a
3. c
4. b
5. d
6. a
7. c
8. b
9. c
10. a

## 2 章

1. $\dfrac{d}{d\tau}\left(\dfrac{\partial L}{\partial \dot{a}}\right)=\dfrac{\partial L}{\partial a}$ を用いる.
2. $\dfrac{\partial^2 X_\mu}{\partial \tau^2}-\dfrac{\partial^2 X_\mu}{\partial \sigma^2}=0$
3. ポリヤコフ作用はワイル変換の下で不変である.
4. $h_{\alpha\beta}=\partial_\alpha X^\mu \partial_\beta X^\nu \eta_{mu\nu}$
5. $X^\mu_{cm}=x^\mu+2\ell_s^2 p^\mu \tau$
6. $\dfrac{1}{\sqrt{2}\ell_s}\alpha_0^\mu$

## 3 章

1. $\delta h^{\alpha\beta}=-\partial^\alpha \varepsilon^\beta-\partial^\beta \varepsilon^\alpha+\partial_\rho h^{\alpha\beta}\varepsilon^\rho$
2. 微分は次のように評価される：
$$\frac{dp_\mu}{d\tau}=\int_0^{\sigma_1}d\sigma\frac{dP^\tau_\mu}{d\tau}=-\int_0^{\sigma_1}d\sigma\frac{dP^\tau_\mu}{d\sigma}=P^\tau_\mu(\sigma=0)-P^\tau_\mu(\sigma=\sigma_1)$$
3. $\dfrac{\delta S_p}{\delta \phi}=\dfrac{\delta S_p}{\delta h^{\alpha\beta}}\dfrac{\delta h^{\alpha\beta}}{\delta \phi}$ を考えよ.
4. $T_{++}=T_{--}=0$ を使用せよ.
5. $\partial^\tau J^{\mu\nu}_\tau+\partial^\sigma J^{\mu\nu}_\sigma=0, J^{\mu\nu}=\int d\sigma J^{\mu\nu}_\tau-\int d\tau J^{\mu\nu}_\sigma$,
推進(ブースト)および回転

## 4章

1. $0, 0$
2. $i\eta^{\mu\nu}$
3. $0$
4. $\dfrac{1}{\alpha'}(1-a)$
5. $\left[\alpha^i_m, \alpha^j_n\right] = m\delta^{ij}\delta_{m+n,0}$
6. $\left[\bar{\alpha}^i_m, \bar{\alpha}^j_n\right] = m\delta^{ij}\delta_{m+n,0}, \left[\alpha^i_m, \bar{\alpha}^j_n\right] = 0$

## 5章

1. $0$
2. 違う．$T_b\big(T_a(z)\big) = \dfrac{1+az}{1+az+b} \neq T_{a+b}(z)$
3. $i(\ell_1 - \bar{\ell}_1)$
4. $\dfrac{1}{4}\langle 0|x^\mu x^\nu|0\rangle + \dfrac{\eta^{\mu\nu}\ell_s^2}{4}\ln\bar{z} - \dfrac{\eta^{\mu\nu}\ell_s^2}{2}\ln(\bar{z}-\bar{z'})$
5. $\dfrac{\eta^{\mu\nu}\ell_s^2}{2}\dfrac{1}{(\bar{z}-\bar{z'})^2}$
6. $\langle 0|x^\mu x^\nu|0\rangle$
7. $$\langle 0|x^\mu x^\nu|0\rangle - \frac{\eta^{\mu\nu}}{2\pi T}(\ln z + \ln\bar{z}) - \frac{\eta^{\mu\nu}}{4\pi T}\left\{\ln\left(1-\frac{z'}{z}\right)\right.$$
$$\left. + \ln\left(1-\frac{z'}{\bar{z}}\right) + \ln\left(1-\frac{\bar{z'}}{z}\right) + \ln\left(1+\frac{\bar{z'}}{\bar{z}}\right)\right\}$$
8. $-\dfrac{\eta^{\mu\nu}}{4\pi T}\{\ln(z-z')(z-\bar{z'}) + \ln(\bar{z}-\bar{z'})(\bar{z}-z')\}$
9. $-\ell_s^2\left(\dfrac{\ell_s^2 k^2}{2(z-w)^2}e^{ik\cdot X(w)} + \dfrac{1}{z-w}\partial_w e^{ik\cdot X(w)}\right)$

## 6 章

1. 0
2. $\oint \left(\frac{3}{2}\partial^2 c\partial c + \left(\frac{D}{12} - \frac{2}{3}\right)\partial^3 cc\right)$
3. 26
4. $k^2 = \frac{1}{\alpha'}$

## 7 章

1. 補助的な境界条件
   $\int_0^{2\pi} d\sigma \int_{-\infty}^{\infty} d\tau \left[\partial_+(\Psi_- \delta\Psi_-) + \partial_-(\Psi_+ \delta\Psi_+)\right] = 0$ が必要になる．
2. $i\frac{T}{2}\bar{\Psi}^\mu \rho_\alpha \Psi^\nu$.
3. $J_\alpha^{\mu\nu} = \frac{T}{2}(X^\mu \partial_\alpha X^\nu - X^\nu \partial_\alpha X^\mu + i\bar{\Psi})^\mu \rho_\alpha \Psi^\nu$
4. 0
5. $\delta L_B = \partial_\beta \varepsilon^\alpha \left(\partial^\beta X_\mu \partial_\beta X^\mu - \frac{1}{2}\delta_\alpha^\beta \partial^\lambda X_\mu \partial_\lambda X^\mu\right)$
6. 0
7. 0
8. 0
9. 1
10. ゼロ質量ベクトルボソン，スピン 3/2 フェルミオン

## 8 章

1. $\frac{\alpha'}{4}\left(p_R^{25}\right)^2 + N_R = \frac{\alpha'}{4}\left(p_L^{25}\right)^2 + N_L$

## 9 章

1. $\left[\bar{\varepsilon}Q, \theta_A\right] = \bar{\varepsilon}_B \frac{\partial \theta_A}{\partial \bar{\theta}^B} + i\left[\bar{\varepsilon}_B \rho_{BC}^\alpha \theta_C, \theta_A\right]\partial_\alpha$ を用いよ．
2. 0
3. $\Gamma_\mu$
4. 0

## 10 章

1. c
2. b
3. a
4. c
5. b
6. d

## 11 章

1. c
2. b
3. b
4. a
5. c

## 12 章

1. 8 つの状態が存在する．何故なら光錐ゲージでは
   時空内で 8 つの横方向が存在するからである．
2. ボソン的余剰次元に関連した 16 個の状態が存在する．
3. 左進セクターに関してこれはそれらを保つ．
4. $\left[\alpha_m^i, \alpha_n^j\right] = \left[\tilde{\alpha}_m^i, \tilde{\alpha}_n^j\right] = m\delta_{m+n,0}\delta^{ij}$
   $\left[\alpha_m^I, \alpha_n^J\right] = m\delta_{m+n,0}\delta^{IJ}$
5. 0

## 13 章

1. $\phi = 0, \pm 1$
2. $\phi = 0, m^2 = -\dfrac{A}{3}$(タキオン),
   $\phi = \pm 1, m^2 = \frac{4A}{3} > 0$(タキオンではない)
3. $\phi = 0, \pm\phi_0$
4. $\phi = 0, m^2 = -\dfrac{\phi_0}{2\alpha'}$
5. 引き伸ばしは弦にエネルギー $\dfrac{1}{2\alpha'}\alpha_0^a\alpha_0^a$ を加える．ここで
   $$\frac{1}{2\alpha'}\alpha_0^a\alpha_0^a = \left(\frac{\bar{x}_2^a - \bar{x}_1^a}{2\pi\alpha'}\right)$$
   はブレーンたちの間の引き延ばしから生じる．

## 14 章

1. $T = \dfrac{\sqrt{(mG_4)^2 - Q^2G_4}}{2\pi r_+^2}$
2. $T \leq T_H = \dfrac{1}{4\pi\sqrt{\alpha'\alpha}}$
3. $\sim 10^{-8}$K
4. $2 \times 10^{68}$ 年
5. $S = 2\pi\sqrt{Q_1Q_5n - J^2}$

## 15 章

1. $F \approx \dfrac{z^2}{\sqrt{ag_sN}}$
2. それは計量を反ド・ジッター形
   $ds^2 \approx R^2\left[z^2(dt^2 - dx^2) - \frac{1}{z^2}dz^2\right]$
   に変換する．
3. b
4. c
5. b

## 16 章

1. $\sqrt{-g} = t^{p_1+p_2+\cdots+p_{D-1}} = t$

2. 違う．何故なら $\displaystyle\sum_{j=1}^{D-1} p_j^2 = \frac{1}{D-1} \neq 1$ であるからである．

   すべての $j$ で $p_j = \dfrac{1}{D-1}$ ならば，これは等方的宇宙である．

   これはカスナー計量が，カスナー条件を適用したとき，

   等方的宇宙を記述できないことを示している．

3. $p$ を 3 つすべての膨張する次元に適用し，

   $q$ を $n$ 個のすべての収縮する次元に適用する

   という事実を組み込む必要がある．

   したがってカスナー条件は $-3p + nq = 1, 3p^2 + nq^2 = 1$ である．

# 巻末問題の解答

1. $P_\mu = \dfrac{1}{2\pi\alpha'}\dfrac{(X')^2\dot{X}_\mu - (\dot{X}_\nu X^{\nu\prime})X_\mu{}'}{\sqrt{\det|\partial_\alpha X^\nu \partial_\beta X_\nu|}}$
2. $E \sim \dfrac{l}{2\alpha'}$
3. $T\left\{\partial_\mu X\cdot\partial_\nu X - \frac{1}{2}h_{\mu\nu}(h^{\alpha\beta}\partial_\alpha X\cdot\partial_\beta X)\right\} + \Lambda h_{\mu\nu} = 0$
4. $\Lambda = \dfrac{T}{2}(p-1)$
5. $S = \dfrac{T}{2}\displaystyle\int d^2\sigma(\dot{X}^2 - X'^2)$
6. $P^\mu = T\dot{X}^\mu$
7. 閉弦の質量は左進と右進を含まなければならい.
   それゆえ質量公式は
   $$M^2 = \frac{2}{\alpha'}\sum_{n=1}^{\infty}(\alpha_{-n}\cdot\alpha_n + \bar{\alpha}_{-n}\cdot\bar{\alpha}_n)$$
   によって与えられる.
8. $[L_m, L_n] = i(m-n)L_{m+n}$
9. $L_0 = \dfrac{1}{2}\alpha_0^2 + \displaystyle\sum_{n=1}^{\infty}\alpha_{-n}\cdot\alpha_n$
10. $(L_0 - 1)|\Psi\rangle = 0$
11. $J^{\mu\nu} = x_0^\mu p_0^\nu - x_0^\nu p_0^\mu - i\displaystyle\sum_{n=1}^{\infty}\frac{1}{n}\left(\alpha_{-n}^\mu\alpha_n^\nu - \alpha_{-n}^\nu\alpha_n^\mu\right)$
12. $[p_0^\mu, J^{\rho\lambda}] = -i\eta^{\mu\rho}p_0^\lambda + i\eta^{\mu\lambda}p_0^\rho$
13. $[J^{\mu\nu}, J^{\rho\lambda}] = i\eta^{\mu\rho}J^{\nu\lambda} + i\eta^{\nu\lambda}J^{\mu\rho} - i\eta^{\nu\rho}J^{\mu\lambda} - i\eta^{\mu\lambda}J^{\nu\rho}$
14. $[L_m, J^{\mu\nu}] = 0$
15. $\xi\cdot k = 0$
16. 時空次元の数を $D = 26$ に設定する.
17. $T_{00} = T_{11} = \dfrac{1}{2}(\dot{X}^2 + X'^2) = 0, T_{01} = T_{10} = \dot{X}\cdot X' = 0$

18. 弦の端点で $\dfrac{\partial X^\mu}{\partial \sigma} = 0$ が成り立つ.
19. $p^\mu = \dfrac{m\dot{x}^\mu}{\sqrt{-\dot{x}^\nu \dot{x}_\nu}}$
20. 運動量は定数なので，$\dot{p}^\mu = 0$.
21. $S = -m \displaystyle\int dt\sqrt{1-v^2}$
22. $\vec{p} = \dfrac{m\vec{v}}{\sqrt{1-v^2}}$
23. 時空のベクトルとして.
24. 0
25. $-\Gamma^0\Gamma_{11}$
26. $\Gamma_\mu^\dagger$
27. 超対称性はフェルミオンとボソンを統一する対称性である.
28. それはフェルミオンをボソンに変えたり，その逆をしたりする.
29. RNS 形式はせ界面の超対称性を使用するが，
GS 形式は時空の超対称性を使用する.
30. $$\begin{aligned} \delta X^\mu &= \bar{\varepsilon}\Psi^\mu \\ \delta\Psi^\mu &= -i\rho^\alpha\partial_\alpha X^\mu\varepsilon \end{aligned}$$
31. 0
32. $J_+ = \dfrac{1}{2}\Psi_1^\mu(\partial_\tau + \partial_\sigma)X_\mu \quad J_- = \dfrac{1}{2}\Psi_0^\mu(\partial_\tau - \partial_\sigma)X_\mu$
33. $(\partial_\tau - \partial_\sigma)J_+ = (\partial_\tau + \partial_\sigma)J_- = 0$
34. $\Psi_\mu^+(\tau,\pi) = \Psi_\mu^-(\tau,\pi)$, 周期的境界条件.
35. $e\Psi_\mu^+(\tau,\pi) = -\Psi_\mu^-(\tau,\pi)$, 反周期的.
36. フェルミオン
37. ボソン
38. スピノルの成分は実数である.
39. それらは実成分を持ち，成分全体の半数を占める.
40. R セクターでは，和は整数全体に渡り，
NS セクターでは反整数に渡る.
41. フェルミオン

42. ボソン
43. ボソン
44. フェルミオン的演算子が $L_m \to L_m^{(B)} + L_m^{(F)}$ として加えられる.
45. $\{F_m, F_n\} = 2L_{m+n} + 5m^2\delta_{m+n,0}$
46. タキオン
47. $(\partial_\tau + \partial_\sigma)\Psi_0^\mu = (\partial_\tau - \partial_\sigma)\Psi_1^\mu = 0$
48. $\langle T_{\alpha\beta}\rangle = 0$
49. $2\rho_3$
50. それらは反交換する．すなわち，$ab + ba = 0$.
51. 弦に沿って異なる点 $\sigma$ で演算子が交換することを保証する.
52. $\tau = \dfrac{z+\bar{z}}{2} \quad \sigma = \dfrac{z-\bar{z}}{2i}$
53. $(w-z)^{-k^2}$
54. $\phi \to \phi(z_2)\left(\frac{dz_2}{dz_1}\right)^h \left(\frac{dz_1}{dz}\right)^h$
55. 0
56. 1
57. 2
58. $T(z)T(w) \propto \dfrac{D-26}{(z-w)^4}$
59. $D = 26$
60. $\dfrac{\partial}{\partial z}$
61. 右進
62. 0
63. 1/2
64. $w = \dfrac{nR}{\alpha'}$
65. $\dfrac{1}{2}\left(p_L^{25} - p_R^{25}\right) = nR$
66. $N_R - N_L = nK$
67. $\alpha' m^2 = \left(\dfrac{nR}{\alpha'}\right)^2 + \left(\dfrac{K}{R}\right)^2 + 2(N_R + N_L) - 4$

68. カルツァ-クライン励起および巻き量は,
弦の静止エネルギーを増加させる.
69. それは量子化される.
70. 小さな余剰次元を包むには少ないエネルギーで済む.
71. 1つの理論における巻き付き状態は,
双対な理論におけるカルツァ-クライン励起であり,
また逆も成り立つ.
72. T 双対性はある理論の小さくコンパクト化された次元を,
それに双対な大きな次元に関係づける.
73. II A 型および II B 型理論および 2 つのヘテロティック理論.
74. 弦に沿った方向を伝えることができる.
75. $m^2 = -1/\alpha'$
76. それは開弦と閉弦を含み, 他のすべての超弦理論は閉弦
を記述する.
77. $E_8 \times E_8$ および $SO(32)$ の 2 つの理論が存在する.
78. 宇宙は $n$ 方向に膨張するが,
時間の増加に従い $D - n$ 方向が収縮する.
79. それは収縮と膨張の解を一方から他方へ, 双対させる.
80. それは $R_{\min} = \sqrt{\alpha'}$ という最小の半径を定義する.
81. 4 番目の空間次元に沿って,
2 つの分離された 3-ブレーンが存在する.
82. $\beta^{\phi} \to 0$
83. 時空次元の数は 26 である.
84. それはスカラー場に対するアインシュタイン方程式と等価である.
85. 弦理論における極限ブラックホールは,
磁気的電荷も持つことができる.
86. $R' = \alpha'/R$ を伴う理論では, この状態は $(n, K)$ に変換される.
87. それらは不変である.
88. この状態は双対な理論において同じ質量 $m$ を持つ.

89. $\partial_+ \tilde{X}_{25} = \partial_+ X_{25} \quad \partial_- \tilde{X}_{25} = -\partial_- X_{25}$

90. それは消滅する．

91. 巻き数は分数である．

92. ノイマン

93. $p = 0, 2, 4, 6, 8$

94. ディリクレ

95. $S = \dfrac{1}{g_s} \left( \dfrac{T}{2\pi} \right)^5 \displaystyle\int d^{10}x \sqrt{1 - \left( \vec{E}/T \right)^2}$

96. $E = T = \dfrac{1}{2\pi\alpha'}$

97. $e^{\phi} = \dfrac{1}{g_s}$

98. 定数項 $x^{25} = p^{25} = 0$ より，

モード全体に渡る和は反整数モード全体に渡る和になる．

すなわち，$\dfrac{\alpha_n^\mu}{n} \to \dfrac{\alpha_{n+1/2}^\mu}{n+1/2}, \dfrac{\tilde{\alpha}_n^\mu}{n} \to \dfrac{\tilde{\alpha}_{n+1/2}^\mu}{n+1/2}$ である．

99. $H = \dfrac{p^i p^i}{2p^+} + \dfrac{1}{\alpha' p^+} \displaystyle\sum_{n=1}^{\infty} \left[ N + \tilde{N} - \dfrac{D-3}{12} + \dfrac{1}{24} \right]$

100. $\alpha' m^2 = 4 \left( N - \dfrac{15}{16} \right)$

# 参考文献

## 書籍

[1] Becker, K.,M. Becker, and J. Schwarz,*String Theory and M-Theory: A Modern Introduction*,Cambridge University Press, New York, 2007.p

[2] Green, M., J. Sxhwarz, and E. Witten,*Superstring Theory*, vol. 1: *Introduction*(*Cambridge Monographs on Mathematical Physics*), Cambridge University Press, New York, 1988.

[3] Kaku, M., *Introduction to Superstrings and M-Theory*, Springer-Verlag, New York, 1999

[4] Kaku, M., *Strings, Conformal Fields, and M-Theory*, Springer-Verlag, New York, 2000.

[5] Kiritsis, E., *String Theory in a Nutshell*, Princeton University Press, Princdton, N.J., 2007.

[6] Maggiore, M., *A Modern Introduction to Quantum Field Theoey*, Oxford University Press, New York, 2005.

[7] Polchinski,J.,*String Theory*,vol. 1:*An Introduction to the Bosonic String*(*Cambridge Monographs on Mathematical Physics*), Cambridge University Press, New York, 1998.

[8] Susskind, L., and J., Lindesay, *An Introduction to Black Holes, Information and the String Theory Revolution: The Holographic Universe*, World Scientific Publishing Company, Singapore, 2005.

[9] Szabo. R., *An Introduction to String Theory and D-Brane Dynamics*,Imperial College Press, London, 2004.

[10] Zwiebach, B., *A First Course in String Theory*, Cambridge University Press, New York, 2004.

## 論文とウェブサイト

[11] Alvarez, E., L. Alvarez-Guame, and Y. Lozano, "An Introduction to T-Duality in String Theory," lanl.arXiv.org (1994), arXiv:hep-th/9410237v2. Also available in Nucl. Phys. Proc. Suppl. 41 (1995) 1 - 20.

[12] Clifford,V.J.,"D-Brane Primer," http://www.Citebase.org/abstract?id=oai%AarXiv.org%3Ahep-th%2F0007170.

[13] Kiritsis, E., "Introduction to Non-perturbative String Theory," lanl.arXiv.org (1997), arXiv:hep-th/9708130v1.

[14] Mohaupt, T., "Introduction to String Theory," lanl.arXiv.org (2002), arXiv:hep-th/ 0207249v1. Also available in Lect. Notes Phys. 631 (2003) 173 - 251.

[15] Ooguri, H., "Gauge Theory and String Theory: An Introduction to the Ads/CFT Correspondence," lanl.arXiv.org (1999), arXiv:hep-lat/9911027v1. Also available in Nucl. Phys. Proc. Suppl. 83 (2000) 77 - 81.

[16] Susskind L., and E. Witten, "The Holographic Bound in Anti - de Sitter Space," http://xxx.lanl.gove/abs/hep-th/9805114; and Maldacena, J. M., "The Large N Limit of Superconformal Field Theories and Super Gravity," Adv. Theor. Math. Phys. vol. 2, 1998, 231 - 252.

[17] t' Hooft, G., "String Theory Lectures," online at www.phys.uu.nl/thooft/lectures/string.html.

# 訳者あとがき

本書は量子力学と相対論の統一理論である一般に超弦理論 (超ひも理論) と呼ばれる理論についての教科書『*String Theory Demystified*』の邦訳版である．本書を手に取る方ならご存知かもしれないが，量子力学と特殊相対論の統一は通常の $3+1$ 時空次元の理論である素粒子の標準模型によって事実上ほぼ記述でき，この理論は (点粒子の) 場の量子論の言葉で書かれている．

一方重力も含む，量子力学と一般相対論の統一は実験的に確固たる裏付けのある理論はまだ出来ておらず，期待された超対称パートナー粒子もいまだに発見されていない．そんななか量子力学に重力を取り込む最有力候補として過去 40 年に渡って活発に研究されているのが弦理論である．弦理論は単に重力を理論に取り込むばかりではない．それは目下万物の理論として期待される最有力候補であり，全ての物理現象を説明する能力を有していると考える研究者も多い．一方，弦理論は奇妙な予言もする．超弦理論では時空の次元が $9+1$ 次元であることが必要であり，M 理論では $10+1$ 次元が必要になる．いまだに発見されていない超対称パートナー粒子も予言し，重力が余剰次元方向に漏れ出している場合，“この宇宙の中では” エネルギー保存則が破れているように見える可能性すらあるという．また余剰次元は通常小さくコンパクト化されているために我々には見えないとする説もある一方，コンパクト化されていない大きな余剰次元が存在するという考えも D-ブレーンの登場により可能となった．超弦理論には 5 つの種類が存在し，それぞれが異なる理論構成をしている．こうなってくると弦理論は何でもありで，予測可能なことは何もないのではないかとすら思えてくるだろう．弦理論は本当に科学理論と言えるのであろうか？

20 世紀に活躍したイギリス人科学哲学者カール・ポパー (Sir Karl Raimund Popper，1902 年 7 月 28 日 - 1994 年 9 月 17 日) は，ある理論が科学理論と呼べるかどうかを判定するのに “反証可能性” という考えが有効であると提唱した．これは内容の正しさに依らず，それが科学理論と呼べるかどうかを判定するためのもので，その後の科学に大きな影響を与えた．ポパーによると，それが科学理論と呼べるなら，何らかの実験や観測・測定などによりその理論が予言することが間違いかどうかを判定できるべきであるというものである．この場合，例えば『人には心がある』という明らかに当たり前に思えることですら，心の定量化・測定法や観測可能な諸量との紐づけがなされない限りこの言明は科学的とは言えないことになる．一方熱学史に現れる，フロギストンと呼ばれる熱素が存在し，燃えるものはフロギストンを放出して燃えない灰になるという考えは，たとえそれが現代的な目で見れば非科学的であっても，燃焼によって酸素と結合し，その結果重くなる物質の存在などによって反証可能であり，これは「正しくないが科学理論である」と考えることができる．

さて，本題に移ろう．弦理論は果たして科学理論であると言えるのか？そのやや大まかだが本質を突いた記述により，読者自らに解答をもたらすのが，本書である．本書においてはその本質から，やや高度な数式を含まずにはいられなかったが，原著者のマクマーホン氏はほぼ最短ルートで近年の弦理論の発展の概要を俯瞰（ふかん）してゆく．読者は次々と提示されていく新しい概念に魅惑されずにはいられないだろう．本書を読み終わった読者は，弦理論についての一定の見解が得られていることだろう．それは一般書などで得られる喜びよりはるかに大きいものと個人的には確信している．

実はある意味弦理論はある程度は実証されているともいえる．極限ブラックホールと呼ばれる特殊なブラックホールについての計算が古典的な一般相対論で計算したものと，弦理論で計算したものがぴたりと一致するのである．これは本年，2018 年 3 月 14 日に亡くなったスティーヴン・ホーキング博士も関わったブラックホールの“ホーキング-ベッケンシュタインのエントロピー公式”が弦理論に基づく計算によっても得られるというもので，本書の第 14 章で扱われている．ここから，量子重力理論へ向けての偉大な前進と目される AdS/CFT 対応への道が開ける．これは第 15 章で扱われている．

さて，本年 2018 年 2 月 2 日，第二次弦理論革命の発端となった空間的に広がった物体，D-ブレーンの提唱者であるジョセフ・ポルチンスキー博士が亡くなられた．氏の提唱した D-ブレーンなどにより，弦理論はもはや弦だけを扱うのではなく，空間的に広がった様々な物体が登場するようになった．ホーキング博士と並んでまだまだお若い氏が亡くなられたことは残念でならない．

本書はこの D-ブレーンのほかに T-双対性についてもページを割いている．双対性は 5 つの超弦理論の背後にある M 理論の存在を示唆する重要な道具でもあり，D-ブレーンと並んで弦理論における重要な概念である．本書を読み終えた後，読者はより高度な文献を読み解く力が身についているであろう．

最後に，訳稿に目を通して貴重な助言をして下さった大西達也氏に感謝の意を表したい．氏との話し合いによって訳者の弦理論における誤解のいくつかが修正された．訳者はここに名前を明記しない多くの方にもお世話になった．重ねて御礼申し上げたい．

訳者

2018 年 10 月

# 索引

## L



## M



## N



## O



## P



## Q



## R



## S



## T



## あ

## か

## た

## な

## は

## ま



## や



## ら

## わ

MEMO

MEMO

◉訳者略歴

富岡 竜太（とみおか りゅうた）

1974年　神奈川県生まれ．
1998年　東京理科大学理学部応用数学科卒業．
2000年　筑波大学大学院数学研究科博士前期課程中途退学．
著　書『あきらめない一般相対論』
『MaRu-WaKaRi サイエンティフィックシリーズⅠ 場の量子論』
『MaRu-WaKaRi サイエンティフィックシリーズⅡ 相対性理論』
（全てプレアデス出版）

Custodio De La Cruz Yancarlos Josue
（クストディオ・D・ヤンカルロス・J）

1992年　ペルー共和国リマ生まれ．
2015年　慶應義塾大学環境情報学部環境情報学科卒業．
著　書『テンソル解析』（プレアデス出版）

MaRu-WaKaRi サイエンティフィックシリーズ—— III
弦理論

2018年12月3日　第1版第1刷発行

著　者　ディビッド・マクマーホン
訳　者　富岡　竜太
クストディオ・D・ヤンカルロス・J
発行者　麻畑　仁
発行所　㈲プレアデス出版
〒399-8301 長野県安曇野市穂高有明7345-187
TEL 0263-31-5023　FAX 0263-31-5024
http://www.pleiades-publishing.co.jp
装　丁　松岡　徹
印刷所　亜細亜印刷株式会社
製本所　株式会社渋谷文泉閣

落丁・乱丁本はお取り替えいたします。定価はカバーに表示してあります。

ISBN978-4-903814-91-9　C3042　Printed in Japan